W0257386

Eike Wolgast · Die Universität Heidelberg 1386–1986

Eike Wolgast

Die Universität Heidelberg
1386–1986

Springer-Verlag
Berlin Heidelberg New York
London Paris Tokyo

Prof. Dr. phil. Eike Wolgast
Historisches Seminar der Universität
Neue Universität, Südflügel
Postfach 10 57 60
6900 Heidelberg 1

Der Text dieses Buches beruht auf den einleitenden Beiträgen des Autors zur 1985 erschienenen Festschrift ›Semper apertus‹, Sechshundert Jahre Ruprecht-Karls-Universität Heidelberg 1386–1986, Bd. I (S. 1–70), Bd. II (S. 1–31) und Bd. III (S. 1–54). Er wurde für diese Ausgabe überarbeitet und mit Anmerkungen versehen.

ISBN 978-3-540-16829-4 Springer-Verlag Berlin Heidelberg New York
ISBN 978-0-387-16829-6 Springer-Verlag New York Berlin Heidelberg

CIP-Kurztitelaufnahme der Deutschen Bibliothek
Wolgast, Eike:
Die Universität Heidelberg: 1386–1986 / Eike Wolgast. –
Berlin; Heidelberg; New York; London; Paris; Tokyo: Springer, 1986.
ISBN 978-3-540-16829-4 (Berlin . . .)
ISBN 978-0-387-16829-6 (New York . . .)

Satz: Appl, Wemding. Druck: aprinta, Wemding
Bindearbeiten: K. Triltsch, Würzburg
2108/3140-543 210

Inhaltsübersicht

Geleitwort

Die Ruprecht-Karls-Universität zu Heidelberg, älteste Universität Deutschlands, feiert im Jahre 1986 ihr 600jähriges Bestehen. Sechs Jahrhunderte lang haben ihre Mitglieder die Entwicklung des Wissens und die geistige Bildung maßgeblich mitgestaltet sowie das Wirken der Universität im Rahmen europäischer Geistesgeschichte mitbestimmt. Diese jahrhundertealte Tradition bedeutet eine große Verpflichtung. So ist die sechste Zentenarfeier der Ruperto Carola Anlaß zu einer Würdigung der nationalen wie internationalen Bedeutung dieser Universität in der Vergangenheit, aber auch zu einer kritischen Bestimmung ihres gegenwärtigen Standorts und ihrer zukünftigen Aufgabenstellung in Wissenschaft und Gesellschaft.

Naturgemäß kommt dabei der Beschäftigung mit der eigenen Geschichte ein besonders hoher Rang zu. Die Einsicht in den Entwicklungs- und Wachstumsprozeß der Ruperto Carola unter sich ständig ändernden sozio-kulturellen und politischen Bedingungen ist sicherlich eine wichtige Voraussetzung für das Verständnis der heutigen Universität. Daß nur aus der Kenntnis des Gewesenen heraus Neues entwickelt werden kann, spiegelt sich als universitäres Selbstverständnis im Jubiläumsmotto: ›Aus Tradition in die Zukunft‹.

Die Universität Heidelberg, die in einem Kontext fortwährenden gesellschaftlichen Wandels und trotz vielfältiger Bedrohung überlebt hat, demonstriert so die Tragfähigkeit und Beständigkeit der universitären Grundideen überhaupt. Konkurrenzgründungen, Seuchen, Epidemien und Kriege ebenso wie politische und kirchliche Richtungskämpfe bildeten in den ersten Jahrhunderten ihres Bestehens immer wieder erhebliche Hindernisse für ihre Entfaltung. Nicht immer in der Geschichte dieser Institution konnte eine freie Wissenschaft auf der Basis geordneter finanzieller Verhältnisse getrieben werden. Zu spürbar waren dafür die landesherrlichen Eingriffe, zu abhängig die Universität vom guten Willen der Kurfürsten. Mit dem Übergang von der kurpfälzischen Universität zur höchsten Bildungsinstitution des badischen Staates, und dies zu Beginn des sogenannten bürgerlichen Zeitalters, änderten sich die Organisations- und Lebensbedingungen für die Universität grundlegend. Im 19. Jahrhundert zeigt sich neben der großen Bedeutung einer soliden finanziellen Grundlage, welch wichtige Rolle bedeutende einzelne Wissenschaftlerpersönlichkeiten für eine Universität spielen.

Seit der letzten Heidelberger Zentenarfeier ist die wissenschaftliche und technische Entwicklung unserer Gesellschaft mit atemberaubender Geschwindigkeit vorangekommen. Das Wissen hat sich unendlich vermehrt und differenziert, was an der Ruperto Carola in einer enormen Vermehrung der Seminare und Institute wie im ständig steigenden Bedarf an Lehrkräften und Räumlichkeiten zum Ausdruck kommt.

Die vorliegende, von dem Historiker Eike Wolgast verfaßte Geschichte der Universität Heidelberg bietet eine wissenschaftlich fundierte und zugleich allgemeinverständliche Gesamtdarstellung dieser Entwicklung der Ruperto Carola von ihren Anfängen bis in die Gegenwart. Es ist zu begrüßen, daß einer der Akzente dieses Bandes auf der neueren Geschichte der Universität, also auf dem 19. und 20. Jahrhundert liegt, denn besonders diese Zeit bedarf für uns Heutige einer sorgfältigen und kritischen Analyse. Dazu gehört auch der Beitrag über die politische Rolle der Universität während der nationalsozialistischen Gewaltherrschaft, der bei einem historischen Rückblick aus Anlaß der 600-Jahrfeier unverzichtbar ist.

Wir sind in der Geschichte der deutschen Universität an einem Punkt angekommen, wo das Nachdenken über das interdisziplinäre Gespräch ebenso wie über eine erfolgreiche Forschung sehr wichtig geworden ist. Es entspricht dem Selbstverständnis dieser Universität an der Schwelle zu ihrem siebten Jahrhundert, daß sie sich unter dem Aspekt der Nachwuchsförderung – und damit zugleich einer langfristigen Stärkung ihrer ererbten zentralen Funktion in Wissenschaft und Gesellschaft – intensiv um die Verbesserung der Forschungsbedingungen, d. h. auch der interdisziplinären Zusammenarbeit auf nationaler wie internationaler Ebene und der Kooperation mit außeruniversitären Forschungseinrichtungen bemüht. Beim 600jährigen Jubiläum mit all seinen Veranstaltungen und Projekten geht es um die öffentliche Verdeutlichung eben dieser universitären Ziele wie um deren ansatzweise Verwirklichung. Daß dazu die Auseinandersetzung mit der eigenen Geschichte unabdingbar ist, muß nicht mehr ausdrücklich betont werden.

Ich freue mich deshalb besonders über die von Eike Wolgast hervorragend besorgte Darstellung der Heidelberger Universitätsgeschichte, die bereits in Form von Einführungsbeiträgen in der Jubiläumsfestschrift der Universität erschienen ist, nun aber in der vorliegenden, um einen Anhang mit Quellen- und Literaturhinweisen erweiterten Form dank des Entgegenkommens des Springer-Verlages einem größeren Interessentenkreis zugänglich gemacht werden kann.

Prof. Dr. rer. nat. Gisbert Frhr. zu Putlitz

Rektor der Ruprecht-Karls-Universität Heidelberg

Vorwort

Die Zentenarerinnerungen haben seit jeher zu einer verstärkten Beschäftigung mit der Geschichte der Heidelberger Universität angeregt. Den Anfang machte im 16. Jahrhundert der Theologieprofessor Georg Sohn, der die Aktenbestände des Archivs für eine umfangreiche ›Oratio historica de fundatione et conservatione laudatissimae Academiae Heidelbergensis‹ auswertete. Während die Jubelfeier 1686 auf äußerliche Festlichkeiten beschränkt blieb, erschien zum Zentenargedächtnis des 18. Jahrhunderts die fleißige Kompilation des Philosophieprofessors Johannes Schwab SJ. über Leben und gelehrte Tätigkeit aller Heidelberger Rektoren seit 1386. Zur Fünfhundertjahrfeier legte Eduard Winkelmann das zweibändige Urkundenbuch vor, Gustav Toepke den Anfangsband der Matrikel. Die von der Universität zu diesem Anlaß dem Heidelberger Schuldirektor August Thorbecke aufgetragene Darstellung ihrer Geschichte gedieh freilich nicht über den ersten Band hinaus.

Daß die Aufgabe einer Universitätsgeschichte nach dem Tode Thorbeckes kurz vor dem Ersten Weltkrieg weiterverfolgt wurde, war dem Kunsthistoriker Carl Neumann zu verdanken. Die Heidelberger Akademie der Wissenschaften übernahm die Finanzierung, Gerhard Ritter, ein Schüler des Heidelberger Historikers Hermann Oncken, wurde mit der Abfassung beauftragt. Zwanzig Jahre später legte Ritter zur 550-Jahrfeier den ersten Band vor. Zu einer Fortsetzung ist es trotz mancher Anläufe nicht gekommen, was nicht zuletzt an der weitausgreifenden Konzeption Ritters, wie sie sich im Untertitel seines Werkes: ›Ein Stück deutscher Geschichte‹, widerspiegelt, gelegen haben mag. So ist die einzige ausführliche Gesamtgeschichte der kurpfälzischen Universität von Johann Friedrich Hautz, 1862–64 in zwei Bänden losgelöst von jedem Jubiläumsanlaß erschienen, bis heute unersetzt geblieben. Die Aufgabe, Ritters Werk fortsetzend, die Heidelberger Universitätsgeschichte im Zusammenhang deutscher politischer und Geistesgeschichte zu schreiben, bleibt.

Zur Feier der sechshundertsten Wiederkehr der Gründung der Universität ist 1985 eine sechsbändige Festschrift herausgekommen, deren erste vier Bände eine Sammlung von Essays über bedeutende Gelehrte, die Entwicklung einzelner Wissenschaftsdisziplinen sowie besondere Ereignisse der Heidelberger Universitätsgeschichte umfassen. Um diese vielgestaltigen Beiträge in den Kontext der Universitätsgeschichte zu stellen, wurden den Bänden 1-3 historische Einleitungen beigegeben. Überarbeitet und um einen Anhang mit Anmerkungen und Nachweisen vermehrt, werden sie jetzt gesondert vorgelegt. Der leichteren Erschließung des Textes sollen die am Rand hinzugefügten Stichwörter ebenso wie das Namensregister dienen. Die Angaben zu Quellen und weiterführender Literatur beschränken sich auf das Notwendigste; Vollständigkeit konnte naturgemäß nicht erreicht werden. Auf die Gesamtdarstellungen und auf allgemeine Nachschlagewerke ist nicht jeweils eigens verwiesen.

Dem Rektor der Universität, Herrn Prof. Dr. Gisbert Freiherr zu Putlitz, danke ich für die Genehmigung zum Wiederabdruck. Ebenso habe ich mehreren Heidelberger Kollegen sehr zu danken, insbesondere Herrn Wilhelm Doerr für vielfältige Ermutigung während der Arbeit, ihm und Herrn Heinrich Schipperges außerdem für kritische Lektüre des Manuskripts. Für die technische Betreuung des Bandes danke ich Herrn Verlagsdirektor H. Sarkowski und Herrn K.-F. Koch.

Eike Wolgast

Die kurpfälzische Universität

1386–1803

Gründung und Entfaltung
1386–1500

Die Gründung der Universität Heidelberg gelang durch das Zusammenwirken mehrerer Faktoren in einer günstigen politischen und kirchlichen Konstellation. Der pfälzische Kurfürst Ruprecht I. wollte ein ›studium generale‹ errichten ›non solum ad utilitatem et prosperitatem huiusmodi rei publicae ac incolarum terrarum sibi subiectarum, sed etiam aliarum partium vicinarum‹ (I, 3)*. Politischer Ehrgeiz trieb ihn, es Kaiser Karl IV. und Rudolf IV. von Österreich gleichzutun, die 1348 in Prag und 1365 in Wien Universitäten gegründet hatten – Heidelberg wurde damit die dritte Universität auf dem Boden des Reiches; außerhalb desselben waren in Ostmitteleuropa 1364 Krakau und 1367 Pécs gegründet worden. Alle diese Universitäten gehörten einem neuen Gründungstypus an, da sie landesfürstlicher Initiative und Trägerschaft ihre Existenz verdankten. Auch praktische Ziele verbanden sich mit dem Gedanken an die Gründung einer Universität in Südwestdeutschland. Der Kurfürst strebte darnach, einen geistig-kulturellen Integrationsfaktor für das weitverstreute Pfälzer Territorium und einen Anziehungspunkt über sein Land hinaus zu schaffen; außerdem sollten die Professoren als Räte im Kirchen- und politischen Dienst des Landesfürsten Verwendung finden.

Kirchliche und politische Konflikte schufen die Voraussetzungen, um Studenten und attraktive Lehrer zu gewinnen. Das große abendländische Schisma von 1378 hatte die deutschen Magister und Studenten der Pariser Universität genötigt, Frankreich zu verlassen, als sich dieses Land für das avignonesische Papsttum entschied. Da die deutschen Fürsten im allgemeinen an der römischen Obödienz festhielten, hätte ein weiterer Aufenthalt in Paris für die Deutschen den Verlust ihrer Pfründen und die Stigmatisierung als Schismatiker bedeutet, d. h.

Voraussetzungen

Pariser Magister

---

* Im Folgenden bedeutet ›I, …‹ bzw. ›II, …‹ Zitate aus E. Winkelmann (Hg.), Urkundenbuch der Universität Heidelberg, wobei die arabische Ziffer in Bd. I die Seite, in Bd. II die Nummer des Regests bezeichnet.

es wäre für jeden von ihnen ebenso unmöglich geworden, seinen Lebensunterhalt während des teuren Auslandsstudiums zu finanzieren, wie nach Abschluß der Ausbildung eine Anstellung auf deutschem Boden zu finden. Den durch den Fortgang von Paris heimatlos Gewordenen konnte Heidelberg eine neue Heimat bieten. Aber nicht nur durch die Ereignisse im Westen wurde die Gründung der Universität ermöglicht, sondern Lehrer kamen – sogar in größerer Zahl als aus Paris – auch aus dem Osten, nachdem die jahrelangen Auseinandersetzungen zwischen Böhmen und Deutschen an der Universität Prag über Pfründenanteile und Privilegien 1385 mit einer Niederlage der Angehörigen der deutschen Nation geendet hatten. Zahlreiche Magister wanderten daraufhin ab, ein Teil von ihnen fand ein neues Unterkommen in Heidelberg. Die Neugründung zog mithin aus der durch kirchliche und nationale Gegensätze verursachten Spaltung von zwei älteren und angesehenen Universitäten ihren Nutzen. Heidelberg trug zu seinem Teil dazu bei, die Bildung zu nationalisieren und zu territorialisieren, außerdem aber auch zu verbreitern und durch Wegfall des Auslandsaufenthalts zu verbilligen.

Die Gründer Zwei Personen trugen die Gründung der Universität: Ruprecht I., der eine lange und erfolgreiche politische Laufbahn mit ›dem glücklichsten Gedanken, den bis dahin noch ein Pfalzgraf bei Rhein ausgeführt hatte‹ (Häusser I, 186), krönte, und Marsilius von Inghen, gleichbedeutend als Gelehrter wie als Organisator. Marsilius, ein Niederländer aus der Gegend von Arnheim, war um 1340 geboren, hatte in Paris studiert – er stammte aus der Schule Johannes Buridans – und mit großem Erfolg gelehrt, war zweimal Rektor der Sorbonne gewesen und Oberhaupt der Deutschen in der natio Anglicana in verschiedenen Streitigkeiten. Als Abgesandter der Universität wie seiner Nation erlebte er den Ausbruch des Schismas in Rom und kehrte offenbar nicht mehr nach Paris zurück. Im Gegensatz zu den deutschen Magistern Konrad von Gelnhausen und Heinrich von Langenstein, die im Konzil den Ausweg aus der Kirchenspaltung suchten, blieb Marsilius Anhänger des römischen Papstes Urbans VI. Diese Gesinnung empfahl ihn bei deutschen Fürsten. Wie er gerade mit dem Pfalzgrafen in Verbindung kam, ist unbekannt, ebenso, wer von beiden den eigentlichen Anstoß zur Gründung der Universität gab, Ruprecht als Territorialfürst mit politischen Ambitionen oder Marsilius, der offenbar nach einer Gelegenheit suchte, um eine Gegengründung gegen das schismatisch gewordene Paris ins Leben zu rufen. Im Juni 1386 stellte der Kurfürst ihn mit dem hohen Gehalt von 200 Gulden als seinen ›pfaffen‹ an und übertrug ihm die Aufgabe, ›daz er uns unsers studium zu Heidelberg ein anheber und regirer und dem furderlich for sin sal‹ (I, 4). Marsilius war damit zum Gründungsrektor der Universität eingesetzt, was fraglos einen Glücksfall für die neue Einrichtung darstellte.

2

Als Sitz der neuen Universität war offenbar von vornherein die pfälzische Residenzstadt vorgesehen, obwohl sie an sich, verglichen mit Paris, Prag und Wien, nicht gerade augenfällige Vorzüge aufwies: Heidelberg war zur Zeit der Universitätsgründung eine Kleinstadt mit höchstens 4000 Einwohnern auf 20 ha Stadtfläche vor der Stadterweiterung von 1392, die das Areal zwischen Grabengasse und Sofienstraße einbezog, während etwa in Köln damals 40000 Einwohner auf 320 ha Stadtfläche lebten.

Vier Daten bezeichnen den Vollzug der Gründung. Am 23. Oktober 1385 wurde in Genua die von Ruprecht I. erbetene Stiftungsbulle ›In supremae dignitatis‹ durch Urban VI. ausgefertigt, die ein ›studium generale in qualibet licita facultate‹ (I, 3) nach Pariser Muster erlaubte. Die päpstliche Genehmigung war erforderlich, um den in Heidelberg verliehenen akademischen Graden die allgemeine Anerkennung in der Christenheit zu sichern. Nach Bezahlung der Kosten wurde die Urkunde ausgehändigt und gelangte am 24. Juni 1386 auf Schloß Wersau bei Schwetzingen in die Hand des Kurfürsten. Zwei Tage später beschlossen die Pfälzer Regenten, Ruprecht I., sein Neffe Ruprecht II. und dessen Sohn Ruprecht III., endgültig die Gründung. Der 26. Juni 1386 hat daher als der eigentliche Stiftungstag der Universität Heidelberg zu gelten. Vom 1. Oktober stammen die fünf kurfürstlichen Stiftungsbriefe, am Donnerstag, den 18. Oktober, dem Tag des Evangelisten Lukas, wurde die Universität mit einer Messe in der Heiliggeistkirche eröffnet. Am folgenden Tage begannen die Lehrveranstaltungen mit Vorlesungen über den Titusbrief, die Physik des Aristoteles und über Logik.

Die Anfänge waren allerdings außerordentlich bescheiden – keine deutsche Universität zuvor oder später begann so kümmerlich wie die Heidelberger. Nur drei Lehrer, von denen zwei die Universität noch dazu rasch wieder verließen, hatten sich eingefunden: für Theologie der flämische Zisterzienser Reginald von Alna, für Philosophie die Artistenmagister Heilmann Wunnenberg aus Worms und Marsilius von Inghen. Um einen Rektor wählen zu können, mußte gewartet werden, bis drei Wochen nach Eröffnung der Universität als erster Prager Magister Dietmar von Schwerte eintraf. Zum Vergleich: Bei der Wahl des ersten Kölner Rektors wirkten 1389 zwanzig Magister mit. Der Lehrbetrieb konnte zunächst nur in der theologischen und in der philosophischen (Artisten-)Fakultät beginnen, die juristische Fakultät konstituierte sich Ende 1386, der erste Mediziner ist für 1388 bezeugt.

Die Institution Universität war bei Gründung Heidelbergs bereits in Westeuropa rechtlich vollständig ausgebildet; sie verstand sich selbst als eine autonome Genossenschaft der Lehrenden und Lernenden, zusammengeschlossen zur Wahrung übertragener Rechte und Privilegien, die gegen weltliche und kirchliche Ansprüche verteidigt werden mußten. Bei seiner organisatorischen Ausgestaltung griff Heidelberg auf das angesehenste Modell zurück, die Verfassung der Universität Paris. Alles sollte in Heidelberg so sein wie in Paris oder doch so werden, natürlich möglichst auch die weithin strahlende Berühmtheit und die Frequenz des Besuchs.

Die kurfürstlichen Stiftungsbriefe versprachen den Professoren und Studenten die damals üblichen Rechte und Vorrechte, die teilweise auf die Gesetzgebung des 12. Jahrhunderts zurückgingen, vor allem ›custodia specialis, salvus conductus et salvigardia‹ (I, 6) im Pfälzer Territorium bei Zuzug, Aufenthalt und Wegzug. Die Universität erhielt alle Rechte und Privilegien zugesichert, die das Pariser Vorbild besaß, allerdings nur so weit, als es die ›consuetudo patriae‹ (I, 7) zuließ. Wie in Prag und Wien sollte eine von Stadt und Universität gemeinsam beschickte Mietkommission für preiswertes Wohnen sorgen, leerstehende Häuser durften ohne Genehmigung der Eigentümer von Studenten bezogen werden. Traditionell war auch das erteilte, üblicherweise für Kleriker geltende Privileg der Steuerfreiheit und der Befreiung von den Abgaben für die mitgeführte Habe sowie für den Bedarf an Lebensmitteln und Textilien; die Bursen, Wohn- und Lerngemeinschaften der Studierenden, durften Wein, den sie selbst nicht verbrauchten, bis zum Umfang von zwei Fudern jährlich zollfrei verkaufen. Schließlich wurde der besondere Gerichtsstand der Universitätsangehörigen geregelt. Das Gericht über studierende Kleriker erhielt der Bischof von Worms, für Laienstudenten sollten Vogt und Schultheiß von Heidelberg zuständig sein. Die Universität brachte aber bald die Gerichtsbarkeit über ihre Angehörigen ganz an sich, für die gemischte Gerichtsbarkeit galt seit 1420 die Vereinbarung mit der Stadt, daß jeweils der Gerichtsstand des Beklagten für das Forum, vor dem die Sache auszutragen war, maßgebend sein sollte. In Heidelberg bestanden damit drei geschiedene Rechtskreise: Schloß und Hof, Stadt, Universität.

Ihre Statuten gab sich die Universität selbst und folgte dabei bis ins einzelne dem Pariser Muster, entsprechend der Erwartung im Stiftungsbrief, daß Studenten ›ex omnibus orbis finibus‹ (I, 9) nach Heidelberg kommen würden. Dieser Erwartung wurde vor allem durch eine Einteilung der erhofften Studentenmenge in vier Nationen entsprochen, was sich aber als ganz überflüssig erwies. Oberstes Organ der Universität war die Congregatio doctorum et magistrorum oder Congregatio universitatis unter Vorsitz des Rektors, in der jede Fakultät über eine Stimme verfügte; ein Mitwirkungsrecht der Studenten gab es in Heidelberg von Anfang an nicht. Der Rektor wurde von den Artisten aus ihrer Mitte gewählt, die Amtszeit betrug lediglich drei Monate.

Die Fakultäten spiegelten die Organisation der Universität im Kleinen wider, ihre Rangfolge stand von vornherein fest. Den ersten Platz nahm die theologische Fakultät ein, gefolgt von der juristischen und

4

medizinischen Fakultät, während die artistische Fakultät den Schluß bildete. Sie diente vor allem der Vorbereitung auf die höheren Studien, und zu ihrem Lehrkörper gehörten auch die Studierenden der oberen Fakultäten, wenn sie den Magistertitel der Artisten erworben hatten und Lehrverpflichtungen in der Fakultät wahrnahmen. Die Feingliederung der Rangordnung in der Universität wurde bereits 1387 in zehn Stufen festgelegt: Rektor; Doktoren und Lizentiaten der Theologie; Doktoren und Lizentiaten der Rechte; Doktoren und Lizentiaten der Medizin; Artistenmagister, die schon länger als sechs Jahre amtierten; Baccalaurei formati der Theologie; Artistenmagister ohne feste Anstellung (non regentes) und alle übrigen Baccalaurei der Theologie, der Rechte und der Medizin, die zugleich Magistri artium waren; Baccalaurei in der Medizin, die nicht Magistri artium waren; Baccalaurei artium; die Studenten.

Die ersten Statuten der Universität wurden bereits 1393 geändert, um das zu weit geschneiderte Kleid des Pariser Modells den sehr viel bescheidener gebliebenen Heidelberger Verhältnissen anzupassen. Von den Nationen war keine Rede mehr, der Rektor wurde künftig auf sechs Monate gewählt, außerdem stand das Amt Mitgliedern aller Fakultäten offen. Für den Verlust ihres Monopols wurden die Artisten dadurch entschädigt, daß in der Congregatio universitatis ab jetzt nach Köpfen abgestimmt wurde, wobei auch die magistri non actu regentes Stimmrecht erhielten. Damit beherrschten die Artisten dieses oberste Universitätsgremium, wenn sie einig waren. Für Streitfälle wurde allerdings ein neues Gremium eingesetzt, das aus dem Rektor, den Professoren der oberen Fakultäten und drei Deputierten der Artisten bestand; Beschlüsse dieses Ausschusses konnten gleiche Autorität beanspruchen wie solche der Congregatio.

Erste Statutenänderung 1393

Nach Pariser Muster war in der Gründungsbulle ein Prälat zum Kanzler der Universität ernannt worden; dieses Amt wurde dem jeweiligen Inhaber der Wormser Dompropstei übertragen. Die wichtigste Kompetenz des Kanzlers bestand in der Aufsicht über das Prüfungswesen und in der Verleihung der akademischen Grade. Sehr rasch bürgerte sich aber ein, daß der Kanzler nach eigenem Belieben Mitglieder des Lehrkörpers mit der Wahrnehmung des Promotionsgeschäfts beauftragte; formell blieb das Amt jedoch bis zur Neuordnung am Anfang des 19. Jahrhunderts bestehen.

Kanzleramt

Die Universität führte zwei Siegel, die ihr Stifter gleich nach der Gründung anfertigen ließ. Das große Universitätssiegel, offensichtlich nach Prager Muster entworfen, zeigt den Apostel Petrus als Schutzpatron der Universität zwischen zwei knieenden Stiftern, die Schilde mit den Wittelsbacher Rauten und dem Pfälzer Löwen halten. Das kleine Rektorsiegel gibt den Pfälzer Löwen wieder, der ein aufgeschlagenes Buch mit der Inschrift ›Semper apertus‹ (= das immer geöffnete

Siegel der Universität und der Fakultäten

[Buch]) trägt. Die Siegel der Fakultäten entstanden teilweise erst Jahrzehnte später. Das theologische Siegel zeigt den hl. Hieronymus, das
juristische einen Gelehrten mit zwei Schülern, seit dem 18. Jahrhundert
den Pfälzer Löwen mit der Waage, das medizinische den Lukasstier,
das artistische einen Lehrer mit aufgeschlagenem Buch, dem Wittelsbacher und dem Pfälzer Wappen sowie dem Reichsapfel als Zeichen
der pfälzischen Kurwürde; im 18. Jahrhundert wurde dieses Siegel
durch eine Abbildung der hl. Katharina ersetzt. Von den alten Szeptern
sind zwei erhalten, das Universitätsszepter mit dem zwölfjährigen Je-
sus zwischen vier Schriftgelehrten im Tempel und das Szepter der Artistenfakultät mit der hl. Katharina.

Die Aufgabe, für eine dauerhafte räumliche Unterbringung der Universität zu sorgen, löste Ruprecht II. auf brutale Weise. Die Universität
wurde Nutznießerin der antijüdischen Politik des Kurfürsten, der die
erst unter seinem Vorgänger wieder zugelassenen Juden erneut aus der
Pfalz vertrieb. Nachdem bis dahin der Lehrbetrieb in Klöstern und
Bürgerhäusern stattgefunden hatte, erhielt die Universität 1390/91 den
ausgedehnten Grundbesitz der Heidelberger jüdischen Gemeinde und
bezog das bisherige Ghetto westlich der Heiliggeistkirche zwischen
Hauptstraße und Neckar. Die Synagoge an der Ecke Judengasse (später: Dreikönigstraße)/Untere Straße wurde in eine Marienkapelle umgewandelt und diente zugleich als Tagungsort der Congregatio universitatis und als Hörsaal. Zehn Häuserkomplexe, außerdem vier Gärten
gehörten zu dem der Universität überlassenen Terrain, das grundsteu-
er- und schatzungsfrei blieb. In einem großen Haus wurde ein Collegium artistarum eingerichtet, das sechs Magister beherbergte, die an der
artistischen Fakultät lehrten und Theologie studierten. Als die Universität 1401 ein Haus in der Augustinergasse/Heugasse als Vorlesungs-
gebäude für die Artisten erwarb, griff sie damit auf die südliche Seite
der Hauptstraße über – Keimzelle des späteren Universitätskomplexes
auf diesem Areal, der die Gebäude im Ghetto im Laufe der nächsten
zwei Jahrhunderte ablöste.

Die wirtschaftliche Grundlage der Universität wurde erst allmählich
gesichert, erwies sich dann aber als sehr tragfähig. Die ersten Professoren besoldete der Kurfürst, wenn sie nicht von auswärtigen Pfründen
lebten; über Amtspfründen verfügten sie jedenfalls nicht. 1390 erfolgte
die erste größere Schenkung, als Konrad von Gelnhausen, früherer Pariser Kollege des Marsilius und jetzt als Dompropst von Worms Kanzler, der Universität 1000 Gulden vermachte, mit denen ein Haus für
zwölf Artistenmagister errichtet werden sollte – nach Erwerb eigenen
Grundbesitzes im Judenviertel reduzierte sich der Plan auf das Arti-
stenkolleg für nur sechs Magister. Aus einem vom Kurfürsten als
Äquivalent für eine ihm erlassene Pilgerfahrt nach Rom geschenkten
Kapital in Höhe von 3000 Gulden, vermehrt um Anleihen und um den

6

Erlös aus dem Verkauf der 1391 übereigneten jüdischen Bücher, erwarb die Universität ihre ersten regelmäßigen Einkünfte: zwei Anteile an den Rheinzöllen in Bacharach (4% der dortigen Zolleinnahmen) und Kaiserswerth (5%), die jährlich etwa 500 Gulden einbrachten und zur Zahlung der Gehälter für sieben Lehrer der oberen Fakultäten – je drei Theologen und Juristen und einen Mediziner – dienten, sowie den halben Korn- und Weinzehnten in Schriesheim für sechs Magister der Artistenfakultät. Dieser Zehnte wurde nach Möglichkeit verpachtet, mußte anderenfalls aber auch in natura eingezogen werden. Drei Pfarreien wurden der Universität inkorporiert, die damit über deren Einkünfte verfügte: St. Jakob in Lauda (Kr. Tauberbischofsheim), St. Lorenz in Altdorf (bei Nürnberg) und die Heidelberger Peterskirche, die eigentliche Pfarrkirche der Stadt. 1457 kamen weitere Patronate als Schenkung Friedrichs I. hinzu, Gundheim bei Worms sowie Kallstadt und Pfeffingen bei Dürkheim.

Bonifatiuspfründen

1398 erreichte Ruprecht III. von Papst Bonifatius IX., daß der Universität zwölf Kanonikate in acht Stiftern der Umgebung inkorporiert wurden: 1 am Dom in Speyer, 2 an St. German vor den Toren Speyers, 1 am Wormser Dom, 2 an St. Andreas und 1 an St. Paul in Worms, 2 an St. Cyriakus in Neuhausen (vor den Toren Worms'), 2 an St. Peter in Wimpfen im Tal, 1 an St. Juliana in Mosbach. Zwei Jahre später übertrug der Papst vier – in der Praxis waren es dann nur drei – Kanonikate des Marienstifts in Neustadt an der Weinstraße an die Heiliggeistkirche. Alle diese Stellen wurden, nachdem sie frei geworden waren, an Heidelberger Dozenten vergeben – gegen den Protest der betroffenen Stifter, die sich der Entfremdung ihrer Kanonikate begreiflicherweise widersetzten. Der Mittelwert der Bonifatius-Pfründen dürfte bei 50 bis 60 Gulden jährlichem Gefälle gelegen haben.

Gründung des
Heiliggeiststifts

Die finanzielle Ausstattung der Universität fand ihren Abschluß mit der Gründung des Heiliggeiststifts 1413, nachdem die Kirche schon 1400 aus der Unterstellung unter St. Peter gelöst und zur Stiftskirche erhoben worden war. Zusammen mit der Erstausstattung durch die drei Neustädter Pfründen wurden die Erträge der von der Universität erworbenen Rheinzölle dazu verwendet, das Heiliggeiststift mit insgesamt neun Kanonikaten zu versehen, die für je drei Theologen und Juristen, einen Mediziner sowie die Prediger von Heiliggeist und St. Peter – gleichfalls Angehörige der Universität – bestimmt waren. Drei weitere Kanonikate wurden aus dem Collegium artistarum übernommen; sie speisten sich aus den Schriesheimer Gefällen und blieben Professoren der unteren Fakultät vorbehalten. 1418 stiftete Ludwig III. auf die Einkünfte aus der Pfarrei und dem Zehnten von Freimersheim (bei Alzey) sowie einem Teil des Weinzehnten von Hohensachsen eine dreizehnte Pfründe für den Stiftsdekan, der zugleich Dekan der theologischen Fakultät sein sollte. Für emeritierte Professoren wurden schließlich 1459 zwei weitere Kanonikate errichtet. Das Stift war dem Papst direkt unterstellt und damit von der bischöflichen Jurisdiktion befreit. Die Vereinigung von Universität und Stift verstärkte den Charakter der Hochschule als kirchliche Institution, denn die Inhaber der Lehrstühle, die auf die Pfründen fundiert wurden, mußten naturgemäß Kleriker sein. Sie waren auch zum Chordienst verpflichtet, jedoch ging die Lehrtätigkeit vor; wer amtlich an der täglichen Teilnahme am Chorgebet verhindert war, erhielt trotzdem seine Präsenzgelder.

Die zwölf von Bonifatius IX. 1398 der Universität inkorporierten Pfründen blieben von der Errichtung des Heiliggeiststiftes unberührt; allerdings besaßen die Heiliggeistkanoniker fast immer auch eine Bonifatius-Pfründe. Die Besetzung der Pfründen war ausschließlich Sache der Universität bzw. der Fakultät, der die betreffende Stelle zustand; nur die Präsentation beim betreffenden Kapitel oblag dem Kurfürsten. Die Einkünfte der Heidelberger Professoren waren offenbar gut, zumal zu den Pfründen die Barbesoldung kam, die seit der Festlegung von 1413 für Theologieprofessoren 120 Gulden – 1453 auf 100 Gulden gekürzt – betrug, für Juristen 80 Gulden und für den Mediziner 60 Gulden. Die sechs Artistenmagister mußten sich mit freier Verpflegung und Unterkunft im Collegium artistarum bescheiden. Hinzu kamen Anteile an Gebühren und Strafgeldern, Privateinnahmen bei Juristen und Medizinern, Hörergelder, die besonders bei den Artisten, deren Studenten etwa ¾ aller an der Universität Studierenden ausmachten, zu Buche schlugen, sowie private Pfründen, deren Zahl teilweise eine beträchtliche Höhe erreichte. So verfügte der Theologe Konrad von Soltau als Heidelberger Professor gleichzeitig über fast ein Dutzend Pfründen, darunter Stellen in den Domkapiteln von Hildesheim, Schwerin, Speyer und Worms, während es sein Kollege Konrad von Drieburg auf sieben Pfründen brachte, u. a. die Domdechantei in Halberstadt. Miet- und abgabenfreie Wohnung in den Judenhäusern und Teilhabe an den kurfürstlichen Privilegien von 1386 verhalfen zu weiterer Aufbesserung des Einkommens.

Nach Errichtung des Heiliggeiststiftes stellte sich der Bestand an besoldetem Lehrpersonal folgendermaßen dar:

Theologie: Drei Lehrstühle, dazu zumeist weitere Professoren, die aus anderen Pfründen dotiert waren; 1427/28 gab es auf diese Weise sieben besoldete Theologen.

Jurisprudenz: Drei Lehrstühle für Dekretalen, Decretum Gratiani – 1498 in einen zweiten Lehrstuhl für Dekretalen umgewandelt – und Liber Sextus; das Römische Recht wurde nur gelegentlich durch Räte des Kurfürsten vorgetragen, zusätzliche Professoren gab es nur selten.

Medizin: Ein Lehrstuhl, kaum zusätzliche Professoren.

8

Artisten: Sechs Lehrstühle; die Zahl der besoldeten Magister (magistri regentes cathedram) steigerte sich bis etwa 1400 auf ungefähr zwölf, die meistens zugleich an den oberen Fakultäten studierten. Das zusätzliche Lehrpersonal schwankte außerordentlich stark und betrug im Höchstfalle bis zu 40 Magistern; normalerweise waren es etwa 20. Viele Magister lehrten nur kurze Zeit, um ihrer Verpflichtung, nach Erwerb der Grades zwei Jahre in Heidelberg zu dozieren, zu genügen.

Die beiden ersten Generationen der Heidelberger Universitätslehrer wiesen bedeutende Gelehrte auf, wenn auch kein eigenständiger Denker unter ihnen war. Die geistige Ausrichtung wurde im wesentlichen durch das Wirken Marsilius von Inghens bestimmt, ›nicht gerade ein Geist ersten oder zweiten Ranges, aber immerhin unzweifelhaft der bedeutendste Vertreter seiner Fakultät in den ersten vier Menschenaltern ihres Bestehens‹ (Ritter). Marsilius leitete seine Heidelberger Lehrtätigkeit mit einer Logikvorlesung ein; er gilt als wichtiger Vertreter der occamistischen Richtung in Deutschland, dessen Handbücher weite und lang anhaltende Verbreitung fanden. Die occamistische Philosophie hieß in Deutschland gelegentlich geradezu die via Marsiliana. Seine Kommentare zu naturwissenschaftlichen Schriften des Aristoteles wurden noch um 1500 in Italien und Frankreich gedruckt. Marsilius' Bedeutung lag in der Fähigkeit zu durchdachter und didaktisch geschickter Vermittlung des Stoffes. Er hat in Heidelberg noch Theologie studiert und erwarb 1395 oder 1396 als erster den Grad eines Doktors der Theologie; damit bestätigte der Gründungsrektor die Vollwertigkeit des Heidelberger Generalstudiums. Marsilius starb 1396 – die Erinnerung an ihn wurde noch im 16. Jahrhundert durch jährliche Seelenmessen wachgehalten. Sein letztes Verdienst um die Universität war ein Legat zahlreicher Handschriften, vor allem theologisch-systematische Werke, aber auch antike Klassiker umfassend.

Neben Marsilius haben vor allem zwei Prager Magister den Ruhm der jungen Universität begründet, Matthäus von Krakau und Konrad von Soltau. Matthäus von Krakau († 1410), der 1394 erstmals in Heidelberg bezeugt ist, führte die von Marsilius begründete praktisch-seelsorgerliche Ausrichtung der Heidelberger Theologie fort. Seine Schriften behandeln in eher populärer Form konkrete Fragen wie Beichtpraxis, Kirchen- und Sittenreform. Einen scharfen Angriff auf die an der Kurie geübte Simonie führte er in der Schrift ›De squaloribus curiae Romanae‹, wobei der kurfürstliche und königliche Rat und zeitweilige Professor an der juristischen Fakultät Job Vener († 1447) die Ausführungen Matthäus' mit Zitaten aus dem kanonischen und kaiserlichen Recht untermauerte. Auch als er 1405 Bischof von Worms wurde, behielt Matthäus seinen Wohnsitz in Heidelberg; wie bei Marsilius wur-

9

de auch sein Gedächtnis jährlich mit einer besonderen Seelenmesse gefeiert. Die gleiche Ehrung galt neben den beiden Professoren nur noch dem Gründer Ruprecht I. und Konrad von Gelnhausen, dem ersten Kanzler und großzügigen Stifter, dessen Messe allerdings mit dem Gedächtnis ›pro omnibus benefactoribus defunctis studii‹ verbunden wurde. *Konrad von Soltau*, wahrscheinlich aus einem niedersächsischen Ministerialengeschlecht stammend, kam bereits 1387 aus Prag, wo er in der artistischen und in der theologischen Fakultät ein beliebter Lehrer gewesen war und im Krisenjahr 1384/85 als Rektor amtiert hatte. Er war ein nicht unbedeutender Gelehrter - aus seiner Heidelberger Zeit stammen ein Sentenzenkommentar und der ›Tractatus de summa trinitate et fide catholica‹ als Kommentar zum ersten Buch der Dekretalen -, mehr noch aber Kirchenpolitiker und Diplomat, der als Ratgeber des Kurfürsten verschiedene Gesandtschaftsreisen unternahm. Vergeblich versuchte die Universität, ihn durch Sperrung seiner Einkünfte zur Einhaltung seiner Lehrverpflichtungen zu zwingen. 1397 ging Konrad ganz in den Kirchen- und Hofdienst über und starb 1407 als Bischof von Verden.

Auch ein dritter Heidelberger Theologe wurde Bischof, Konrad von Soest († 1437), der 1428 den Regensburger Stuhl erhielt. Konrad von Soest, der am Orte aufstieg, war ebenfalls vor allem mit Kirchenpolitik beschäftigt und verfaßte die ›Postillae‹ zum Pisaner Konzilsausschreiben des Kardinalskollegiums, in denen er mit scharfem Blick auch die politischen Implikationen dieses Versuchs, die Kirchenspaltung zu überwinden, erkannte; wie bei Matthäus' Traktat war Vener auch bei den ›Postillae‹ beteiligt. Als ›notarius regis‹ fungierte Konrad von Soest bei der Absetzung Wenzels. Zu den bedeutenden Theologen der ersten fünfzig Jahre gehörten ferner Johannes von Frankfurt († 1440), ein Pariser Magister, und Nikolaus Magni aus Jauer in Schlesien († 1435), ein Schüler Matthäus' von Krakau und Konrads von Soltau, der 1397 nach Heidelberg kam.

Der erste Jurist war Johann van der Noet († 1432), der aus Prag zuzog, zum ersten Dr. iuris utriusque in Heidelberg wurde 1427/28 Ludwig von Ast († 1456), später kurfürstlicher Kanzler, promoviert, der zeitweise Dompropst von Worms und Kanzler der Universität war. Als erster Mediziner ist Jakob Hermenia 1388 nachweisbar. Das erste Statut für die medizinische Fakultät wurde erst 1425 aufgestellt; es folgte wörtlich dem Kölner Muster. Eine medizinische Doktorpromotion fand im ersten Jahrhundert nach der Gründung in Heidelberg überhaupt nicht statt, wenn auch ein Erlaß des Wormser Bischofs von 1404, daß im Stiftsgebiet nur Ärzte praktizieren dürften, die in Heidelberg approbiert seien, einen gewissen Auftrieb für die medizinische Fakultät mit sich gebracht haben dürfte. Die Professoren der Medizin wechselten verhältnismäßig rasch, da offenbar anderwärts die Bedingungen

10

für ein auskömmliches Leben besser waren als an der Universität. Häufig waren sie auch im Neben- oder Hauptberuf Leibärzte der Kurfürsten. Von den meisten von ihnen ist nur der Name bekannt; Hermann Poll aus Wien, 1398–1401 in Heidelberg, wurde wegen eines angeblichen Mordversuchs an König Ruprecht als ›membrum putridum et inutile‹ (II, 127) aus der Universität ausgestoßen.

Die neue Universität mußte sich sehr bald in der Herausforderung durch politische und kirchenpolitische Probleme bewähren. Das Königtum des Pfalzgrafen Ruprecht III. und die Konzilsfrage führten sie unmittelbar in die Tageskämpfe hinein, so daß die wichtigsten Theologen und Juristen, mit Matthäus von Krakau an der Spitze, unter König Ruprecht zeitweise nahezu Bestandteil des Regierungsapparats gewesen sind. Daß diese Ratgeberfunktion mitunter nicht problemlos war, zeigt das Beispiel Veners, der 1405 die Universität bat, ihn vom Eid als Mitglied der Korporation zu entbinden, um einer Kollision der Pflichten gegenüber dem König und gegenüber der Universität zu entgehen.

Die Universität schlug die Bitte allerdings ab. Im Schisma forderte die Heidelberger Universität, obwohl sie an der römischen Obödienz entschlossen festhielt, ein Konzil zur religiösen und sittlichen Erneuerung der Kirche, lehnte aber in Übereinstimmung mit der Politik Ruprechts das Konzil von Pisa ab. Matthäus von Krakau und Konrad von Soest protestierten als königliche Gesandte am Konzilsort gegen die Kirchenversammlung und appellierten vom Konzil an den Herrn der Kirche. Auf dem Konstanzer Konzil spielte die Universität keine besondere Rolle, auch wenn Konrad von Soest einer der Wortführer der deutschen Konzilsväter gewesen ist. Am Konzil von Basel schließlich nahm die Universität nur zeitweise durch eine eigene Abordnung teil, die aus den Theologen Nikolaus Magni und Gerhard Brandt († 1438) sowie dem Juristen Otto von Stein († um 1442) bestand, blieb aber im Streit zwischen Papst und Konzil neutral.

An der Verfolgung abweichender Lehrmeinungen haben sich Heidelberger Theologen und Juristen von Anfang an aktiv beteiligt. Als 1406 Hieronymus von Prag in der Heidelberger Artistenfakultät Thesen der wiclifschen Theologie vertrat, wurde er ausgestoßen; auf dem Konstanzer Konzil haben ihn seine früheren Kollegen verhört. Im berühmten Ketzerprozeß gegen Johann von Drändorf 1425, der mit dessen Verbrennung endete, waren Job Vener, Konrad von Soest, Johannes von Frankfurt und Nikolaus Magni als Richter tätig.

Wie bei Neugründungen üblich, strömten die Studenten zunächst in verhältnismäßig großer Zahl nach Heidelberg. Im ersten Jahr wurden 579 Immatrikulationen vorgenommen; dazu gehörten aber auch die zahlreichen Personen, die nicht ernsthaft ein Studium betreiben, sondern nur an den Privilegien für Universitätsangehörige teilhaben wollten. In den folgenden Jahrzehnten lag die Durchschnittszahl der jährlichen Immatrikulationen zwischen 125 und 135 Studenten – Heidelberg hatte damit fast in jedem Jahr die geringste Immatrikulationszahl aller deutschen Universitäten. Die Studenten kamen zunächst etwa zu gleichen Teilen aus dem nächstgelegenen Umland des mittelrheinischen Gebietes, d.h. den Diözesen Mainz, Worms, Speyer und Würzburg, und aus dem Niederrheingebiet, d.h. den Diözesen Utrecht, Lüttich, Köln; nach Süden erstreckte sich das Einzugsgebiet bis zur Diözese Konstanz, nach Osten bis Erfurt.

Schon zwei Jahre nach ihrer Gründung geriet die Universität in ihre erste existenzbedrohende Krise, politisch verursacht durch einen verlustreichen Krieg des Pfalzgrafen mit den rheinischen Städten, der zu Verwüstungen und Plünderungen weiter Landstriche führte, daneben durch die Pest, die Ende 1388 in Heidelberg ausbrach und die Mehr-

zahl der Lehrer und Studenten zur Flucht veranlaßte. Der schwerste Schlag traf die Universität aber durch die Konkurrenzgründung in Köln; hier wurde zu Beginn des Jahres 1389 eine neue Universität eröffnet, die den vor Krieg und Pest flüchtenden Heidelbergern Aufnahme bot. Köln schnitt Heidelberg zudem weithin von seinem ergiebigen niederrheinischen Einzugsgebiet ab und verwies es verstärkt auf die mittelrheinischen Gebiete; auch die Attraktivität der Großstadt mag anziehend gewirkt haben, so daß Köln mit 740 Studenten im ersten Jahr beginnen konnte. Die Gründung von Löwen 1426 ließ den Zustrom vom Niederrhein dann nahezu ganz versiegen. Eine weitere Bedrohung führte die Gründung der Universität Erfurt 1392 herauf, da nun der Nordteil der Diözese Mainz weithin als Rekrutierungsgebiet für Heidelberger Studenten ausfiel. Im Gegensatz zu zahlreichen Universitätsgründungen des 13. Jahrhunderts, die binnen kurzem wieder verschwunden waren, im Gegensatz auch zu Wien, das bereits kurze Zeit nach der Gründung wieder eingegangen und 1383/84 restituiert worden war, zu Krakau, wo der Restitutionsvorgang sich im Jahre 1400 vollzog, und zum 1402 gegründeten Würzburg, das die Gründungsphase überhaupt nicht überlebte, überwand Heidelberg jedoch die Krisen und bewies damit seine Lebensfähigkeit. Der Rotulus von 1401, eine Pfründensupplik der Universitätsangehörigen an die Kurie, verzeichnete über 400 Namen.

Einen im Ausmaß geringen, dafür aber regelmäßigen Zustrom von Studenten verschaffte der Zisterzienserorden der Universität. Ruprecht I. errichtete schon 1387 für Zisterzienser, die in Heidelberg studierten, am Fuß des Schloßbergs neben der alten St. Jakobuskapelle ein Kollegiengebäude. Die römischen Päpste befreiten Äbte, die ihre Mönche nach Heidelberg zum Studium schicken wollten, von der Vorschrift des Generalkapitels aus dem Anfang des 14. Jahrhunderts, Mönchsstudenten in das Pariser Kolleg zu schicken. Die Oberaufsicht über das St. Jakobskolleg lag beim Abt von Schönau. Auf Bitten des

Kurfürsten befahl das Generalkapitel 1397 den Zisterzienserklöstern
in der Pfalz, jeweils wenigstens einen Mönch zum Studium nach Heidelberg abzuordnen; auch die übrigen Zisterzienserstudenten in Heidelberg kamen fast alle aus Süddeutschland und dem Rheinland.
Wenn 1391 Mönche aus Reinfeld (Holstein) und Doberan (Mecklenburg) immatrikuliert sind, 1432 sogar sechs Zisterzienser aus den norddeutschen Klöstern Dargun, Doberan, Eldena, Neuenkamp-Franzburg und Reinfeld kamen, so waren dies vereinzelte Ausnahmen; im
wesentlichen blieb es bei dem Zuzug aus der weiteren Umgebung der
Stadt. Die mit Beginn der Universität begründete Tradition wurde bis
zur Reformation immer wieder in Erinnerung gerufen, 1503 benannte
das Generalkapitel 35 Klöster in Südwestdeutschland, die insgesamt
45 Mönche in das St.Jakobskolleg zu schicken hatten; 1518 wurde diese Pflicht bei Strafe der Exkommunikation eingeschärft. Insgesamt haben etwa 450 Zisterzienser das Kollegium besucht.

Wie an allen Universitäten wurde auch in Heidelberg jedermann *Studiengang*
nach Ermessen des Rektors zum Studium zugelassen. Zwar galt seit
dem 15.Jahrhundert ein Mindestalter von 14 Jahren als Immatrikulationserfordernis, diese Bestimmung ist aber offenbar vielfach nicht beachtet worden. Die Immatrikulationsgebühren verlockten die Universität, die akademischen Privilegien die Aufnahme Begehrenden bzw.
deren Verwandte. In der Regel ging dem Studium in den höheren Fakultäten das in der artistischen Fakultät voraus, das vielfach eine Art
höherer Schulbildung darstellte und in dem mit dem Trivium aus
Grammatik, Rhetorik und Dialektik, d.h. Beherrschung der lateinischen Sprache, Redefähigkeit und Fähigkeit zur Argumentation nach
strengen logischen Regeln, die Grundlagen für wissenschaftliches Arbeiten gelegt wurden. Die Dialektik schloß Logik, Ethik, Physik und
Metaphysik ein. Die Masse der Studenten blieb in dieser Fakultät hängen, denn ein weiteres Studium war lang und entsprechend teuer; die
jährlichen Kosten eines Universitätsaufenthaltes sind auf etwa 20–
25 Gulden zu veranschlagen. Mehr als zwei Jahre waren normalerwei *Akademische*
se erforderlich, um den untersten akademischen Grad, das Bakkalau *Grade*
reat zu erwerben, unter zweieinhalb weiteren Jahren Studium war der
Magister artium, mit dem die Lehrerlaubnis und -verpflichtung verbunden war, nicht zu bekommen, so daß die Mehrzahl der Studenten sich
offensichtlich mit dem untersten Grad begnügte oder ohne Abschluß
die Universität verließ. Um die licentia docendi und damit die Zulassung zur Doktorpromotion zu erwerben, mußte man in der theologischen Fakultät insgesamt etwa zwölf Jahre studieren, zeitweise auch
lehren, nachdem der Magistergrad in der artistischen Fakultät erlangt
worden war. Auf die Doktorpromotion selbst wurde häufig verzichtet,
da sie zusätzliche Kosten verursachte. In der juristischen und in der
medizinischen Fakultät brauchte man bis zur Lizenz etwa sechs Jahre.

Der Lehrstoff in der artistischen Fakultät bestand vor allem in der Erklärung des Corpus Aristotelicum. Der Magister mußte sich verpflichten, ›quod textum Aristotelis et sui commentatoris, ubi saltem non est contrarius fidei vel evidenti veritati, firmiter et tamquam authenticum observabit‹ (I, 41). Die schwierigsten, aber auch einträglichsten Vorlesungen über Logik, Physik, Metaphysik und Ethik waren den erfahreneren Magistern, insbesondere den festbesoldeten, vorbehalten. Kurz vor Beginn des Studienjahres wurden die Vorlesungsgebiete auf einer Lehrplankonferenz (›electio librorum‹) unter die Dozenten verteilt. Die Hörer hatten ein Honorar zu bezahlen, dessen Höhe sich nach dem Umfang der erklärten Bücher richtete. Es war verboten, in den Vorlesungen zu diktieren; war ein Diktat unbedingt erforderlich, sollte es am Sonntag vorgenommen werden. Nahezu wichtigster Bestandteil des Studiums waren Disputationsübungen; die Teilnahme an mindestens 20 und die aktive Beteiligung an sechs Disputationen waren Voraussetzung für die Zulassung zum Examen.

Die Studenten wohnten in Privathäusern oder, was der besseren Kontrolle wegen erwünscht und mehr und mehr erzwungen wurde, in Bursen, Wohnheimen unter Leitung eines Magisters, der durch ein solches Internat seine Einkünfte aufbesserte. Die Bursen waren private Einrichtungen, galten aber als Teilkorporation der Universität und unterstanden daher ihrer Aufsicht. 1441/42 wurde eine eigene Kommission für die Aufsicht über die Bursen errichtet, der der Rektor, je ein Professor der drei oberen Fakultäten, der Artistendekan und zwei Mitglieder dieser Fakultät angehörten. Die Bursen waren, wie die Statuten verdeutlichen, als halbklösterliche Gemeinschaften gedacht; wer in ihnen wohnte, bezahlte ein Kostgeld und Hörergeld, da sich im Verlauf des 15. Jahrhunderts ein beträchtlicher Teil des akademischen Unterrichts, vor allem Übungen und Repetitionskurse, in ihnen vollzog. Bursen bestanden in Heidelberg von Anfang an bis ins 17. Jahrhundert; bereits 1386 ist eine ›bursa universitatis‹ erwähnt, ohne daß Näheres bekannt wäre. Auch das 1390 gegründete Collegium artistarum nahm Studenten auf. 1396 wurde ein Kolleg für unbemittelte Studenten gestiftet, das allerdings erst 1452 als Collegium Dionysianum auf dem Platz der heutigen Alten Universität errichtet wurde und für je sechs arme Studenten und Magister bestimmt war; von den letzteren sollten jeweils zwei Theologie, Jurisprudenz und Medizin studieren.

Das Leben der Universitätsangehörigen war durch Disziplinarordnungen streng reglementiert. Verlangt wurde ›honestas et decentia‹ der Lebensführung, die äußerlich durch die Tracht des Klerikers gewährleistet werden sollte. Verboten wurde insbesondere alles, was zu Reibungen mit der Bürgerschaft führen konnte: Angriffe auf einen Bürger ›verbo vel facto in rebus vel in persona‹ (I, 19), nächtliches Herumschwärmen und Geschrei, Maskeraden, Zerbrechen von Gefäßen,

nächtliche Ständchen, Benutzung von Nachschlüsseln, Jagd auf
Schweine und Gänse der Einwohner, Diebstahl in Weinbergen und
Obstgärten, Besuch von Kirchweihfesten in der Umgebung, vor allem
des sogenannten Rolloß in Handschuhsheim, Vogelfang, Übersteigen
der Stadtmauern, ferner Waffentragen, Besuch von Fechtschulen, un-
sittlicher Lebenswandel, gotteslästerliches Fluchen und Schwören und
anderes mehr. Insgesamt zeigen die immer erneut wiederholten Laster-
kataloge der Disziplinargesetze sowohl, wie sich die Studenten auf-
führten, als auch, wie erfolglos die Ermahnungen blieben. 1447 wurde
sogar ein allgemeines Ausgehverbot für Angehörige der Universität
zwischen 10 Uhr abends und 4 Uhr morgens erlassen; in dringenden
Fällen mußte wenigstens ein Licht mitgeführt werden.

Alle Vorsichtsmaßregeln verhinderten nicht, daß es immer wieder Zusammenstöße
zwischen Bürgern
und Studenten ·
zu Auseinandersetzungen zwischen Einwohnern und Studenten kam,
die sich gelegentlich zu schweren Konflikten auswuchsen. So entwik-
kelte sich im Juni 1406 aus kleinen Zusammenstößen ein Aufstand der
Bürger, der sich geradezu in Pogromstimmung gegen die Universitätsangehörigen richtete, auf die unter der Parole ›Tod den Plattenträgern,
nieder mit den Langmänteln‹ Jagd gemacht wurde. Die Ausschreitun-
gen führten zu Mißhandlungen und Plünderungen, die Burse des Johannes von Frankfurt wurde gestürmt, ein allgemeines Blutvergießen
nur durch den königlichen Kanzler und Bischof von Speyer verhindert. Die Universität stellte aus Protest ihren Lehrbetrieb ein, bis ihr
nach dreiwöchigen Verhandlungen von der Regierung ausreichende
Genugtuung und Garantie gegen Wiederholung solcher Ausschreitun-
gen gegeben worden war. Ein neuer Studentenkrieg brach 1422 im Anschluß an eine Prügelei im Freudenhaus aus. Troßknechte des Kurfürsten überfielen im Verein mit Bürgern mehrere Bursen, wieder vor allem die des Johannes von Frankfurt, und verfolgten die Studenten.
Die Parole lautete diesmal, es sei besser, Studenten und Pfaffen zu er-
schlagen, als die Hussiten zu töten. Auch im weiteren Verlauf des
15. Jahrhunderts ist es immer wieder zu blutigen Auseinandersetzungen gekommen, wenn diese auch nicht ein so gefährliches Ausmaß annahmen wie die von 1406 und 1422.

Nicht bei Konflikten mit der Bevölkerung hat die Universität die Verlegungen der
Universität
Stadt verlassen, wohl aber bei bedrohlichen Seuchen. Zwischen 1426
und 1597 ist die Universität neunzehnmal förmlich verlegt worden.
Zufluchtsorte waren u.a. Eberbach, Eppingen, Heilbronn, Heidels-
heim, Landau, Mosbach, Sinsheim und Weinheim; einzelne Bursen
wanderten sogar bis nach Oppenheim, Nördlingen und Überlingen.
Der eigentliche Sitz der Universität blieb aber auch in Pestzeiten an die
Stadt Heidelberg gebunden: ›Rector tempore pestis in Heidelberga re-
sidere debet, quia extra oppidum Heidelbergense non est universitas
Heidelbergensis‹ (Toepke I, XXXVI); hier allein durften daher auch

die Promotionen stattfinden, während die notwendigen Prüfungen für
Bakkalaureat und Magisterium am jeweiligen Zufluchtsort abgehalten
wurden. Die Universität ist denn auch nur 1519/20 suspendiert gewesen, als auch der Rektor die Stadt verließ; ›tempus dispersionis‹ verzeichnet die Matrikel (Toepke I, 520).

Um die Mitte des 15. Jahrhunderts war die Heidelberger Universität
an einem wichtigen Punkt ihrer Entwicklung angelangt. Die institutionelle Ordnung hatte sich im allgemeinen bewährt, die Zahl der Studenten und Lehrer war groß genug, um ein Überleben zu gewährleisten. Dagegen waren die Lehrinhalte nicht mehr unstrittig. Der Angriff
kam von zwei Seiten, aus der scholastischen Philosophie selbst und

von der neuen Geistesströmung des Humanismus. In Heidelberg
herrschte, zwar nicht statutenmäßig festgelegt, aber doch durch die
Lehrer der ersten Generation eingeführt, der Nominalismus, die via
moderna oder Marsiliana. In den vierziger Jahren des 15. Jahrhunderts
traten nun erstmals Magister der via antiqua auf, die in Köln vor-
herrschte. Im Streit zwischen modernem occamistischem Nominalismus und altem thomistischem Realismus ging es um das philoso-
phisch-theologische Grundproblem der Universalien, d. h. ob die All-
gemeinbegriffe unabhängig von den Dingen, die sie bezeichneten, eine
objektive und reale Existenz besäßen (Realismus) oder ob sie nur in
den Dingen existierten und außerhalb der Dinge nur Name, Bezeichnung derselben ohne objektive Realität seien (Nominalismus). Im wissenschaftlichen Alltag war dieser Schulstreit längst weithin auf Unter-
schiede in der Lehrmethode reduziert worden. Die Nominalisten zogen zur Erklärung der Aristoteles-Texte umfangreiche Kommentare
und Erläuterungen heran, während die Realisten sich enger an den
Text anschlossen und das weitläufige Beweis- und Erklärungsverfah-
ren vereinfacht hatten. Gegen die Ansprüche der Realisten beschloß
die Universität im April 1452, künftig jeden Magister eidlich ›in via ...
communi modernorum per primaevos nostrae facultatis patres Marsi-
lium et alios modernos introducta‹ (II, 364), zu verpflichten. Der realistische Weg wurde von den Vertretern der via moderna als hussistisch
verketzert.

Der Abwehrversuch gegen das Vordringen der via antiqua kam aber
zu spät. Zugunsten der Lehrfreiheit griff Kurfürst Friedrich I. in die
Freiheit der Universität ein. Schon sein Vorgänger Ludwig IV. hatte
1444 die Universität aufgefordert, Vorschläge zur Reform der Statuten
zu machen, ohne daß die eingereichten Projekte über Disziplinarpro-
bleme, Fragen des Lehrbetriebs, Regelungen für Vorlesungen u. ä. hinausgekommen wären. Friedrich I. erließ daher am 29. Mai 1452 aus eigener Vollmacht eine Reformation der Universitätsstatuten, ohne die
Hochschule auch nur zu befragen. Verfasser der Reformation war vermutlich der kurfürstliche Kanzler Johann Seiler, genannt Güldenkopf,

16

der selbst früher Professor an der juristischen Fakultät gewesen war.
Die Absicht der Reformation zielte darauf, die Lehrstreitigkeiten zu
beenden, die Besoldung zu ordnen und neue Lehrstühle zu begründen.
Insgesamt sollte mit diesen Maßnahmen die Attraktivität der Universität gehoben und ihre Frequenz verbessert werden.

Die wichtigste Entscheidung der Reformation betraf den Wegestreit. Es wurde festgelegt, daß jeder Artistenmagister, ›der hie ist oder herkummet, lesen und leren und ein ieglicher schuler horen und lernen moge, was er wil, das von der heiligen kirchen nit verbotten ist, es sii der nuwen oder der alten wege‹ (I, 163). Beide Wege erhielten Promotionsrecht, blieben aber in einer Fakultät vereinigt. Die Studiengänge waren gegeneinander nicht durchlässig, Leistungen im Studium der einen Richtung konnten nicht für die andere Richtung angerechnet werden. Allerdings fanden seit 1458 die Vorlesungen über die Nikomachische Ethik für Studenten der beiden Wege gemeinsam statt.

Entscheidung im Wegestreit

Die bisherige Zweigleisigkeit bei der Pfründenvergabe wurde in der Reformation dadurch vereinfacht, daß ein Teil der Bonifatius-Pfründen fest mit bestimmten Lehrstühlen und damit mit den entsprechenden Kanonikaten am Heiliggeiststift verbunden wurde. Auch die Professorenhäuser waren jetzt mit den Lehrstühlen gekoppelt; allerdings fanden bei Pfründen- wie Häuserordnung nur die Professoren der drei oberen Fakultäten Berücksichtigung. Auf Kosten der Theologen und Artisten ging die Vergrößerung des Lehrangebots in den anderen Fakultäten. Von den sechs Magisterstellen im Collegium artistarum, deren Inhaber bisher nur Theologie studieren durften, wurden zwei umgewidmet für einen Lizentiaten oder Bakkalaureus des weltlichen Rechts und einen der Medizin – sie erhielten zusätzlich je eine der Bonifatius-Pfründen. Für weltliches Recht, das in Heidelberg bisher nie institutionalisiert vertreten gewesen war, wurde, wie die Universität seit längerem gewünscht hatte, ein eigener Lehrstuhl neu eingerichtet. Der Lizentiat las über die Institutionen, der Lehrstuhlinhaber über den Codex Iustiniani; 1498 kam ein weiterer Lehrstuhl für die Pandekten hinzu, wiederum ohne die Universität vorher zu befragen. Für die besoldeten Dozenten wurde die Residenzpflicht eingeführt; über drei Tage durften sie ohne Erlaubnis des Rektors nicht abwesend sein, eine Abwesenheitsdauer von mehr als 14 Tagen war an die Erlaubnis von Rektor und Senat gebunden.

Neuregelung der materiellen Verhältnisse

Einführung des römischen Rechts

Auch die Universitätsinstitutionen wurden von der Reformation betroffen. Neben die Congregatio doctorum et magistrorum trat ein verkleinertes Gremium, das Consilium universitatis, das aus dem Rektor, den Professoren der drei oberen Fakultäten und dem Dekan sowie vier Wahlmitgliedern der Artistenfakultät bestand und damit eine Art Senat darstellte. Die Reformation benachteiligte also insgesamt vor allem die Artistenfakultät, die denn auch am entschiedensten Wider-

Institutionelle Reform

stand leistete. Der Kurfürst blieb jedoch unnachgiebig und ließ erklären, er verlange uneingeschränkten Gehorsam; wer sich den Neuregelungen nicht unterwerfe, solle Heidelberg für immer verlassen.

Den Zweck, die Frequenz der Hochschule zu steigern, erreichte die Reformation nur vorübergehend. Die Immatrikulationen stiegen zwar auf über 200 jährlich an, sanken allerdings dann durch die kriegerischen Verwicklungen, in die Friedrich I. die Kurpfalz führte, ebenso rasch wieder ab. Während eine Konkurrenzgründung in Pforzheim, die der Markgraf von Baden vorbereitete und für die er 1459 die päpstliche Genehmigung erhielt, nicht zustande kam, verringerte die Konkurrenz der neuen Universitäten Freiburg (1457 gegr., 1460 eröffnet), Basel (1459 gegründet), Ingolstadt (1472 mit Bulle von 1459 eröffnet) und Trier (1473 gegründet), Mainz und Tübingen (1477 gegründet) zusätzlich das bisherige Einzugsgebiet Heidelbergs, so daß die Universität von der gegen Ende des Jahrhunderts einsetzenden allgemeinen Dämpfung im Wachstum des Universitätsbesuchs besonders betroffen

war. Andererseits stieg die Zahl der Pflichtstudenten, nachdem die Augustinereremiten der rheinisch-schwäbischen Provinz seit 1456 ihre philosophischen Studien in Heidelberg durchführen mußten; 1476 erhielt das schon seit dem 13. Jahrhundert bestehende Heidelberger Augustinerkloster von der Universität die Erlaubnis, Vorlesungen und Übungen in eigenen Räumen zu halten, die auf das Universitätsstudi-

um angerechnet wurden. Im gleichen Jahr wurde in Heidelberg ein Dominikanerkloster mit einer Studienanstalt für Theologie und Philosophie gegründet, das dieselben Privilegien erhielt wie die Zisterzienser des St. Jakobskollegs.

Die obrigkeitlich verordnete Gleichberechtigung der beiden philosophischen Richtungen beendete die Auseinandersetzungen keineswegs. Die Reformation hatte bestimmt: ›Und wollen auch, das die, die also von denselben zweien wegen sin, fruntlich und zuchtlich ieglicher in seinem wege lese, lere, wandel und ir keiner den andern oder des andern weg lere oder kunste mit wercken, geberden oder worten heimlich oder offentlich understee zu verachten, zu smehen oder zu schenden, als lieb ime sii unser hulde zu han und unser ungnade zu vermeiden‹ (I, 163). Dieser Befehl zu friedlichem Zusammenleben verhinderte aber nicht, daß es zu einem erbitterten, mit allen Mitteln geführten Konkurrenzkampf zwischen den Magistern beider Wege kam, bei dem die Vertreter der via moderna offenbar die Mehrheit der Studenten auf ihrer Seite halten konnten. Jedenfalls fanden zwischen 1454 und 1523 60% der artistischen Promotionen in der via moderna statt, 40% in der

via antiqua. Für die Studierenden des alten Weges stiftete der Theologieprofessor Johannes Wenck in der Augustinergasse gegenüber dem Hexenturm eine eigene Burse, die neben die Bursen der Nominalisten trat, die alte Schwabenburse in der Judengasse und die offenbar 1456 neugegründete Katharinenburse in der Augustinergasse, die als halboffizielle Einrichtungen der Artistenfakultät galten. Privatbursen existierten in unbekannter Zahl in beiden Wegen neben diesen großen Instituten fort, ebenso das 1452 errichtete Collegium Dionysianum, häufig die Armenburse genannt.

Unter den Professoren der Universität genoß um die Mitte des 15. Jahrhunderts ohne Zweifel das größte Ansehen Johannes Wenck aus Herrenberg (†1460), der 1426 als Magister aus Paris gekommen war und als Schüler und Nachfolger von Nikolaus Magni Theologie lehrte. Er führte die von Marsilius und Matthäus begründete Heidelberger Tradition fort, die wissenschaftliche Arbeit mit seelsorgerlicher Praxis verband. So stammen aus seiner Feder gleichermaßen Parva logicalia und Kommentare zu biblischen Büchern, Aristoteles, Boethius und Dionysius Areopagita wie das deutschsprachige ›Büchlein von der Seele‹ und andere Erbauungsschriften. Aus kirchenpolitischen und theologischen Gründen war Wenck ein erbitterter Gegner des Nikolaus Cusanus – selbst 1416 als Student in Heidelberg immatrikuliert gewesen –, dessen Schrift ›De docta ignorantia‹ er für häretisch hielt, da in ihr pantheistisches Gedankengut verbreitet werde. Gegen den bahnbrechenden philosophischen Neuansatz des Cusanus stellte Wenck die Bibel und die Autoritäten und warf seinem Gegner vor, die traditionellen Grundlagen von Philosophie und Theologie zerstören zu wollen. Der wissenschaftliche Streit wurde durch die kirchenpolitische Feindschaft angereichert; Wenck war – auch gegen seine Fakultätskollegen – Konziliarist geblieben und verurteilte Nikolaus als ›verschlagenen Papisten‹. Auf Wencks ›De ignota litteratura‹, wahrscheinlich 1442/43 entstanden, antwortete Cusanus mit einer ›Apologia doctae ignorantiae‹, in der er seinen Widersacher als ›non tantum imprudens, sed et arrogantissismus vir‹ abkanzelte. Wenck war Anhänger des alten Weges, der mit ihm schon vor der kurfürstlichen Entscheidung von 1452 in Heidelberg wirksam war, und bekannt als Kontroverstheologe im Kampf gegen Waldenser und Begharden.

Neben Wenck steht als besonders angesehener Gelehrter der Kano- nist Johann Wildenhertz aus Fritzlar (†1460), ›columna ... nostrae universitatis‹ und ›vir summae prudentiae et humanarum artium‹, wie ihn der Theologe Jodocus Eichmann aus Calw (†1489) in seiner Gedächtnisrede pries. Wildenhertz versah von 1450 an als erster Dr. iur. utr. die Dekretalenprofessur und hielt daneben Vorlesungen über lateinische Klassiker; er hatte in Italien studiert. Den 1452 eingerichteten Lehrstuhl für Römisches Recht hatte als erster der gebürtige Heidelberger Johann Schröder oder Hafner (Lutifiguli) inne, der im kurfürstlichen Dienst gestanden hatte und dann zur weiteren Ausbildung nach Pavia gegangen war, bevor er 1455 sein neues Amt antrat.

Mediziner

Wenn Heidelberg auch um die Jahrhundertmitte noch als ›locus medicinae vacuus‹ verspottet wurde, war der medizinische Lehrstuhl doch seit 1388 kontinuierlich besetzt. 1448 starb Gerhard von Hohenkirchen, der die Professur seit 1420 innegehabt hatte. Seine Laufbahn hatte ihn von Prag über Leipzig, wo er zu den Mitbegründern der medizinischen Studien gehörte, nach Köln geführt, ehe ihn Ludwig III. nach Heidelberg berief und ihn zugleich als Leibarzt annahm. Wie seine testamentarischen Stiftungen ausweisen, ist er in Heidelberg nicht nur zu großem Ansehen, sondern auch zu beträchtlichem Reichtum gekommen. Als Nachfolger des Johann von Schwenden übernahm die Professur 1464 Erhard Knab aus Zwiefalten (†1480), einer der wenigen Mediziner, die ihr ganzes Studium in Heidelberg absolvierten und hier auch den Doktorgrad erwarben. Knabs Bedeutung für die Wissenschaftsgeschichte liegt in der Abfassung der ältesten deutschen ›Pharmacopoe‹ aus dem Jahre 1471, einer Apothekenordnung mit genauen Einzelregelungen und Preisvorschriften; Mitautoren waren zwei Ärzte des Kurfürsten. Knab war ›clericus uxoratus‹, und 1475 genehmigte Sixtus IV. auf Bitten des Kurfürsten, daß künftig auch verheiratete Laien die medizinische Professur übernehmen und in den Genuß der mit ihr verbundenen Pfründen kommen konnten. Nach Knabs Tod wehrte sich die Universität allerdings gegen die Aufnahme eines Laien in ihre Reihen, so daß die Professur geteilt wurde: Der Kleriker Martin Rentz (†1503), der bisher das 1452 eingerichtete Bakkalaureat für Medizin innegehabt hatte, übernahm das Heiliggeistkanonikat und wurde Dekan, während der vom Kurfürsten favorisierte Laie Jodocus von Gengen (†1504) die andere Hälfte der Pfründen erhielt – erstmals war ein Laie Mitglied des Lehrkörpers geworden; außerdem war damit ein zweiter Lehrstuhl für Medizin geschaffen.

Laien als Professoren

Artistische Fakultät

In der artistischen Fakultät war eine große Zahl von Magistern tätig, die teilweise nur kurze Zeit in Heidelberg blieben, teilweise in die höheren Fakultäten aufstiegen. Bleibende wissenschaftliche Bedeutung hat keiner von ihnen gewonnen, auch ihre literarische Tätigkeit war anscheinend nicht sehr ausgedehnt. Die Einführung der via antiqua gab dem Lehrinhalt nicht eigentlich einen neuen Anstoß, für beide Wege gilt das ›Überwuchern einer zum Selbstzweck gewordenen Logik und Sophistik‹ (Ritter). 1456/57 lehrte Johann Wessel Gansfort von Groningen in der via antiqua in Heidelberg, ohne aber besondere Spuren zu hinterlassen. Ein späterer Versuch, ihn von Paris zurückzugewinnen, scheiterte.

Bibliotheken

Seit 1442 verfügte die Universität über einen eigenen Bibliotheksbau im Garten des Artistenkollegiums, der die Bücher der Universität für die drei oberen Fakultäten und die des Artistenkollegs aufnahm. Der Bestand der Artisten ging in seinen Anfängen auf den ersten Kanzler Konrad von Gelnhausen zurück, der dem Kolleg 1390 über 200 Hand-

20

schriften vermachte. Für den Universitätsbesitz an Büchern legte der erste Rektor Marsilius durch ein stattliches Vermächtnis den Grundstock. Beide Bibliotheken vermehrten in der Folgezeit ihren Besitz vor allem durch Schenkungen, vorzugsweise aus der Eigenproduktion des Lehrkörpers. 1456 kauften die Artisten Werke lateinischer Autoren aus dem Nachlaß des kurfürstlichen Kanzlers Ludwig von Ast und stockten damit die Bestände für humanistische Studien auf. Ludwig III. vermachte seine eigene umfangreiche Sammlung von über 150 Handschriften theologischen, juristischen, medizinischen und astrologischen Inhalts dem Heiliggeiststift; sie wurde 1438 in der Kirche aufgestellt und war vor allem für den Bedarf der mit Heiliggeistpfründen ausgestatteten Professoren bestimmt. Eine vierte Bibliothek stiftete der Mediziner Gerhard von Hohenkirchen für das Dionysianum. Benutzung und Behandlung der Bücher waren in Bibliotheksordnungen streng reglementiert – größere Beschädigungen sollten vom Wormser Bischof mit Kirchenstrafen geahndet werden. Ein Gesamtkatalog aller Sammlungen verzeichnet im Jahre 1461 etwa 1600 Werke in 840 Bänden.

Der um 1450 nördlich der Alpen zum Durchbruch kommenden neuen Geistesrichtung des Humanismus öffneten sich wohl einige angesehene Lehrer der Universität, nur sehr begrenzt dagegen die zuständige Artistenfakultät. Ihr Widerstand richtete sich allerdings nicht so sehr prinzipiell gegen den neuen Geist als vielmehr gegen dessen Vertreter, sofern diese nicht die erforderlichen akademischen Grade nachweisen konnten und ihr aufgenötigt wurden. Wildenhertz wurde bei seinem Tode nachgerühmt: ›Doctrinam secutus est, quam humanitatis studia appellamus‹, Wenck erhielt das Lob: ›Artium restaurator et firmum domicilium‹; auch Knab hatte sich mit humanistischen Studien beschäftigt. Die wichtigen Impulse, die Heidelberg neben Erfurt, Basel und Tübingen zum Zentrum des deutschen Humanismus machten, gingen aber vom Schloß, nicht von der Universität aus. Um die ›studia humanitatis‹, d. h. die Lektüre der lateinischen Dichter, Historiker und Redner zu befördern, berief Friedrich I. 1456 ohne Zustimmung der Universität Petrus Luder aus Kißlau († 1474) zum Lehrer für klassische Sprache und Literatur, ›poesim professus‹, wie er sich selbst benannte. Luder behandelte im ersten Semester Horaz, Epistolae und Valerius Maximus, Historiae, dann u. a. Seneca, Terenz und Ovid. Damit waren ganz neue Lehrinhalte in die Universitätsstudien eingeführt. In einer programmatischen Antrittsrede pries Luder den Nutzen humanistischer Studien: ›Si res historiarum gestas imitatione dignas duxerimus, res nostras quoque domesticas et civiles bene, diligenter ac integre disponere curabimus‹; von den oratores ›illi enim . . . virtutes extollere ardentius aut vitia fulminare atrocius solent, hii etiam nos laudare benefacta et detestari facinora docent.‹ Luder besaß als erster Heidelberger

Dozent keinen akademischen Grad, entsprechend schwach war – trotz
der Unterstützung durch Knab, Wenck, Wildenhertz und den kurfürstlichen Kanzler Matthias Ramung – seine Stellung in der Korporation;
sein anstößiger Lebenswandel tat ein übriges. 1460 verließ er Heidelberg wegen der Pest und ging nach Erfurt, wo er sich besser behandelt
fühlte als von den ›Bestien in Heidelberg‹. Luder ist repräsentativ für
den Typus des kleinformatigen Wanderhumanisten. Vor seiner Tätigkeit in Heidelberg war er in Italien und auf dem Balkan gewesen, von
Erfurt ging er über Leipzig und Pavia – dort erwarb er den medizinischen Doktorgrad – nach Basel und endete im diplomatischen Dienst
der Habsburger. Sein Nachfolger in Heidelberg wurde 1465 der Italiener Pietro Antonio aus Finale (bei Genua), († 1512) dessen Lehrprogramm unbekannt ist; später wurde er Dompropst in Worms und damit Kanzler der Universität.

Jüngere
Humanisten-
generation Seit den siebziger Jahren des 15. Jahrhunderts fanden sich vermehrt
jüngere Humanisten in Heidelberg zusammen, die ihre Bildung in
Deutschland und nicht auf Wanderungen durch die europäischen
Universitäten erworben hatten. An ihrer Spitze stand Jakob Wimpfeling († 1528), der von 1471 an in der via moderna der artistischen Fakultät lehrte, 1484 Domprediger in Speyer wurde und dann 1498–1501
Theologieprofessor in Heidelberg war; auch später blieb er in Verbindung mit dem Kurfürsten und der Universität. Zu Wimpfelings Schülern und Kollegen gehörten vor allem Jodocus Gallus aus Ruffach
(† 1517), Magister in der Artistenfakultät und später Pfarrer in Neckar-
steinach, und Pallas Spangel aus Neustadt/Weinstraße († 1512), der
wie Wimpfeling später eine Theologieprofessur übernahm.

Der humanistische
Hof Wie Friedrich I. förderte auch sein Nachfolger Philipp (1476–1508)
die humanistischen Bestrebungen. Sein Kanzler Johann von Dalberg
(† 1503), seit 1482 Bischof in Worms, sammelte in seiner Residenz Ladenburg und in seinem Heidelberger Haus einen Kreis von Humanisten um sich, selbst geistig auf der Höhe seiner Zeit stehend; Pirckheimer lobte ihn ›cum ob virtutes humanitatemque, tum ob omniferiam
litterarum cognitionem.‹ Vor allem gewann Dalberg seinen Studienge-
nossen aus gemeinsamer Italienzeit Rudolf Agricola († 1485), der als
erster bedeutender deutscher Humanist zu gelten hat, für Heidelberg.
Agricola bekleidete zwar keine amtliche Stellung an der Universität,
hielt aber dennoch Vorlesungen über antike Autoren und übte großen
Einfluß auf Dozenten und Studenten aus. Ein anderer humanistisch
gesinnter Freund Dalbergs, Dietrich von Plenningen, stand im kurfürstlichen Dienst, zeitweise hielt sich Johannes Reuchlin als Prinzen-
erzieher am Heidelberger Hof auf. Sein Bruder Dionysius erhielt 1498
die erste Professur für griechische Sprache und Literatur. Konrad Celtis kam Agricolas wegen 1485 zum Studium nach Heidelberg und begründete zehn Jahre später von hier aus unter dem Protektorat Dal-

bergs die ›Sodalitas litteraria Rhenana‹, zu der alle bedeutenden deutschen Frühhumanisten Beziehungen unterhielten, so Johannes Trithemius, Willibald Pirckheimer, Ulrich Zasius, Heinrich von Bünau und Eitelwolf vom Stein. Die sodalitas litteraria Rhenana

Auf Lehrbetrieb und Lehrinhalte der Universität wirkte der Humanismus zunächst nicht oder nur auflösend ein, der Kampf beider Wege ging unverändert weiter, die scholastische Gelehrsamkeit hielt unbeirrt an ihren Traditionen fest und öffnete sich dem Neuen nicht. Wimpfeling beklagte um 1500 den Verfall der Universitätswissenschaft, die Rivalitäten unter den Professoren, die sich gegenseitig die Schüler abspenstig zu machen versuchten und für Geld Prüfungen manipulierten, die zügellose und rohe Lebensweise der Studenten sowie ihre Disziplinlosigkeit, für die er die Professoren verantwortlich machte. Unter den deutschen Universitäten nahm Heidelberg um 1500 der Frequenz nach nur einen bescheidenen Platz ein, weit überflügelt nicht nur von Wien, Köln und Erfurt, sondern auch von den jüngeren Gründungen Leipzig (1409), Rostock (1419) und Ingolstadt (1472); lediglich Greifswald (1456), Freiburg (1457) und Tübingen (1477) waren weniger besucht. Der Landshuter Erbfolgekrieg 1503/04, der mit fürchterlichen Verwüstungen endete, ließ die Zahl der Immatrikulationen vorübergehend sogar bis auf 50 absinken, während sie sonst im Durchschnitt um 120 jährlich lag. Die geistigen Kräfte der Universität erschöpften sich weithin in Äußerlichkeiten, so 1497/98 in einem erbitterten Streit zwischen Artistenmagistern und Juristenstudenten über die Berechtigung zum Tragen des Baretts, den schließlich der Kurfürst beendete, indem er beiden Fakultäten verschiedene Formen dieser akademischen Kopfbedeckung verordnete. Zugleich warnte er die Universität, ihre Autonomie nicht zu überschätzen, und stellte seine Rechte klar: ›Das auch unser studium [sc. die Universität] uns dermassen nit ußer handen gewachsen, sundern noch hüt bi tag unser studium si, das wir auch nit mee zusehen und, wo geirrt oder mangel were, reformirn und das regiment der universitet zu besserung endern, setzen und entsetzen sollen nach der gepur zu unserm und der Pfalz guttem und gemeinem nutz, deß werden wir uns nit bald uberstritten lassen‹ (I, 199 f.). Hier wurde mit aller Deutlichkeit ausgesprochen, daß die Universität – trotz aller Privilegien und Autonomie – eine territorialstaatliche Institution war, für die sich der Landesfürst verantwortlich fühlte und die er nicht durch Professorengezänk und -eitelkeit ruiniert sehen wollte. Die Zeit neuer landesherrlicher Eingriffe ließ denn auch nicht lange auf sich warten.

Zustand um 1500

Streit zwischen Juristen und Artisten

Kurfürst Philipp über die Universität

Das konfessionelle Zeitalter hat die Pfalz in so vielfältige Erschütterungen und – oft kurzfristige – Veränderungen gestürzt wie kein anderes deutsches Territorium. Die sehr unterschiedliche Stellung der Kurfürsten zur reformatorischen Bewegung und zu den drängenden politischen Problemen ihrer Zeit zeigt dies in großer Prägnanz:

Ludwig V. (1508-1544): Gleichgültigkeit gegenüber der Ausbreitung der neuen religiösen Bewegung bis zur Schwelle der Gefährdung von politischer Ruhe und Ordnung;

Friedrich II. (1544-1556): Zögerndes und unentschiedenes Übergehen zur Reformation;

Ottheinrich (1556-1559): Organisierte Einführung der Reformation lutherischen Gepräges;

Friedrich III. (1559-1576): Übergang zum reformierten Bekenntnis und entschiedene Öffnung gegenüber den Calvinisten Westeuropas;

Ludwig VI. (1576-1583): Lutherische Reaktion;

Johann Casimir (Regent 1583-1592) und Friedrich IV. (1583/92-1610): Reformierte Restauration;

Friedrich V. (1610-1632): Aktive Konfessionspolitik und böhmisch-pfälzische Katastrophe.

Die Universität teilt das Schicksal des Landes und bekommt die religiösen Entscheidungen der Kurfürsten in konzentrierter Form zu spüren – der mehrfache Konfessionswechsel spiegelt sich in kaum einer anderen Institution der Pfalz so unmittelbar wider wie in ihr.

Unter der Regierung Ludwigs V. blieb die Universität wie das Land noch weitgehend im Windschatten der konfessionellen Auseinandersetzungen in Deutschland. Nach 1500 hatte sich der Humanismus in der artistischen Fakultät im wesentlichen durchgesetzt und damit auch die Einsicht in die Notwendigkeit, Lehrmethoden und Lehrinhalte zu ändern. Erste Reformansätze nahmen sich allerdings bescheiden aus und boten inhaltlich keine wirkliche Alternative zur Scholastik, wie sie in der theologischen Fakultät nach wie vor gepflegt wurde. 1513 bat die Artistenfakultät um Anstellung eines bezahlten Lehrers für die ›politiores litterae‹, die an anderen Universitäten längst vertreten seien; 1517 wiederholte sie diese Bitte. 1518 untersagte der Dekan, bei den Quodlibetdisputationen unanständige oder belanglose Fragen zu behandeln, wie es bis dahin üblich war – als Beispiel: 1500 wurde disputiert ›de fide meretricum in suos amatores‹ und ›de fide concubinarum in sacerdotes‹ (II, 572). 1520 beschloß die Fakultät, ›ut labanti reipublicae literariae et gymnasio [= der Universität]‹ (I, 213) aufgeholfen

würde, eine neue Übersetzung des Aristoteles vornehmen zu lassen
und sie künftig dem Unterricht zugrundezulegen.

Die Substanz der herkömmlichen Universitätswissenschaft wurde
aber erst durch die reformatorische Bewegung ernsthaft in Frage gestellt. Die Grundgedanken der neuen Theologie vermittelte Luther
selbst in den Thesen zur Disputation, die anläßlich des Kapitels der
deutschen Augustinereremiten strenger Observanz am 26. April 1518
stattfand; Heidelberg wurde damit nach Wittenberg das zweite univer-
sitäre Forum, vor dem Luther öffentlich seine neuen theologischen
Einsichten vortrug. Für die Veranstaltung hatte die Artistenfakultät ihren Hörsaal zur Verfügung gestellt, so wie sie – Zeichen der guten Beziehungen zum Augustinerkloster – gemeinsam mit der theologischen
Fakultät einen finanziellen Beitrag zur Abhaltung des Kapitels leistete.
Luthers Heidelberger Thesen suchten die Auseinandersetzung mit der
traditionellen Theologie; sie bestimmten das Verhältnis Gott-Mensch
neu im Sinne der gänzlichen Abhängigkeit des Menschen von Gott,
vor dem Werke nichts zählen. An der Diskussion beteiligten sich die
Professoren der theologischen Fakultät, blieben aber Luther gegenüber ablehnend. Dagegen gewann dieser unter den jüngeren Zuhö-
rern, Magistern und Studenten, wichtige Anhänger, die zu Trägern der
Reformation im südwestdeutschen Raum wurden: Martin Frecht
(Ulm), Martin Bucer (Straßburg), Johannes Brenz (Schwäbisch Hall
und Württemberg), Erhard Schnepf (Kraichgau und Württemberg),
Theobald Billican (Nördlingen); auch Sebastian Franck war anwesend.

Wenn auch Luthers unmittelbarer Einfluß auf die Heidelberger
Theologie jener Jahre gering gewesen ist, so geriet die Universität doch
schon bald in den Verdacht der Ketzerei. 1523 stellte der Abt von Citeaux das Vorhandensein der ›Lutheriana haeresis‹ in Heidelberg in
solchem Ausmaße fest, daß er den südwestdeutschen Klöstern, die –
was noch 1518 in Erinnerung gerufen worden war – Mönche zum Studium ins Heidelberger St. Jakobskollegium abzuordnen hatten, gebot,
diese jetzt nach Paris zu schicken, ›quamdiu in dicto collegio haec pestis desaeviet‹. Aber wenn auch in den folgenden Jahren lutherisch ge-
sinnte Dozenten längere oder kürzere Zeit in Heidelberg lehrten, so
Frecht, Brenz, der unter großem Zulauf in der Burse das Matthäus-
evangelium auslegte, Billican und Stoll, so blieb die Universität offiziell
ebenso wie die Politik des Kurfürsten bis weit in die dreißiger Jahre
hinein der reformatorischen Bewegung gegenüber ablehnend, obwohl
die Bevölkerung der Kurpfalz sich bereits weithin dem neuen Glauben
geöffnet hatte. So schob die Universität 1526 die Schuld für den drasti-
schen Rückgang der Immatrikulationen auf den Bauernkrieg und vor
allem auf die lutherische Lehre, die von Kaiser und Reich ungestraft
bleibe. Noch 1538 weigerte sie sich, einen Studenten, der von der Stadt

25

Heilbronn für das von ihr gestiftete Stipendium präsentiert worden
war, ins Dionysianum aufzunehmen, da er, Sohn des dortigen evangelischen Pfarrers, unehelicher Abkunft sei. Erst nach Rückversicherung
bei den kurfürstlichen Räten wurde der Stipendiat widerruflich zugelassen, ebenso der Sohn eines früheren Mönchs, den gleichfalls Heilbronn präsentierte.

Um eine Modernisierung des Studienbetriebs bemühten sich Anfang der zwanziger Jahre vor allem die Artisten, die als Massenfakultät
den Studentenschwund besonders zu spüren bekamen. Die Ursache
für das Ausbleiben der Studierenden sahen sie in ›nostrae academiae
tractandi et tradendi scientias modus et ordo‹; die Studenten blieben
fort, ›nostrarum lectionum, praesertim Aristotelicarum, pertaesi‹ (II,
705). Allerdings hatte die drastische Frequenzkrise der zwanziger und
dreißiger Jahre, die Heidelberg 1526 auf einen Tiefstand von nur
36 Immatrikulationen führte, alle deutschen Universitäten gleichermaßen erfaßt. Um Heidelberg aufzuhelfen, baten die Artisten 1521 in einem Verzweiflungsschritt die Universität, sie solle beim Kurfürsten einen Befürwortungsbrief an Karl V. erwirken, damit dieser Erasmus
von Rotterdam, ›totius orbis lumen‹, als Lehrer nach Heidelberg schik-
ke; durch dessen Anziehungskraft sollte die Frequenz gehoben werden. Die Universität gab klugerweise keine Antwort auf dieses Begeh-
ren.

Mühsam genug wurde der Unterricht in den alten Sprachen verbessert, aber die Lehrkräfte, die für diesen Zweck gewonnen werden
konnten, erhielten eine so schlechte Bezahlung, daß sie Heidelberg
verließen, sobald sich ihnen anderwärts irgendeine Möglichkeit eröffnete. Die hebräische Sprache lehrte als erster 1521/22 Johann Bö-
schenstein († 1540); seine Aufgabe übernahm der Franziskaner Sebastian Münster († 1552), der aber trotz einer geringfügigen Gehaltserhö-
hung auf 30 Gulden 1527 nach Basel ging, wo er als Hebraist und Kos-
mograph berühmt wurde. Ein Versuch, den bedeutenden Gräzisten Johannes Oekolampad als Lehrer für griechische Sprache und Literatur
zu gewinnen, versackte im ersten Anlauf, Griechisch lehrte seit 1524
Simon Grynaeus († 1541), der wegen der schlechten Besoldung zeitweise auch die bis 1526 von dem fahrenden Humanisten Hermann von
dem Busche wahrgenommene Professur für lateinische Sprache mit-
versah, aber 1529 gleichfalls nach Basel ging. 1533 wurde Jakob Micyllus († 1558) zum Professor der griechischen Sprache ernannt, der in seiner Heidelberger Zeit das Geschichtswerk des Tacitus ins Deutsche
übersetzte; er ging aber 1537 nach Frankfurt zurück, wo ihm gegenüber seinem Heidelberger Gehalt von immerhin schon 60 Gulden
mehr als das Doppelte geboten wurde. 1547 kam Micyllus allerdings
wieder und war dann bis zu seinem Tode einer der angesehensten und
einflußreichsten Professoren.

Die Verfassung der Universität wurde 1522 durch die Reformation Ludwigs V. umgestaltet. Wimpfeling, sein Schwiegersohn Jakob Spiegel und der Straßburger Jakob Sturm waren zuvor um ihre Vorschläge zur Neugestaltung des Universitätsunterrichts gebeten worden; alle drei hatten auf Vereinfachung des Lehrbetriebs und der Lehrinhalte sowie auf feste Verankerung der humanistischen Studien gedrängt. Auch wenn die Angehörigen der Universität aufgefordert worden waren, ihre Meinung über notwendige Änderungen zu äußern, wurde die Reformation ohne Mitwirkung der Körperschaft formuliert, im wesentlichen wahrscheinlich vom kurfürstlichen Kanzler Florentius von Venningen, einem früheren Professor der juristischen Fakultät. Die Reformation muß sehr ins Einzelne gegangen sein; sie umfaßte mindestens 379 Artikel, ist aber bis auf kleine Bruchstücke in sekundärer Überlieferung verlorengegangen. Ob sie auch den Lehrbetrieb durch Vorschriften zu regeln versuchte, ist nicht zu entscheiden, Bestimmungen über die Lehrstühle und die zu zahlenden Gehälter wurden jedenfalls getroffen. Bleibendes Ergebnis der Reformation war – bis weit ins 20. Jahrhundert hinein – die jährliche Rektorwahl; dieselbe Amtsdauer wurde auch für den Artistendekan festgesetzt, während die oberen Fakultäten bis 1558 an der Regelung festhielten, daß der Dienstälteste bzw. der mit dem vornehmsten Lehrstuhl Ausgestattete das Dekansamt auf Dauer ausübte. Zur Unterstützung des Rektors bei der Rechtsprechung wählten die Fakultäten Beisitzer, so daß sich 1526 eine Art Universitätsgericht konstituierte. An einer wichtigen und empfindlichen Stelle wurde die Autonomie der Universität durch die Bestimmung eingeschränkt, daß die Rechnungslegung von Rektor und Dekanen künftig im Beisein kurfürstlicher Beauftragter zu erfolgen habe. Wieweit allerdings die zahlreichen Einzelbestimmungen der ›nova ordinatio‹ Ludwigs V. wirklich durchgeführt worden sind, läßt sich nicht sagen.

Je mehr die Universität durch die kurfürstlichen Eingriffe ihre Autonomie einbüßte, desto größeres Gewicht legte sie auf ihre privilegierte Stellung im kommunalen Rahmen. Versuche, ihre Mitglieder zu Steuerleistungen heranzuziehen, wurden abgewiesen. 1525 war die Universität im Bauernkrieg zwar bereit, sich an der Verteidigung der Stadt zu beteiligen, nicht aber, sich dem städtischen Hauptmann, einem Barbier, zu unterstellen; stattdessen forderte sie einen besonderen Versammlungsplatz und als Hauptleute einen Adligen sowie je einen Rats- und Gemeindevertreter. Auch Reibereien zwischen Studenten und städtischen Einwohnern kamen immer wieder vor, wenn sie auch nicht das Ausmaß der Unruhen des 15. Jahrhunderts annahmen.

Die Regierungsübernahme durch Friedrich II. bewirkte seit 1544 eine vorsichtige und zögernde Hinwendung des Landes und damit auch der Universität zur Reformation, zumal der Kurfürst zwei einflußrei-

Reformvorschläge Wimpfelings und Sturms

Reform von 1522

Universität und Stadt

Reformationsansätze Friedrichs II.

che` evangelische Berater besaß, den neuen Kanzler Hartmann Hart-
manni, in früheren Jahren Professor der Universität, und den Prediger
an Heiliggeist und Theologieprofessor Heinrich Stoll, der – ein Zeichen für die lange ungeklärte konfessionelle Situation der Pfalz –
schon seit seinem Amtsantritt 1526 die reformatorische Lehre vertreten
hatte. Nach Luthers Tod versuchte Friedrich II., Melanchthon für Heidelberg zu gewinnen; dieser wollte aber Wittenberg nicht verlassen.
Beim Rektorwechsel Ende 1546 verlangte der Kurfürst die Wahl des
evangelischen Theologen Stoll. Auch wenn die Universität auf ihrem
Recht der freien Wahl bestand, fügte sie sich offensichtlich dem Willen
des Landesherrn, denn dessen Kandidat amtierte seit Anfang 1547.
Durch die Abendmahlsfeier nach evangelischer Übung vollzog der
Kurfürst für seine Person zu Ostern 1545 den Übertritt zur evangelischen Konfession, aber erst Anfang 1546 verbot er die Meßfeier in
Heidelberg und wies seine Beamten an, überall im Lande für die Ein-
setzung evangelischer Pfarrer zu sorgen. Im April 1546 erhielt das Heiliggeiststift eine neue Ordnung, die die meisten alten Riten beseitigte;
Glaubens- den Kanonikern wurde die Heirat freigestellt. Damals kamen auch die
flüchtlinge als ersten prominenten Glaubensflüchtlinge aus Westeuropa nach Heidel-
Professoren berg; ihre Unterbringung an der Universität begründete eine wichtige
und einflußreiche Tradition für die folgenden Jahrzehnte, die nicht
wenig zum internationalen Ruf Heidelbergs beitrug. Bucer empfahl
Ende 1545 den ehemaligen Hofprediger Marias von Ungarn und Pariser theologischen Magister Peter Alexander dem Kurfürsten, unter
dessen Druck die Universität den Emigranten in ihren Lehrkörper aufnahm. Alexander machte sich in Heidelberg als scharfer Kontroverstheologe einen Namen, so daß er nach der Unterwerfung Friedrichs II.
unter den Kaiser 1546 nach Straßburg fliehen mußte. 1547 berief die
Universität, wiederum auf Wunsch des Kurfürsten, den flandrischen
Emigranten Eustachius von Quesnay (Quercetanus) auf einen Lehrstuhl für Medizin – er war der erste Protestant in der medizinischen
Fakultät, ging allerdings bereits 1551 als Philosophieprofessor nach
Lausanne.

Folgen des Die Niederlage der protestantischen Partei im Schmalkaldischen
Interims Krieg nötigte die Pfalz zum konfessionellen Rückzug. Sie mußte das
Interim annehmen, wenn es auch offenbar nicht sehr streng durchgeführt wurde und wenig Widerhall in der Öffentlichkeit fand. Auch die
Universität machte hier keine Ausnahme. Obwohl der Rektor 1549 die
Universitätsangehörigen unter Androhung eines Bußgeldes zur Teilnahme an der Fronleichnamsprozession aufforderte, erschienen nur
wenige. Es erwies sich auch als erforderlich, die Studenten vor Störung
der Gottesdienste und vor Respektlosigkeit gegenüber wiedereinge-
führten Zeremonien zu warnen. Für die Haltung der Universität in dieser Übergangszeit war bezeichnend, daß sie neben dem katholischen

28

Theologen Matthias Keuler den evangelischen Heinrich Stoll als ihren
Delegierten zum Trienter Konzil entsandte. Nach dem Fall des Interims hat Friedrich II. seine evangelisch orientierte Politik wiederaufge-
nommen, ohne daß dies erkennbar auf die Zusammensetzung des
Lehrkörpers oder auf die Lehrinhalte der Universität eingewirkt hätte.
Pläne zu einer neuen Reform der Universitätsverfassung sind von ihm *Pläne zur*
weder vor noch nach dem Interim in die Tat umgesetzt worden, ob- *Universitäts-*
wohl der Straßburger Prediger Paul Fagius, einst selber Heidelberger *reform*
Student, dem Kurfürsten 1546 einen gut durchdachten Vorschlag zur
inhaltlichen Reform der artistischen Fakultät unterbreitet hatte.

Dagegen hat Friedrich II. für die weitere Entwicklung der Universi- *Finanzielle*
tät dadurch große Bedeutung gewonnen, daß er ihre Finanzlage ent- *Verhältnisse*
scheidend verbesserte und neue Unterrichtsanstalten errichtete. Die finanziellen Verhältnisse der Universität waren seit langem bedrängt,
die bisherigen Einkünfte durch die Inflation und die Preissteigerun-
gen, die das 16. Jahrhundert in wirtschaftlicher Hinsicht bestimmten,
unzureichend geworden; zudem verlangten die neuen Bildungsideale
die Anstellung einer vermehrten Zahl von Lehrern. Schon seit den
zwanziger Jahren ergingen immer wieder Bitten einzelner Professoren
an die Universität oder Bitten der Körperschaft als ganzer an den Landesherrn, die Gehälter zu erhöhen. Ludwig V. hatte 1522 versprochen,
für die Inkorporierung weiterer Pfründen zu sorgen, ohne daß etwas
erfolgt wäre. Die Aufforderung der Universität aus dem Jahre 1537,
wenigstens die Besoldung der zwei Professuren für weltliches Recht
auf den Etat der Hofkammer zu übernehmen, offensichtlich weil die
Inhaber dieser Ämter häufig zum kurfürstlichen Dienst herangezogen
wurden, blieb ergebnislos. Der in anderen Territorien eingeschlagene
Weg einer Säkularisierung des Kirchengutes, um damit die Staatsein-
künfte zu steigern und auch die Bildungsanstalten besser versorgen zu
können, war für die Pfalz lange nicht gangbar, da die endgültige Einführung der Reformation sich über die Jahrhundertmitte hinaus verzö-
gerte. Die Universität selbst hatte sich schon seit einiger Zeit bemüht, *Abstoßung*
ihre Finanzwirtschaft zu rationalisieren und weit entfernten und *entfernten*
schwer nutzbaren Besitz aufzugeben. So wurde 1526 das Patronat über *Besitzes*
die Kirche von Altdorf gegen einen Jahreszins von 100 Gulden an
Nürnberg abgetreten, 1530 wurde Gundheim an den Kurfürsten verpachtet. Später gab die Universität auch ihre anderen Patronate auf,
ersatzlos 1554 die Peterskirche in Heidelberg und nach 1576 Lauda.
1563 verpachtete sie mit Gundheim auch ihre Rechte in Kallstadt und
Pfeffingen an die Hofkammer. Gegen eine Jahreszahlung von 100 Gulden übernahm der Kurfürst die Einkünfte aus dem Zoll von Kaiserswerth.

1549 unternahm die Universität einen Vorstoß bei Friedrich II., um *Klage über*
die Inkorporierung wüstgewordener oder stark reduzierter geistlicher *Finanzen*

29

Stiftungen zu erreichen. Sie unterstützte ihre Forderung mit einer dramatischen Schilderung der schlechten Lage, in der sich Heidelberg gegenüber anderen alten Universitäten, denen von ihren Landesherren aufgeholfen worden sei, und gegenüber den seit dreißig Jahren neugegründeten, von vornherein besser dotierten Universitäten befand. Im Gegensatz zu diesen könne Heidelberg wegen seiner schlechten Finanzsituation keine bedeutenden Lehrer gewinnen oder halten, was dem Ansehen der Universität und dem Zulauf der Studenten schweren Abbruch tue. Der Kurfürst übernahm diese düstere Lageanalyse in die Instruktion für Verhandlungen mit der Kurie: ›Studia bonarum artium et celebris academia … fere evanuerint et quasi deperierint‹ (I, 248).

Übertragung von Kirchengut

Um sich Friedrich II., dessen evangelische Neigungen bekannt waren, durch Entgegenkommen zu verpflichten, stimmte Papst Julius III. 1550 unter bestimmten Auflagen, die vor allem der Aufrechterhaltung des Gottesdienstes galten, der Inkorporation verödeter oder vor dem Aussterben stehender Pfälzer Klöster mit ihren Gefällen bis zur Summe von 2000 Dukaten (ca. 2300 Gulden) Jahreseinnahme zu. Die Übertragung wurde im Jahre darauf vorgenommen, aber erst 1552 erhielt die Universität die entsprechende Mitteilung vom kurfürstlichen Hof und trat zu September 1553 ihren Besitz an.

Während die Schloßkapelle zum Unterhalt von sechs Priestern und zwölf Chorsängern das Heidelberger Dominikanerkloster und das Wilhelmitenkloster Marienpforte (bei Waldbröckelheim, Kreis Bad Kreuznach) erhielt (Jahreseinkünfte 350 Dukaten), wurden dem neu zu gründenden Collegium Sapientiae die Augustinereremitenklöster in Alzey und Heidelberg sowie die Benediktinerklöster in Lixheim und Kraftthal (beide bei Pfalzburg in Lothringen) zugesprochen (Jahreseinkünfte 633 Dukaten). Die Universität bekam das Prämonstratenserkloster Münsterdreisen (bei Göllheim), das Dominikanerinnenkloster in Lambrecht (bei Neustadt/Weinstraße), die Zisterzienserinnenklöster Waidas bei Dautenheim (Kr. Alzey) und in Daimbach (bei Mörsfeld), das Kollegiatstift St. Philippus in Zell (bei Monsheim) und das Antoniterhaus in Alzey. Die durch diese Schenkung bewirkte zusätzliche Jahreseinnahme betrug 1000 Dukaten, so daß sich die Grundausstattung der Universität damit verdoppelt hatte. Die Einkünfte aus dem Erwerb von 1553 wurden mehrere Jahrzehnte hindurch im ›Neuen Fiskus‹ getrennt von dem bisherigen Besitz des ›Alten Fiskus‹ verwaltet.

Neuer Universitätsbesitz

Vom neuen Besitz nahm sich der Staat allerdings einen beträchtlichen Anteil, indem die Universität ebenso wie das Sapienzkolleg den gesamten Erwerb sofort auf zehn Jahre an die Hofkammer verpachten mußte. Nach Ablauf dieses Vertrags gingen 1563 Münsterdreisen, Waidas und das Alzeyer Antoniterhaus sogar ganz in kurfürstliches Eigentum über, während als Ausgleich Zell, Lambrecht und Daimbach

30

von allen üblichen Leistungen an den Landesherrn befreit, allerdings
erneut - gegen eine jährliche Zahlung von 1500 Gulden - an die kurfürstliche Kammer verpachtet wurden. Erst im Jahre 1700 erhielt die
Universität diese Dörfer zurück.

Mit dem Fortschreiten der Reformation in der Pfalz und an der Uni- *Kanonisierung*
versität wuchsen die Schwierigkeiten, die Gefälle aus den Bonifatius- *der Pfründen*
Pfründen von 1398 und aus anderem altem geistlichem Besitz zu erheben. Obwohl die Universität so lange wie möglich an der Zuordnung
von Pfründen zu den Lehrstühlen festhielt, drängten die Kurfürsten
auf die sog. Kanonisierung, d. h. auf eine vom betreffenden Stift zu lei-
stende feste Jahreszahlung (= canon) unter Verzicht der Universität
auf Sitz und Stimme im Kapitel. Diese Lösung bot sich auch deshalb
an, weil evangelische Professoren ohnehin nicht auf die der Universität zustehenden Plätze in den katholisch gebliebenen Stiftern der Bistümer Speyer und Worms präsentiert werden konnten. Mit dem Domstift Speyer kam es bereits 1547 zu einer Vereinbarung über die Kanonisierung, später auch mit dem Andreas- und dem Paulusstift in
Worms. Feste Abgaben wurden auch festgelegt, als Friedrich III. das
Heidelberger Heiliggeiststift und die Klöster in Mosbach, Neuhausen
und Neustadt aufhob. Gegenüber dem Wormser Domstift, St. German
vor Speyer und Wimpfen blieb es dagegen bis 1677-79, als hier die Ka-
nonisierungen vorgenommen wurden, bei den alten Regelungen, so
daß die Bistümer Speyer und Worms lange Zeit die reformierte Universität Heidelberg aus Pfründeneinkünften mitfinanzierten. Aber
auch bei diesen Leistungen wurde die bisherige Verbindung von
Pfründe und Lehrstuhl gelöst, so daß die Professoren ab Mitte des
16. Jahrhunderts ausschließlich von ihrem fixierten Bargehalt lebten.

Die Landesherren beschränkten sich aber nicht wie Friedrich II. auf *Barzuschüsse*
die Gewinnung von fremden Mitteln zur Finanzierung ihrer Universität, sondern verpflichteten sich in der Folgezeit auch zu eigenen Barzu-
schüssen, sog. Additionen. Ottheinrich warf 1500 Gulden jährlich für
den Universitätsfiskus und 320 Gulden für das Dionysianum aus, Ludwig VI. vermehrte die Additionen um 500 Gulden für den Fiskus und
100 Gulden für die Burse.

Papst Julius III. hatte der Entwicklung nicht nur durch Überlassung *Laien als*
von Kirchengut an die Universität Rechnung getragen, sondern er- *Pfründeninhaber*
laubte 1553 auch, daß kirchliche Einkünfte und Pfründen an Professoren gegeben werden durften, die Laien waren, falls es an geeigneten
geistlichen Lehrern fehlte. Zwar galt diese Regelung nicht für die theologische Fakultät, dennoch war mit dieser Konzession eine Bresche in
die traditionelle Struktur der Universität und in ihr Selbstverständnis
als geistliche Korporation geschlagen, nachdem schon im 15. Jahrhundert von der Kurie konzediert worden war, daß ausnahmsweise auch
ein Verheirateter einen medizinischen Lehrstuhl erhalten könne. 1550

war als erster verheirateter Rektor der Mediziner Jakob Curio gewählt
worden.

Auch bei den der Universität zugehörigen oder zugeordneten Einrichtungen brachte das 16. Jahrhundert wichtige Veränderungen. 1534 wies die Universität ihre Studenten an, künftig nur noch in den Bursen oder bei einem Universitätslehrer zu wohnen; für Artistenstudenten wurde 1558 die Burse obligatorisch. Über die Bursen vollzog sich offenbar auch das Eindringen verheirateter Magister in den Universitätsbetrieb. So wurde 1534 dem Regenten der Realistenburse erlaubt, nach seiner Heirat noch zwei Jahre die – finanziell lukrative – Leitung der Burse zu behalten; zwei Jahre später erhielt der Regent der Schwabenburse dasselbe Recht. Der entscheidende Schritt zur Reform der Bursen erfolgte 1546. Wie von der Universität mehrfach erbeten, wurden

alle Bursen vereinigt zum Contubernium, der ›Bursch‹ schlechthin, die in dem 1525 neuerbauten Haus der Realistenburse Unterkunft fand. Damit war der Zwei-Wege-Streit des 15. Jahrhunderts auch äußerlich beendet. Seit der Reformation Ottheinrichs von 1558 leiteten vier Regenten das Contubernium, von denen je einer Rhetorik und Dialektik und zwei Grammatik, d. h. Latein, unterrichteten.

Selbständig blieben das Dionysianum und das aus der Anfangszeit der Universität stammende Collegium artistarum, für das seit Mitte des 16. Jahrhunderts die Bezeichnung Collegium Principis aufkam, da der Kurfürst die Stipendiaten benannte. Dieses Collegium Principis bestand aber seit den sechziger Jahren nur noch als finanzieller Fonds, da das alte Haus der Artistenmagister im Judenviertel wegen Baufälligkeit nicht mehr benutzbar war, so daß die Stipendiaten privat wohnen mußten. Die ursprüngliche Zahl von sechs unterstützten Magistern wurde 1580 auf acht erhöht, je zwei für das Studium in einer der Fakultäten, während die bisherigen nur an den höheren Fakultäten hatten studieren dürfen – ein Zeichen für das gewachsene Ansehen der untersten Fakultät. Der oft erörterte und geforderte Neubau des Kollegiums stand nach mancherlei Anläufen kurz vor dem Ausbruch des Dreißigjährigen Krieges vor der Realisierung, als der Kurfürst das alte Haus gegen ein großes Areal im neuen Universitätsviertel eintauschte. Krieg und Nachkrieg verhinderten die Verwirklichung des Plans; das Collegium Principis blieb ein Stipendienfonds, der vorgesehene Bauplatz verschwand unter der Jesuitenkirche.

Friedrich II. ordnete der Universität auch zwei neue Unterrichtsanstalten zu, das Collegium Sapientiae (Sapienzkolleg) und ein Pädagogium. Im Zusammenhang mit der Bitte um Zuweisung von Kirchengut hatte der Kurfürst 1550 die Kurie auch von seinem Vorhaben unterrichtet, ein Collegium zu errichten, ›in qua sexaginta vel octuaginta pauperes probi et honesti iuvenes alerentur, qui theologiae, iuri canonico et civili nec non medicinae operam darent, et postmodum partim reipublicae inservirent, partim ecclesiis et monasteriis restituendis idonei evaderent et invenirentur‹ (I, 248). Die Gründungsurkunde für die neue Einrichtung, in die bis zu 60 arme und begabte Studierende der artistischen Fakultät aufgenommen werden sollten, die sich für das Weiterstudium an einer der oberen Fakultäten vorbereiteten, stammt vom 3. September 1555. Die Aufsicht wurde der Artistenfakultät übertragen, die auch für die Lehrer verantwortlich war. Unterkunft fand das Sapienzkolleg, wie schon die Bewilligung Julius' III. vorgeschrieben hatte, im aufgelassenen Augustinerkloster, das seit 1547 von der Universität genutzt wurde. Friedrich III. widmete das Sapienzkolleg 1561 um und bestimmte es zur Aufnahme von Theologiestudenten; als Pflanzstätte reformierter Geistlicher wurde es seither weithin berühmt. Außerdem löste er die Verbindung zur Universität und unterstellte das Kolleg dem Kirchenrat des Kurfürstentums.

Die Errichtung eines Pädagogiums, das vier Klassen umfassen und *Pädagogium*
die Universität vom Elementarunterricht in Latein und Griechisch entlasten sollte, hatte Paul Fagius 1546 im Zusammenhang mit seinem Projekt zur Reform des Universitätsstudiums vorgeschlagen. Die Universität sah allerdings in dieser Anstalt nur eine unliebsame Konkurrenz für den Lehrbetrieb der artistischen Fakultät und des Contuberniums. Zwar verkannte sie nicht, daß andere Hochschulen in Deutschland derartige Vorstudienanstalten eingerichtet hatten, hielt aber so viele organisatorische und inhaltliche Fragen noch für ungeklärt und erörterungsbedürftig, daß sie dazu riet, das kostspielige Unternehmen – zumal ›in itzigen schweren kriegsleufen‹ (I, 239) – besser vorzubereiten und es nicht jetzt überstürzt ins Werk zu setzen. Dennoch wurde das Pädagogium noch 1546 begründet und ihm die alte Schwabenburse überwiesen. Wie das Collegium Sapientiae unterstand es der Aufsicht der Artisten, obwohl die Universität sich weiterhin ablehnend verhielt. Nachdem es sich in der Interimszeit faktisch aufgelöst hatte, errichtete es Friedrich III. 1560 mit nun sechs Klassen neu, verband es mit der alten Neckarschule und fundierte es auf die Einkünfte des säkularisierten Kollegiatstiftes St. Michael in Sinsheim. 40 arme Schüler erhielten Stipendien, Unterrichtsgebäude wurde das frühere Franziskanerkloster (heute Karlsplatz).

Durch die Veränderungen des 16. Jahrhunderts vergrößerte sich *Gebäudebesitz*
auch der Immobilienbesitz der Universität. Um die Jahrhundertmitte *um 1550*
verfügte sie nunmehr über vier Gebäudekomplexe:

1. Das alte Judenviertel mit Collegium artistarum im Haus des Hirtz (seit den sechziger Jahren baufällig), Schwabenburse und Marienkapelle (früher Synagoge), in der sich bis 1558 das theologische Auditorium, seither die Hörsäle der Juristen und Mediziner befanden.
2. Die ›Bursch‹ zwischen Augustinergasse und altem Verlauf der Heu-

gasse: Großes und Kleines Contubernium, also die eigentliche Burse, Auditorium philosophicum mit Hörsaal der Artisten und Sit-
zungssaal der Universität, Prytaneum mit Saal für Disputationen
und Festlichkeiten sowie der Universitätsbibliothek und ein 1576
vom Wormser Bischof erworbenes Dozentenhaus; abgerundet wurde der Komplex 1617 durch den Bauplatz für das Collegium Principis.
3. Das Dionysianum für arme Studenten an der Stelle der heutigen Alten Universität.
4. Die Kirche des auf dem Platz zwischen Alter und Neuer Universität
gelegenen Augustinerklosters, dessen Gebäude für das Collegium
Sapientiae genutzt wurden, als Auditorium der Theologen.

Hinzukam 1561 das von der Stadt erworbene Spital in der Bussemer-
gasse als Universitätshospital; dieses ›Nosocomium‹ wurde 1596 in
ein Haus Ecke Plöck/Sandgasse verlegt.

Einführung der Reformation in der Pfalz Die von Ottheinrich nach seinem Regierungsantritt in der Pfalz ein-
geführte Reformation erfaßte ganz unmittelbar auch die Universität,
die der Kurfürst zur evangelischen Landeshochschule umprägen wollte. Seine Bemühungen, bekannte und anziehungskräftige Vertreter der
neuen Lehre zu gewinnen, gestalteten sich allerdings schwierig, da die
Pfalz sehr spät kam. Die wichtigen und einflußreichen evangelischen
Theologen waren nicht zu haben, so daß vielfach auf jüngere und weniger ausgewiesene Gelehrte zurückgegriffen werden mußte; hinzutra-
ten zunehmend Glaubensverwandte aus Frankreich und den Niederlanden. Dennoch hat neben dem Stifter ›keiner den Kurfürsten Otto
Heinrich an zärtlicher Fürsorge für die Universität erreicht‹ (Häusser I, 639). Die Universität schien sich dem Reformwillen des Landesherrn freilich zunächst verschließen zu wollen, indem sie bei der fälli-
gen Rektorwahl Ende 1556 den dezidiert altgläubigen Theologen
Matthias Keuler wählte. Ottheinrich enthob ihn aber sofort seines Amtes und erzwang die Wahl des verheirateten Juristen Konrad Diem.

Statutenreform 1558 Vom Willen des Kurfürsten zur Neuordnung und Modernisierung
wurden alle Fakultäten gleichermaßen betroffen, so daß die Reformation der Universitätssatzung 1558 nahezu einer Neugründung gleich-
kam. Vor allem wurden die Lehrkörperstruktur, die Bezeichnung und
Lehrstühle Rangfolge der Lehrstühle sowie die Besoldung neugeregelt. Die theologische Fakultät umfaßte nunmehr drei Lehrstühle: Neues Testament
(250 Gulden), Altes Testament (200 Gulden) und Dogmatik (160 Gulden). Die juristische Fakultät bestand aus vier Lehrstühlen: Codex
(200 Gulden), Dekretalen, d.h. das zweite Buch der Dekretalen mit
dem Prozeßrecht (200 Gulden), Pandekten (200 Gulden), Institutionen
(140 Gulden), die medizinische Fakultät aus drei Lehrstühlen: Therapie (180 Gulden), Pathologie (160 Gulden), Physiologie (140 Gulden).

Die artistische Fakultät erhielt fünf Lehrstühle: Griechisch (120 Gulden), Ethik (100 Gulden), Physik (100 Gulden), Mathematik (120 Gulden), Poetik und Rhetorik (120 Gulden); 1580 oder etwas früher wurden Poetik und Rhetorik auf zwei Lehrstühle verteilt – damit gab es auf Dauer sechs ordentliche Professoren in dieser Fakultät. Ein weiterer Lehrstuhl für Logik wurde nach kurzer Existenz wieder abgeschafft. Das Trivium, d.h. die dialektischen und logischen Elementarkurse sowie der Lateinunterricht, blieb ganz den Bursenregenten überlassen, Hebräisch war dem Lehrstuhl für Altes Testament zugeordnet.

In den drei oberen Fakultäten galt im allgemeinen das Anciennitäts- Berufungspolitik
prinzip, ein Neuberufener mußte zunächst die schlechtestbezahlte Professur übernehmen, während seine älteren Kollegen aufrückten – das erzwang einen gewissen Universalismus der Vorbildung. Die Professoren waren möglichst aus dem Lehrpersonal der artistischen Fakultät zu rekrutieren; nur wenn kein Geeigneter vorhanden war, sollte auswärts gesucht werden – also Hausberufung als Regel. Die Entscheidung über die Besetzung einer Stelle traf der Kurfürst, dem die Universität bei jeder Vakanz eine Zweierliste vorlegen mußte. Falls die vorgeschlagenen Kandidaten ihm nicht zusagten, konnte er eine neue Liste verlangen. Gelegentlich wurden Professoren zunächst auf Probe angestellt.

Die Reformation Ottheinrichs regelte auch die Lehrinhalte und schrieb die Lehrbücher, die zu benutzen waren, verbindlich vor – bei den Artisten waren es zumeist immer noch die Schriften des Aristoteles. Bei diesen inhaltlichen Festlegungen folgte der Kurfürst weitgehend den Ratschlägen von Micyllus und Melanchthon, der als Sachverständiger 1557 nach Heidelberg gekommen war, wenn auch ungern, da er die theologischen Kontroversen am Ort fürchtete. Den ihm vorgelegten Statutenentwurf hat er mit Randglossen und Verbesserungsvorschlägen versehen, die in die Endfassung Aufnahme fanden. Die Reformation von 1558 verlieh vor allem der artistischen Fakultät Aufwertung der
Artistenfakultät
ein neues Selbstverständnis und einen bisher ungekannten Eigenwert; die Ausrichtung ihrer Lehrstühle zeigte den endgültigen Sieg des Programms des deutschen Humanismus auch in Heidelberg: Klassische Sprachen – der Lehrstuhl für Poetik und Rhetorik war für die Interpretation lateinischer Autoren bestimmt, zugleich auch für Weltgeschichte zuständig –, theoretische Naturwissenschaften und praktische Philosophie. Das Studium in den anderen Fakultäten wurde nicht mehr von einem vorhergehenden artistischen Studium und dem Erwerb des Magistergrades dieser Fakultät abhängig gemacht, auch wenn der Magister artium nach wie vor die Studienzeit in Theologie, Recht und Medizin verkürzte.

Die medizinische Fakultät wurde vom bloßen Buchwissen befreit und auf eine größere Realitäts- und Praxisnähe hin orientiert. Die Studenten mußten Kenntnisse in Heilkräutern und Arzneimitteln erwerben, ein botanischer Garten mit Kräutern und Heilpflanzen für Unterrichtszwecke wurde allerdings erst 1593 auf dem Gelände des heutigen Friedrich-Ebert-Platzes angelegt. Vor allem aber konnten sich die Studenten ab 1558 in Krankenbeobachtung üben, da ihnen erlaubt wurde, die Professoren zu begleiten, wenn diese ihre Praxis versahen. Erstmals wurden Sektionen vorgeschrieben, für die die kurfürstlichen Beamten auf Ersuchen der Fakultät die Leichen von Hingerichteten zur Verfügung zu stellen hatten; mit Erlaubnis der Verwandten durften auch Verstorbene mit ›kranckheiten, deren ursachen ohn innerliche inspection und besichtigung nit konnen erlernet oder erkant werden‹ (§ 87), seziert werden. Für den stattlichen Preis von 50 Gulden – der Hälfte des Jahresgehalts eines Professors in der artistischen Fakultät – kaufte die Universität 1569 für Demonstrationszwecke ein Skelett.

*Theologische
Fakultät*

Den Charakter der evangelischen Universität sicherte natürlich vor allem die theologische Fakultät. Ihre Professoren mußten sich auf das Augsburger Bekenntnis und die Apologie verpflichten und durften andere Lehren weder vertreten noch verbreiten. In der juristischen Fakultät wurde die Entwicklung zum Primat des weltlichen Rechts durch die neue Lehrstuhlverteilung abgeschlossen, die dem kanonischen Recht nur noch im Zusammenhang mit dem in den Dekretalen geregelten Prozeßrecht einen Platz vorbehielt. Die Reformation von 1558 beseitigte auch eine von der Universität oft beklagte Störung des Lehrbetriebs, die dadurch entstanden war, daß frühere Kurfürsten die Universitätsjuristen immer wieder für staatliche Dienste und für diplomatische Missionen in Anspruch genommen hatten. Jetzt wurde zugesagt, die Professoren nicht mehr für derartige Geschäfte zu verwenden, nachdem schon in der Reformation von 1522 Einschränkungen gemacht worden waren.

*Juristische
Fakultät*

*Regelung des
inneren und
äußeren Lebens*

Die Reformation der Satzungen war von der Universität selbst erbeten worden. Mit 160 Paragraphen regelte die neue Verfassung aus dem Geiste des Humanismus und des evangelischen Bekenntnisses heraus das gesamte äußere und innere Leben der Hochschule. Für deren autonome Entscheidungen blieb wenig Raum mehr, da Disziplinarvorschriften in der Reformation ebenso enthalten waren wie Festsetzungen über die Ferien und über die Vorlesungsstunden der einzelnen Lehrstühle, Bestimmungen über die Zahl der obligatorischen Disputationen, die – außer für die Artisten – erheblich reduziert wurde, ebenso wie Regelungen des Promotionswesens. Der ursprüngliche Charakter der geistlichen Korporation verschwand jetzt auch äußerlich, indem die Klerikertracht abgeschafft wurde; die Studenten sollten sich in ›ehrliche burgerliche kleider und röckh, die ihnen, was uber den knühen hieoben ist, bedeckhen und einem erbaren zuchtigen menschen wol ansteen, kleiden‹; verboten war ›alle üppiche und mutwillige tracht und kleidung, so unnutzer uberflussiger weise zerschnitten, gethailet, verkurtzet oder sonst zerlumpet umb den leib, arm und schenkhel hangen‹ (§ 7).

Im institutionellen Gefüge nahm die Reformation von 1558 gleichfalls wichtige und zukunftsweisende Änderungen vor. Die alte Congregatio doctorum et magistrorum wurde abgelöst durch ein Consilium universitatis, den Senat, der aus den Lehrstuhlinhabern und einem Bursenregenten bestand. Der Senat war für alle Universitätsangelegenheiten einschließlich der Vorschläge für Lehrstuhlbesetzungen zuständig; für die Sitzungen wurden die Mittwochnachmittage bestimmt, die daher von Vorlesungen freizuhalten waren - ein Brauch, der bis heute in Geltung geblieben ist. Der Senat wählte den Rektor. Dieses Amt sollte von allen Fakultäten im Turnus besetzt werden, aber auch Fürsten, vornehme Adlige oder andere taugliche Universitätsangehörige durften gewählt werden; ihnen war ein Prorektor aus der Reihe der Professoren an die Seite zu geben. Zwar hatte es derartige Wahlen schon bisher gelegentlich gegeben, in der Folgezeit begegnen jedoch häufiger Angehörige der Landesdynastie sowie anderer Fürstenoder Herrenfamilien als Ehrenrektoren. Entsprechend dem Consilium universitatis entstanden Consilia der Fakultäten, deren Zusammensetzung unterschiedlich geregelt war. Entweder bestanden sie nur aus den Ordinarien oder es wurden andere Lehrkräfte einbezogen, bei den Artisten war als einziger Fakultät die Höchstzahl von 12 Mitgliedern festgesetzt. Der Dekan wechselte ab jetzt in allen Fakultäten jährlich, was bisher nur für die unterste Fakultät gegolten hatte.

Die Universität hat mit der Verfassung, die ihr Ottheinrich 1558 verlieh, bis 1786 gelebt, da die Reformationen von 1580, 1588 und 1672 ihre Substanz nicht antasteten, sondern nur relativ geringfügige Veränderungen vornahmen.

Ottheinrich hat die Universität auch personell erneuert, wobei mehrere Berufungen über die zuständigen Gremien hinweg vom Kurfürsten selbst ausgegangen sind. Allerdings hat Ottheinrich evangelische Gelehrte unterschiedlichster theologischer Richtungen nach Heidelberg geholt: Gnesiolutheraner, Philippisten, Zwinglianer, Calvinisten - Auseinandersetzungen waren damit unausbleiblich. Die theologische Fakultät wurde binnen zwei Jahren neu besetzt, nachdem der langjährige Repräsentant des evangelischen Bekenntnisses an der Universität Heinrich Stoll, der unter Friedrich II. zum Generalsuperintendenten der Pfalz aufgestiegen war, 1557 gestorben war und sein Kollege Keuler im gleichen Jahr entlassen wurde, weil er im Konkubinat lebte und sich weigerte, zum Luthertum überzutreten. Auf Empfehlung Melanchthons berief Ottheinrich als Nachfolger Stolls Tilemann Heßhus

Institutionelle
Änderungen

Rektorat

Dekanat

Berufungen

Theologische
Fakultät

(†1588), der – ganz gegen die Absichten der für diese Berufung Verantwortlichen – sich als lutherischer Konfessionspolemiker gröbster Art erwies und wegen dauernder theologischer Streitigkeiten 1559 wieder entlassen wurde. Die dogmatische Professur bekam 1557 Pierre Boquin (†1582) – als Ireniker und Vertreter einer Theologie aus dem Geiste Melanchthons das Gegenteil von Heßhus. Boquin war französischer Karmelitermönch, hatte zweimal aus seiner Heimatstadt Bourges fliehen müssen und kam über Straßburg nach Heidelberg, wo er sich allmählich dem reformierten Bekenntnis zuwandte und ein eifriger Vertreter der Religionspolitik und Glaubensauffassung Friedrichs III. wurde. Nachfolger Keulers als Alttestamentler wurde der sonst wenig bekannte Paul Einhorn (Unicornius), ein Gefolgsmann Heßhus', der deswegen 1561 entlassen wurde.

Juristische Fakultät In die juristische Fakultät traten 1556 drei Gelehrte neu ein. Caspar Agricola (†1583 oder 1597) übernahm für mehr als 25 Jahre die Dekretalenprofessur, während Christoph Ehem (†1592) weniger Gelehrter als Politiker war, sich in diplomatischen Missionen betätigte und unter Friedrich III. zum leitenden Staatsmann der Kurpfalz aufstieg; 1574 erhielt er das Kanzleramt, das er dann bei Johann Casimir in Pfalz-Lautern weiterbekleidete. François Baudouin (Balduinus) (†1573), ein unruhiger Geist, war nicht eigentlich ein Glaubensflüchtling, sondern hatte wissenschaftlicher Streitigkeiten wegen die Universität Bourges verlassen. Er gehörte zu den bedeutendsten Vertretern der französischen Juristenschule und hielt in Heidelberg auch historische Vorlesungen. 1561 nach Frankreich zurückgekehrt, schwor er allen Ketzereien ab, was ihn nicht hinderte, wenig später publizistisch für Wilhelm von Oranien einzutreten.

Medizinische Fakultät Das große Ansehen der Universität begründete unter Ottheinrich die medizinische Fakultät, die in der bisherigen Geschichte Heidelbergs wenig von sich reden gemacht hatte. Allerdings verdankten die Professoren ihren Ruhm vor allem nichtmedizinischen Leistungen. Petrus Lotichius Secundus (†1560), der 1557 den dritten Lehrstuhl erhielt, war Schüler des Micyllus und nach dem Urteil der Zeitgenossen ›poeta celeberrimus et medicus‹; ähnlich verquer verhielt es sich bei seinem Vorgänger Andreas Grundler, der nur als Ehemann der gelehrten Olympia Fulvia Morata (†1555) bekannt geblieben ist. Als das Paar 1554 nach Heidelberg kam, hatte der Kurfürst der Humanistin einen Lehrauftrag für Griechisch angeboten, den sie aber wegen ihrer Erkrankung nicht mehr wahrnehmen konnte.

Erastus als Mediziner und Theologe Thomas Erastus (†1583) aus der Schweiz, der 1558 auf den zweiten medizinischen Lehrstuhl berufen wurde, gehört zu den Gelehrten, deren Wirken in Heidelberg den Ruhm der Universität durch die Jahrhunderte hin ausgemacht haben. Er war zugleich Mediziner und Theologe, letzteres vielleicht noch mehr als das erste. Als Mediziner be-

38

kämpfte er Paracelsus und dessen Lehre mit verunglimpfender Erbitterung; 1574 verfaßte er eine Arzneimittellehre. Als Theologe war Erastus zwinglianisch geprägt. Große ideengeschichtliche Wirksamkeit hatte seine ›Explicatio gravissimae quaestionis, utrum excommunicatio ... mandato nitatur divino an excogitata sit ab hominibus‹ von 1569, die zu seinen Lebzeiten in zahlreichen Abschriften umlief und posthum 1589 gedruckt wurde. In ihr entwickelte er vor Bodin die Lehre von der einschränkungslosen Souveränität des Staates, der auch die Kirche unterworfen ist. Als ›Erastianismus‹ ist diese Theorie vor allem in England und Schottland wirksam geworden. Erastus' Überlegungen entsprangen aktuellen Konflikten. Nachdem er unter Friedrich III. mehrere Jahre dem Kirchenrat angehört und auf die Entscheidung des Kurfürsten für das reformierte Bekenntnis einen nicht unwichtigen Einfluß genommen hatte, widersetzte er sich den Kirchenzuchtplänen, die die strengen Calvinisten verfolgten, und konnte wenigstens die Errichtung einer autonomen kirchlichen Gerichtsbarkeit in der Pfalz verhindern. Die Einführung des Heidelberger Katechismus hat Erastus mit einer Schrift über das Brotbrechen beim Abendmahl – äußeres Unterscheidungsmerkmal gegenüber den Lutheranern – unterstützt.

Erastus war als Nachfolger Jakob Curios (†1572) gekommen, der 1557 auf die freigewordene erste Professur vorgerückt war, nachdem er früher in der artistischen Fakultät Physik und Mathematik gelehrt hatte. Curio war Vertreter einer modernen, auf Naturwissenschaft, Empirie und Praxis gerichteten Medizin, die sich vom Glauben an Buchautoritäten freimachen wollte.

In der artistischen Fakultät sind die Veränderungen unter Ottheinrich nicht so augenfällig; offenbar war hier die Möglichkeit oder auch Notwendigkeit zu Neubesetzungen weniger gegeben. Als Nachfolger von Micyllus wurde 1558 als Professor für Griechisch Wilhelm Xylander (†1576) berufen, ein Philologe und Editor von Rang, der Euklid ins Deutsche sowie Cassius Dio und Plutarch ins Lateinische übersetzte; 1563 übernahm er als ›publicus Organi Aristotelici interpres‹ die Logikprofessur. Professor für Ethik war seit 1552 Nikolaus Cisnerus (Kistner) (†1583), der sich hatte beurlauben lassen, um in Bourges Rechtswissenschaft zu studieren – nebenher fungierte er damals als Bücheragent für Ottheinrich –, und 1556 auf seine Professur zurückkehrte, bis er 1561 die Pandektenprofessur übernahm; später wurde er Beisitzer am Reichskammergericht und lebte erst seit 1580 als Berater Ludwigs VI. wieder in Heidelberg.

Aber nicht nur durch Modernisierung der Institution und durch eine geschickte Berufungspolitik hat Ottheinrich für die Verstärkung der Anziehungskraft Heidelbergs gesorgt. Er vermachte der Universität außerdem seine Büchersammlung, die als ›Palatina‹ neben der alten

Stiftsbibliothek auf den Emporen der Heiliggeistkirche aufgestellt wurde. Der Kurfürst hatte einen großen Schatz an Manuskripten und Druckwerken zusammengebracht, zu dem nicht zuletzt die von ihm offenbar zwangsweise weggeführten Bibliotheksbestände des Klosters Lorsch mit zahlreichen sehr seltenen Manuskripten gehörten. Die wertvollen Handschriften antiker Autoren in der Palatina führten in der Folgezeit viele Gelehrte aller Konfessionen nach Heidelberg. Ottheinrich sorgte über seinen Tod hinaus für seine Schöpfung, indem er seine Nachfolger verpflichtete, auf jeder Frankfurter Messe, also zweimal im Jahr, für 50 Gulden Bücher zu kaufen. Die Universität Heidelberg, ersatzweise die Universität Tübingen, der bei Vernachlässigung in Heidelberg die Palatina zufallen sollte, hatte die Ausführung der Bestimmungen zu überwachen. Ergänzt wurde das Vermächtnis Ottheinrichs 1584 durch Ulrich Fugger, den einzigen Protestanten seiner Familie, der auf Einladung Friedrichs III. nach Heidelberg übersiedelte und seine in jahrzehntelangen Bemühungen in Italien und Deutschland zusammengebrachte Bücher- und Handschriftensammlung der Universität vermachte. Die Heidelberger Bibliothek galt seither als eine der bedeutendsten, wenn nicht als die wichtigste Europas überhaupt.

Das deutsche Genf Die wenigen Regierungsjahre Ottheinrichs reichten aus, um die Grundlagen zu legen, auf denen die Universität in den kommenden Jahrzehnten zu internationalem Ansehen wie nie zuvor und vielleicht auch später nie wieder gelangte. Unter Friedrich III. wurde Heidelberg als das ›deutsche Genf‹ oder das ›dritte Genf‹ neben Leiden zum Zentrum calvinistisch-reformierter Wissenschaft, die Weltoffenheit der Universität ist niemals größer gewesen als in den Jahrzehnten zwischen 1559 und 1622, als Studenten aus dem ganzen calvinistischen Europa und emigrierte Gelehrte aus Verfolgungsgebieten in großer Zahl nach Heidelberg kamen: ›Iuvenes ex diversis locis . . . atque dissitis etiam provinciis Helvetia, Silesia, Bavaria, Saxonia, Hassia, Gallia, Belgio et aliis in Palatinatum ut asylum et hospitium tutum adventantes‹ (Quirinus Reuter, 1606). Die Anziehungskraft Heidelbergs reichte bis nach Polen, Ungarn und Siebenbürgen. Die Internationalität, die Heidelberg unter Friedrich III. gewann, zeigt sich sinnfällig darin, daß beim Tod des Kurfürsten 1576 von allen Universitätslehrern nur zwei gebürtige Pfälzer waren, von den drei ordentlichen Professoren der Theologie waren zwei Italiener und einer Franzose. Diese wissenschaftliche Anbindung an Westeuropa ging der Außenpolitik Friedrichs III. parallel, der mehrfach militärisch in die Religionskriege der westlichen Staaten eingriff; von seinen Söhnen zog Johann Casimir den Hugenotten zu Hilfe, Christoph den Niederländern – er fiel 1574 in der Schlacht auf der Mockerheide.

Internationalität

Friedrich III., der 1559 die Regierung in der Kurpfalz angetreten *Reformierte Neuordnung der Pfälzer Kirche*
hatte, gehörte nicht von vornherein der reformierten Konfession an,
sondern stand zunächst der gemäßigten Vermittlungstheologie des
späten Melanchthon nahe; die Entlassung des lutherischen Zeloten
Heßhus wegen Verketzerung seiner theologischen Gegner bedeutete
daher noch kein Signal für eine grundsätzliche religiöse Neuorientierung. Stärker als oft angenommen, befand sich Friedrich III. bei seinen politischen und auch seinen religiösen Entscheidungen unter dem
Einfluß seiner Ratgeber, von denen Erastus und Boquin einem milden
Calvinismus anhingen. Tiefen Eindruck machte auf den Kurfürsten
1560 offensichtlich die Heidelberger Disputation über das Abendmahl
zwischen den gnesiolutherischen Theologen von Sachsen-Weimar und
den Heidelberger Theologen. Die daraufhin seit Beginn der sechziger
Jahre einsetzende Umgestaltung der Pfälzer Kirchenverhältnisse wurde besiegelt durch eine neue Kirchenordnung und den Heidelberger
Katechismus von 1563, ein Grundbuch des reformierten Bekenntnisses bis heute, das, wie Friedrich III. im Vorwort erklärte, ›mit rhat und
zuthun Unserer gantzen Theologischen Facultet allhie‹ herausgegeben
wurde. Die Kirche erhielt im Kirchenrat, der aus je drei Laien und
Theologen bestand, eine zentrale Leitungs- und Aufsichtsbehörde, der
mit allen Schulen des Landes auch das Sapienzkolleg unterstellt wurde, ebenso das Pädagogium, das Friedrich neu begründet hatte. Ein
›besonder Paedagogium vor etlich vom adell‹ errichtete der Kurfürst
noch 1575 im säkularisierten Stift Selz, ohne daß diese Gründung seine Regierungszeit lange überlebt hätte.

Die Universität förderte Friedrich III. nicht durch weitere materielle
Zuwendungen, sondern durch die Berufung bedeutender Gelehrter.
Allerdings konnte er sich dabei nicht immer durchsetzen. So übertrug *Ramus-Streit*
er 1569 dem berühmten Petrus Ramus (Pierre de la Ramée) eine außerordentliche Professur für Ethik, bis ihm ein Ende der Bürgerkriege die
Rückkehr nach Frankreich möglich machen würde. Die Artisten protestierten sowohl gegen den Oktroi wie vor allem gegen den Antiaristo-
teliker, der ›eine sondere art und weiß hat zu leren, welche mit dem
Aristotele nit einstimpt‹. Sie beschworen eine drohende Spaltung der
Universitätswissenschaft herauf, wie sie bis ›fur kurzen iaren‹ im Streit
der beiden Wege bestanden habe, falls Ramus lehren dürfe. Außerdem
›wil sich zu deme auch gepören, das wir mit anderen universiteten,
sonderlich in Teutscher nation einhellig und so viel muglich in der lehr
conformet sein‹ (I, 311 f.). Scharf kritisierte auch Erastus den neuen
Kollegen: ›Pestis est bonarum artium, quare est omnium et ad miracu-
lum usque ignarus. Recte scribis Gallum esse totum, hoc est lubricum,
inconstantem, arrogantem, temerarium, ambitiosissimum.‹ Zwar bestand der Kurfürst zunächst auf seiner Anordnung, aber Ramus' Vorlesung über Cicero, Pro Marcello war von Störungen und Tumulten

begleitet; die im Anschluß geplante Dialektikvorlesung untersagte die Fakultät, so daß Ramus Anfang 1570 die Stadt verließ, um nach Paris zurückzukehren, wo er in der Bartholomäusnacht ermordet wurde.

Die theologische Fakultät wurde nach der Entlassung von Heßhus und Unicornius – Boquin blieb – neu geordnet. Die Professur für Altes Testament erhielt 1561 Immanuel Tremellius († 1580), ein getaufter Jude aus Italien, dessen Lebensweg nicht ganz untypisch ist für evangelische Gelehrte im Westeuropa der damaligen Zeit: Flucht vor der Verfolgung in die Schweiz, aus Straßburg vom Interim nach England vertrieben, vor Maria Tudor zurück nach Deutschland geflohen, nach der lutherischen Reaktion in Heidelberg entlassen, letzte Lebensstation dann die reformierte Akademie in Sedan. Tremellius' Hauptleistung bestand in einer mit dem Schönauer Pfarrer Franz Junius zusammen im Auftrag des Kurfürsten unternommenen neuen lateinischen Übersetzung des Alten Testaments mit Erklärungen; die erste Auflage erschien in fünf Bänden 1575–79. Die Ausgabe, deren Bände den politischen Führern des deutschen und westeuropäischen Calvinismus, Friedrich III., Johann Casimir, Wilhelm von Hessen und Wilhelm von Oranien, gewidmet wurden, ist insgesamt in fast 40 Auflagen verbreitet gewesen. Die kirchlich und politisch einflußreichsten Heidelberger Theologen besetzten nacheinander den Lehrstuhl für Dogmatik, als erster Kaspar Olevianus († 1587), der nach dem Scheitern eines Reformationsversuchs in seiner Heimatstadt Trier 1560 die Leitung des Sapienzkollegs erhielt und 1561/62 Professor war, um dann Pfarrer an Heiliggeist und Mitglied des Kirchenrats zu werden. Zusammen mit seinem Nachfolger Zacharias Ursinus († 1583) aus Breslau zählt Olevianus zu den wichtigsten Vertretern der deutschen reformierten Theologie des 16. Jahrhunderts. Ursinus, Schüler Melanchthons und Calvins, übernahm 1561 das Sapienzkolleg und 1562 zusätzlich die Professur für Dogmatik. Er war der Hauptverfasser des Heidelberger Katechismus, den er auch in zahlreichen theologischen Streitigkeiten gegen mannigfache Angriffe verteidigte. Seine Professur gab er 1568 zugunsten des Italieners Hieronymus Zanchi († 1590) auf, der als konsequentester Vertreter der Prädestinationslehre in seiner Zeit gilt und als akademischer Lehrer große Wirkung ausübte.

Für die juristische Fakultät konnte 1573 Hugo Donellus (Hugues Doneau) († 1591) gewonnen werden, der als Professor in Bourges von seinen deutschen Studenten aus dem Massenmord an den Hugenotten gerettet worden war. Um den hochberühmten Gelehrten an Heidelberg zu binden und ihn für seine Verluste zu entschädigen, erhielt Donellus die Codexprofessur mit dem Spitzengehalt von 350 Gulden. Er war neben Cujacius der wohl bedeutendste Jurist des 16. Jahrhunderts, dessen Ziel die ars iuris, dessen Leistung die systematische Verarbeitung des gesamten Rechts gewesen ist. Seine Commentarii iuris civilis haben lange Zeit überragenden Einfluß auf die Rechtswissenschaft ausgeübt. Obwohl Donellus zur Partei der strengen Calvinisten gehörte, suchte ihn Kurfürst Ludwig zu halten, indem er ihm freie Religionsausübung zusicherte; in Solidarität mit seinen Glaubensgenossen lehnte Donellus aber ab und ging nach Leiden. Auch nach der Umwälzung 1583 kehrte er trotz eines Rufes nicht nach Heidelberg zurück.

In die medizinische Fakultät trat unter Friedrich III. Sigismund Melanchthon († 1573) ein, ein Neffe des Wittenberger Reformators, der zuvor die Physikprofessur innegehabt hatte. Der bedeutendste Gelehrte in der artistischen Fakultät war Hermann Wittekind (eigentlich: Hermann Wilken) aus Westfalen († 1603), ein Schüler und Freund Melanchthons, der zunächst als Lehrer am Heidelberger Pädagogium wirkte und 1563 die Professur für Griechisch übernahm; 1583 wechselte er zur Mathematik über. Unter dem Pseudonym Augustin Lercheimer ließ er 1585 ein ›Christlich Bedenken und Erinnerung von Zauberei‹ drucken, in dem er in populärer Darstellungsweise gegen den Hexenwahn und die Hexenprozesse kämpfte. Vielleicht nicht zuletzt unter dem Eindruck der bitteren Folgen des mehrmaligen Konfessionswechsels in der Pfalz vertrat er außerdem in Abwehr des katholischen Ketzerrechts energisch das Prinzip allgemeiner Toleranz: ›Zu keiner Religion ... soll und kann man niemand zwingen, sie anzunemmen und dabey zupleiben, sol auch umb den abfal nicht am leben gestraft werden.‹ Neben Wittekind ist als Vertreter des Heidelberger Späthumanismus der neulateinische Dichter Lambert Ludolf Pithopoeus (Helm) aus Deventer († 1596) zu nennen, der 1564 die Professur für Poetik und Rhetorik erhielt, ferner Johann Jungnitz († 1588) aus Schlesien, dem nach vierjähriger Lehrtätigkeit am Pädagogium 1575 die Physikprofessur übertragen wurde; 1585 übernahm er den Lehrstuhl für Logik. Nur die letzten zwei Jahre seines Lebens wirkte der frühere Gnesiolutheraner Victorinus Strigel († 1569) als Professor für Ethik in Heidelberg.

Das geistige Klima an der Universität wie am Hof und in der Stadt wurde in den sechziger Jahren von der Auseinandersetzung zwischen gemäßigten und strengen Calvinisten bestimmt, nachdem die Lutheraner verdrängt und die Melanchthonianer und Zwinglianer mit den gemäßigten Calvinisten verschmolzen waren. Ursinus und Olevianus kämpften mit Unterstützung der in der Pfalz lebenden niederländischen Exulanten und des beim Kurfürsten einflußreichen Christoph Ehem sowie mit Rückendeckung Calvins für eine autonome Kirchenzucht nach Genfer Muster. Gegen die gefährliche Verengung, die durch die Definition kirchlicher Disziplin als ius divinum, unabhängig von weltlicher Mitwirkung, entstand, stellte sich die Mehrheit der Universität unter Führung des Erastus, der vor allem von Sigismund Melanchthon und Xylander unterstützt wurde. Die Kirchenzuchtordnung von 1570 brachte denn auch keinen vollständigen Sieg der Disziplinisten; dennoch hatte die Gegenpartei, vor allem Erastus, in diesen Auseinandersetzungen beträchtlich an Einfluß und Prestige beim Kurfürsten verloren. Die Heidelberger Atmosphäre verdichtete sich noch bedrohlicher durch den Antitrinitarierprozeß 1570–72 gegen den Heidelberger Geistlichen Adam Neuser und den Ladenburger Superintendenten Johannes Silvanus, die mit Erastus und seinem Kreis zusammen gegen die Disziplinisten gekämpft hatten; Erastus bezeichnete beide als seine Freunde. Wegen Häresie und Hochverrat – er hatte angeblich mit den Türken konspiriert – wurde Silvanus Ende 1572 vor der Heiliggeistkirche hingerichtet, nachdem der Kurfürst lange gezögert hatte. Die Juristen der Universität hatten sich gegen die Todesstrafe ausgesprochen, die Theologen um Olevianus nachdrücklich dafür – mit der Drohung, durch eine falsche Milde werde die fahrlässige Obrigkeit schuldig und strafbar vor Gott werden. Neuser konnte fliehen und endete 1576 als Mohammedaner in der Leibwache des Sultans. Auch Erastus wurde in Untersuchung gezogen, das Verfahren aber auf Weisung des Kurfürsten niedergeschlagen. Zu Säuberungen an der Universität ist es in diesem Zusammenhang nicht gekommen, obwohl Xylander eine Petition für Silvanus unterschrieben hatte. In seinem Testament empfahl der Kurfürst aber, die Universität jährlich visitieren und gelehrte Räte die Vorlesungen abhören zu lassen, um etwaige Mängel beseitigen zu können.

Als Friedrich III. 1576 starb, dankte die Universität ihrem Förderer mit einem emphatischen Nachruf, in dem die Sorge für die Zukunft bereits erkennbar mitschwang: ›Obiit Fridericus III. ... Religionis repurgatae propugnator et defensor acerrimus, patronus et asylum exulum Christi, cuius pietatem, fortitudinem et constantiam posteritas nostra admirabitur et celebrabit magis quam aetas nostra plus satis ingrata.‹

Friedrich III. hatte seinen Nachfolger testamentarisch auf die Erhaltung des gegenwärtigen Konfessionszustands in der Pfalz verpflichtet. Ludwig VI. war jedoch so lutherisch, wie sein Vater calvinistisch geworden war. Die Universität bekam den Regierungswechsel bald zu spüren, wenn auch nicht so rasch wie die Pfälzer Geistlichkeit, der im August 1577 eine Kirchenordnung auferlegt wurde, deren Nichtannahme 600 Geistliche ins Exil trieb. Die Bitte der Universität, die väterliche Religion zu erhalten und keine Gewalt anzuwenden, blieb unbeachtet. Als erste wurde von den Säuberungsmaßnahmen die theologische Fakultät betroffen. Ende 1577 erfolgte die Entlassung von Tremellius, Zanchi und – nach zwanzigjähriger Tätigkeit in Heidelberg – von Boquin; über einen Protest der Universität gegen diesen Eingriff in ihre Korporationsrechte und über ein Zeugnis für die Rechtgläubigkeit der relegierten Kollegen ging der Kurfürst hinweg. Die theologische Fakultät wurde geschlossen; noch Ende des folgenden Jahres waren die Lehrstühle nicht wieder besetzt, als Edo Hilderich von Varel (†1599) zum Professor für Dogmatik ernannt wurde. 1580 folgten die engagierten Lutheraner Timotheus Kirchner (†1587) und Philipp Marbach, der Sohn des theologischen Beraters Ottheinrichs, während der Kurfürst mit Varel nicht viel Glück hatte, da dieser, obschon Lutheraner, es 1580 ablehnte, die Konkordienformel zu unterschreiben, und wieder entlassen wurde. Noch vor der Säuberung der theologischen Fakultät wurden Pädagogium und Sapienzkolleg geschlossen, da sich Lehrer und Schüler weigerten, den Heidelberger Katechismus gegen den Luthers zu vertauschen. Zur völligen Veränderung in der Zusammensetzung der Universität kam es dann 1580, als Ludwig VI. von den Professoren die Unterschrift unter die Konkordienformel verlangte – außer zwei Theologen unterzeichnete nur ein Mediziner. Alle anderen Professoren wurden entlassen oder gingen rechtzeitig von selbst. ›Die Geschichte der Universität kennt keinen Punkt, wo auf einmal so viele tüchtige und berühmte Männer verdrängt wurden‹ (Häusser II, 110).

Casimirianum in Neustadt

Für die Vertriebenen gründete Johann Casimir in seinem Fürstentum Pfalz-Lautern 1578 eine Ersatzhochschule. Allerdings kam das Casimirianum in Neustadt an der Weinstraße trotz berühmter Lehrer nicht zu rechter Blüte. Zanchi und Ursinus, der in Neustadt starb, Wittekind, Pithopoeus, Jungnitz u.a. entschieden sich für die neue Hochschule, Olevianus ging nach Herborn, Donellus nach Leiden, Tremellius nach Metz, Boquin nach Lausanne, Erastus nach Basel – der Lehrkörper, der die Universität zu großem Ansehen gebracht hatte, war zersprengt, aus Glaubenseifer des Landesherrn und seiner Berater, aus Bekenntnisfestigkeit der Professoren.

Statutenreform 1580

Um die reformierte Periode nachhaltig auszulöschen, nahm Ludwig VI. 1580 eine neue Reform der Universitätsstatuten vor, die zwar in den wesentlichen Bestimmungen an der Ordnung Ottheinrichs festhielt, aber die lutherische Konfession zur unabdingbaren Anstellungsvoraussetzung machte. Jeder Professor mußte ›mit hertzen und mundt‹ (§ 1) dem evangelischen Glauben, wie er in der Bibel enthalten und in Confessio Augustana, Schmalkaldischen Artikeln, Katechismus Luthers und der Pfälzer Kirchenordnung von 1577 wiederholt worden sei, ›zugethan‹ sein. Neben dieser Festlegung der Universität auf das Luthertum bestand die wichtigste Neuerung von 1580 in einer Aufbesserung der Professorenbesoldung, die besonders für die Juristen und Artisten zu Buche schlug; letztere erhielten jetzt eine einheitliche Bezahlung von 160 Gulden. Außerdem wurde das 1386 den Bursen erteilte Recht, zwei Fuder Wein steuerfrei auszuschenken, auf alle Lehrstuhlinhaber ausgedehnt – es blieb bis Anfang des 19.Jahrhunderts in Geltung. Für die untere Fakultät wurde im übrigen in der Reformation Ludwigs VI. erstmals die Bezeichnung ›facultas philosophi-

45

ca‹ (§ 114) offiziell neben der bisher allein üblichen ›facultas artistarum‹ verwendet; sie kam seither mehr und mehr in Gebrauch und verdrängte die traditionelle Bezeichnung, machte damit auch den bisherigen Charakter einer Hilfsfunktion dieser Fakultät für die oberen vergessen.

Der frühe Tod Ludwigs VI. 1583 beendete die kurze Zeit der lutherischen Reaktion. Unter dem Statthalter Johann Casimir kehrten die Neustädter Professoren 1584/85 nach Heidelberg zurück – außer Zanchi, der sein Leben in Neustadt beschließen wollte; von den anderswohin Abgewanderten ließ sich keiner erneut für Heidelberg gewinnen. Das Casimirianum wurde in ein Gymnasium umgewandelt. Die Restituierung der alten Professoren erfolgte langsam, da Johann Casimir zunächst versuchte, einen Modus vivendi zwischen Lutheranern und Calvinisten zu erreichen, und daher mit Entlassungen zurückhaltend war. Als wirksamer Hebel zur Umgestaltung der Universität im reformierten Sinn erwies sich dann das Mandat de non calumniando von Februar 1584, das gegenseitige Konfessionsbeschimpfungen verbot und damit in den Augen der Bekenntnisfreudigen auch das Glaubenszeugnis unterdrückte. Entlassungen erfolgten nun wegen Verstoßes gegen eine obrigkeitliche Anordnung, nicht wegen Konfessionsverschiedenheit. Zunächst wurden die lutherischen Theologieprofessoren entfernt, nachdem eine Disputation zwischen reformierten und lutherischen Theologen im April 1584 offiziell mit einem Sieg der ersteren geendet hatte – Kirchner war vorher nach Wittenberg berufen worden. Bald kam es auch zu Entlassungen lutherischer Professoren in den anderen Fakultäten, um den Neustädter Rückkehrern oder von anderswo berufenen Reformierten Platz zu machen. Bis 1588 waren alle fünfzehn Heidelberger Professoren lutherischen Bekenntnisses verschwunden; entweder gingen sie freiwillig oder wurden entlassen – ›et nostra area ab iis purgata est‹, wie ein schottischer Magister befriedigt feststellte. Die Entlassenen bekamen in der Regel ihr Gehalt für sechs Monate weitergezahlt, damit sie sich in Ruhe eine neue Stelle suchen konnten. Das von Ludwig VI. lutherisch besetzte Sapienzkolleg leerte sich erneut ebenso wie das Pädagogium, diesmal weil Lehrer und Schüler an Luthers Katechismus festhielten – zum zweitenmal in noch nicht einem Jahrzehnt wurde ein ganzer Jahrgang begabten Nachwuchses außer Landes gedrängt.

Die Universitätsreformation Ludwigs VI. änderte Johann Casimir 1588 ab. Die Forderung des lutherischen Bekenntnisses wurde gestrichen, stattdessen lediglich der evangelische Glaube verlangt, wie er in Bibel und Hauptsymbolen gefaßt, in der Confessio Augustana wiederholt und in der Kirchenordnung Friedrichs III. vorgeschrieben sei. Erstmals steckte die Reformation von 1588 den Rahmen der Universitätsverwandten genau ab, um einen Mißbrauch der Privilegien zu ver-

46

hindern: Pedelle, drei Buchbinder, zwei Buchhändler, zwei Buchdruk-
ker, ›alle andere aber ausgeschlossen‹ (§ 8).

In die Regentschaft Johann Casimirs fiel der Neubau des Dionysi- *Neubau des*
anum, der alten Armenburse; 1591 wurde das neue stattliche Haus als *Dionysianum*
Casimirianum eröffnet. Zahlreiche Zuwendungen von Wohltätern
und Städten sicherten die Existenz der Stipendiaten.

Der Zustrom von Studenten nach Heidelberg hat durch den mehrfa- *Studentenzahlen*
chen Konfessionswechsel offensichtlich nicht gelitten, das Ausbleiben
von Studierenden des einen Bekenntnisses wurde anscheinend wettge-
macht durch verstärkten Zulauf von anderen, so daß die Frequenz bis
1622 insgesamt eine ansteigende Tendenz aufwies. Der Jahresdurchschnitt betrug unter Ottheinrich und Friedrich III. etwa 120 Immatrikulationen, unter Ludwig VI. etwa 150, danach bis 1620 etwa 170. Im
Jubiläumsjahr 1586 wurde die Rekordzahl von 300 Immatrikulationen
erreicht. In diesen Jahren überflügelte Heidelberg zeitweise die alte Ri-
valin Köln, blieb aber immer in weitem Abstand hinter Wittenberg
und Leipzig zurück; auch Helmstedt (1573 gegründet), Frankfurt/
Oder, Ingolstadt, Jena (1548 gegründet) und Rostock hatten mehr Studenten als Heidelberg.

Das Verhältnis der Studenten zur Bürgerschaft – Heidelberg hatte *Studenten –*
1588 nur 6300 Einwohner – blieb auch im späten 16. Jahrhundert nicht *Bürgerschaft*
frei von Spannungen, die sich 1586 zu einem neuen Studentenkrieg
steigerten, als die Universität versuchte, einen früheren Studenten, der
vom Stadtschultheiß gefangengesetzt worden war, mit Gewalt zu befreien. Den Auseinandersetzungen fiel sogar die Feier des Universi-
tätsjubiläums zum Opfer. Um die Reibungsmöglichkeiten zu verrin-
gern und die offenbar häufigen nächtlichen Schlägereien zu beenden,
ordnete die kurfürstliche Kanzlei 1590 an, daß die Studenten ab neun
Uhr abends das Haus nicht mehr verlassen dürften, nachdem im Jahre
zuvor Johann Casimir festgestellt hatte, daß nicht wenige Studenten *Verhalten der*
›dag und nacht in wurtsheusern, eintweder alhie in der statt oder aber *Studenten*
ausserhalb auf den dörfern ufhaltig, uberschwencklich fressen, sauf-
fen, schreien‹ (II, 1350) und sich abends auf den Straßen herumtrie-
ben. Auf Bitten der Universität ließ der Regent den Gastwirten in Heidelberg und den Dörfern der Umgebung verbieten, den Studenten etwas zu borgen. Die Universität ersuchte darüber hinaus darum, den
Studenten einen Platz für ›exercitia corporis‹ zuzuweisen, um sie in ihrer Freizeit sinnvoll zu beschäftigen und von den ›exercitia poculo-
rum‹ (II, 1353) und Spielen in den Wirtshäusern abzuhalten. Der Lern-
eifer war offensichtlich nicht groß; Gruterus beklagte um 1600 Schul-
denmachen, Rauferei, Unsittlichkeit und Verachtung der Wissenschaft. In den Vorlesungen ließen sich die Studenten nach Möglichkeit
nur selten sehen, da sie meinten, sie gälten, wenn sie fleißig wären,
nicht als richtige Studenten.

Um die Arbeitsmoral der Studenten und den akademischen Unterricht zu verbessern, forderte die Kanzlei 1600 die Universität auf, Pläne auszuarbeiten, damit das Studium in den oberen Fakultäten in vier, in der philosophischen in drei Jahren absolviert werden könne. Die Fakultäten äußerten sich zurückhaltend, die Juristen sogar ablehnend. Demselben Ziel der Verbesserung diente der Plan Friedrichs IV. 1604, die Dekretalenprofessur in einen Lehrstuhl für altes deutsches Recht umzuwandeln, nachdem ein erster tastender Vorstoß bereits 1597 unternommen worden war. Die juristische Fakultät widersprach, da das kanonische Recht nicht nur für Prozesse vor dem Reichskammergericht und mit nichtevangelischen Partnern benötigt würde, sondern auch für die vielen Ausländer gelehrt werden müsse. Offenbar setzte sie sich mit diesen Argumenten durch.

Der Lehrkörper der Universität wurde in der Regentschaft Johann Casimirs und unter den Kurfürsten Friedrich IV. und Friedrich V. um eine Reihe bedeutender Gelehrter bereichert, die die Anziehungskraft Heidelbergs über die Jahrzehnte hin festigten. Um die theologische Fakultät wieder mit dem Geist des reformierten Bekenntnisses zu erfüllen, berief Johann Casimir im Juli 1584 auf den Lehrstuhl für Neues Testament den Baseler Theologen Johann Jakob Grynaeus († 1617), der zwei Jahre in Heidelberg lehrte. Grynaeus wurde unterstützt durch Georg Sohn († 1589), der aus Marburg kam und eine melanchthonianisch beeinflußte Theologie vertrat, und Franz Junius (de Jon) († 1602) aus Bourges, der früher Prediger der wallonischen Gemeinde in Schönau gewesen war und mit Tremellius zusammen die lateinische Bibelübersetzung bearbeitet hatte. Junius, der das lutherische Zwischenspiel in Neustadt überstanden hatte, erhielt 1584 die Dogmatikprofessur in Heidelberg, ging aber schon 1592 nach Leiden; Aristoteliker und Ireniker zugleich, vermittelte er die Heidelberger reformierte Theologie in die Niederlande. Daniel Tossanus (Toussain) († 1602) aus Mömpelgard, der frühere Hofprediger Friedrichs III., wurde Nachfolger von Grynaeus. Sein Sohn Paul († 1634) bekam 1613 die Professur für Dogmatik; bekannt wurde dieser durch sein großes Bibelwerk von 1617, eine Edition der Übersetzung Luthers mit Kommentar und wörtlicher Übersetzung aller von Luther nicht zutreffend wiedergegebenen Stellen. Ein Schüler des Ursinus, Jakob Kimmedonc (Kimedontius) († 1596), aus den Niederlanden stammend, erhielt 1589 als Nachfolger Sohns die Professur für Altes Testament, ein anderer Ursinus-Schüler, Quirinus Reuter († 1613), folgte Kimedontius in dessen Amt; er gab die Werke seines Lehrers heraus.

1598 wurde David Pareus († 1622), aus Schlesien stammend, für Heidelberg gewonnen; er erhielt zunächst die Professur für Altes, später für Neues Testament. Pareus' wissenschaftliche Leistung und seine Lehrbegabung zogen zahlreiche Studenten aus West- und Osteuropa

48

nach Heidelberg. Seine versöhnliche Einstellung, die ihn freilich nicht
an zahlreichen Polemiken hinderte, fand ihren Niederschlag im ›Ireni-
cum sive de unione et synodo Evangelicorum consiliando liber voti-
vus‹, in dem er die Lutheraner aufforderte, sich mit den Reformierten
über die wichtigsten dogmatischen Fragen zu einigen. Abraham Scul- Abraham Scultetus
tetus (†1624), gleichfalls schlesischer Herkunft, war nur kurze Zeit als
Professor für Altes Testament an der Universität tätig, übte dagegen
sehr erheblichen Einfluß als Hofprediger und Kirchenrat aus; die zeit-
genössische Meinung machte ihn für das böhmische Abenteuer Friedrichs V. mitverantwortlich, zumindest hat er die kurfürstliche Politik
mit Predigten und Flugschriften religiös abgestützt und in Prag aktiv
am Bildersturm mitgewirkt. Den Zusammenbruch des böhmischen
Königtums, der Pfalz und der Universität überlebte er nur kurze Zeit
als Pfarrer in Emden. Zusammen mit ihm und Paul Tossanus vertrat
Heinrich Alting (†1644) die Pfälzer Kirche auf der Synode von Dor-
drecht 1618; er war seit 1613 Professor für Dogmatik und hat sich vor
allem als Kirchen- und Dogmengeschichtler einen Namen gemacht,
wenn auch seine Hauptarbeiten aus der Zeit nach 1622 stammen, als
Alting Prediger in Groningen war.

Aus der juristischen Fakultät dieser Jahrzehnte sind drei herausra- Juristische
Fakultät
gende Gelehrte zu nennen. Julius Pacius (†1635) aus Vicenza, der zwischen 1586 und 1596 die Codexprofessur innehatte, war allerdings vor
allem Humanist, der Schriften des Aristoteles herausgab und kom-
mentierte, während seine juristischen Talente offenbar geringer waren.
Er verdrängte zwei bedeutendere Gelehrte aus Heidelberg, Hippolythus a Collibus und Scipio Gentilis, einen Schüler Donellus', die beide
nach kurzer Lehrtätigkeit im Streit mit Pacius Heidelberg verließen.
Pacius selbst ging 1594 nach Frankreich. Sein Nachfolger wurde der
Hofgerichtsrat Marquard Freher (†1614) aus Augsburg, der aber be- Marquard Freher
reits zwei Jahre später in den Dienst des Kurfürsten übertrat und seither diplomatisch und publizistisch für die Außen- und Religionspolitik Friedrichs IV. tätig war. Freher gehörte zum Kreis der Heidelberger
Späthumanisten und hat wichtige Quelleneditionen veranstaltet, vor
allem die drei Bände ›Germanicarum rerum scriptores aliquot insi-
gnes‹ (1600–02 erschienen) herausgegeben; schon 1599 kamen seine
›Origines Palatinae‹ heraus. Die humanistisch geprägte moderne Dionysius
Gothofredus
Rechtswissenschaft des mos Gallicus vertrat in Heidelberg seit 1604 –
nach kurzem Vorspiel 1600/01 – Dionysius Gothofredus (Denis Go-
defroy) (†1622) aus Paris, dessen bleibende Leistung die erste Gesamt-
ausgabe des Corpus Iuris Civilis cum notis ist, die zum erstenmal 1583
in Leiden erschien und bis ins 18. Jahrhundert hinein kanonische Geltung besaß. Gothofredus, der auch in diplomatischer Mission für Friedrich V. tätig war, flüchtete 1621 vor der Belagerung aus Heidelberg und
starb in Straßburg. Neben ihm war Johannes Calvinus (Kahl) (†1614)

49

aus Hessen tätig, der zuvor an der philosophischen Fakultät gelehrt
hatte, ein geschickter Kompilator und Verfasser von Lehrbüchern über
Politik, mosaisches und römisches Recht; sein Hauptwerk bestand in
einem umfangreichen rechtsenzyklopädischen ›Lexicon iuridicum
magnum iuris caesarei simul et canonici, feudalis item, criminalis,
theoretici ac practici‹ (Frankfurt 1600). In die medizinische Fakultät
trat während der Regentschaft Johann Casimirs Heinrich Smetius
(†1614) aus Antwerpen ein, der frühere Leibarzt Friedrichs III., der
die Regierung Ludwigs am Neustädter Casimirianum verbracht hatte.
Smetius war nicht nur Arzt, sondern auch Philologe und Dichter; auf
ihn geht der erste botanische Garten Heidelbergs zurück. Petrus Spina
d. Ä. (†1622) aus Aachen wurde 1616 Professor, sein gleichnamiger
Sohn (†1655) 1620 an dieselbe Fakultät berufen.

Medizinische
Fakultät

Unter den Lehrern der philosophischen Fakultät war in den Jahrzehnten vor dem Dreißigjährigen Krieg fraglos der Niederländer Jan
Gruterus (†1627) aus Antwerpen die bedeutendste wissenschaftliche
Persönlichkeit. Gruter war in Leiden Schüler des Donellus gewesen,
hatte sich dann aber unter dem Einfluß von Justus Lipsius ganz der
klassischen Philologie zugewandt. Aus Wittenberg, wo er nach dem
Tode Christians I. von Sachsen und dem damit verbundenen Ende des
dortigen Kryptocalvinismus wegen Verweigerung der Unterschrift unter die Konkordienformel entlassen worden war, kam er 1592 durch
Vermittlung seines Landsmanns Smetius nach Heidelberg. Friedrich IV. ernannte ihn trotz Bedenken der Universität im folgenden Jahr
zum ›ordinarius professor historiarum‹, die Geschichtswissenschaft
erhielt damit zum erstenmal in Heidelberg einen eigenen Lehrstuhl.
Das ansehnliche Gehalt in Höhe von 220 Gulden übernahm der Kurfürst auf seinen Etat, da die Universität sich außerstande sah, neben
den sechs statutenmäßigen Lehrstühlen in der philosophischen Fakultät die Mittel für ein zusätzliches Ordinariat aufzubringen, zumal, wie
die Universität abwehrend wissen ließ, bereits der Rhetorikprofessor
Stenius nebenamtlich historische Vorlesungen hielt. Gruterus blieb
denn auch ein Außenseiter in der Fakultät – in seiner über dreißigjährigen Wirksamkeit wurde er nie zum Rektor oder Dekan gewählt.
Trotz seiner Lehrstuhlbestimmung verstand Gruter sich weiterhin vor
allem als Philologe, der verschiedene lateinische Klassiker in sorgfältigen Editionen vorlegte; an der Geschichte interessierte ihn lediglich
das klassische Altertum. Seine historische Hauptleistung bildeten die
1602/03 erschienenen zwei Bände ›Inscriptiones aliquot totius orbis
Romani in absolutum corpus redactae‹, einen Überblick über die
Weltgeschichte bot das vierbändige ›Chronicon chronicorum ecclesia-
stico-politicum‹ von 1614. Gedichtanthologien und Florilegien zeug-
ten von seinem Sammel- und Editionseifer. Zusätzlich übernahm Gruter 1602 die Betreuung der kurfürstlichen Palatina, die nach wie vor

Philosophische
Fakultät

Jan Gruterus

getrennt von der Universitätsbibliothek verwaltet wurde. Da das Vermächtnis Ottheinrichs noch immer erfüllt wurde, konnte er auf den Frankfurter Messen weitere Bücher für die Bibliothek erwerben. Seine eigene große Bücher- und Handschriftensammlung teilte 1622 teilweise das Schicksal der Palatina, da Gruter vor der Belagerung Heidelbergs nach Bretten geflohen war. Kurz nachdem er einen Ruf nach Groningen erhalten hatte, starb er 1627 auf dem Gut Bierhelden am Gaisberg, einem Landsitz seines Schwiegersohns.

Seit Anfang der siebziger Jahre hielt sich der neulateinische Dichter Paul Schede Melissus († 1602) in Heidelberg auf, da Friedrich III. ihn beauftragt hatte, für die reformierte Pfalz ein Gesangbuch zu gestalten; 1572 erschienen seine Psalmendichtungen: ›Die Psalmen Davids in deutschen Gesangsreimen nach französischen Melodien und Silbenart‹. Nach einem ausgedehnten Wanderleben kehrte Melissus 1586 als Bibliothekar der Palatina nach Heidelberg zurück; Gruterus wurde sein Nachfolger. Simon Stenius († 1619), der seit 1585 zunächst Ethik-, später Rhetorikprofessor war, betätigte sich vor allem als eifriger Kontroverstheologe gegen Jesuiten und Lutheraner. Zur Auswertung der orientalischen Handschriften, die Ottheinrich einst von Guillaume Postel erworben hatte, erbot sich 1609 der Professor für Logik Jakob Christmann († 1613), eine Professur für Arabisch zu übernehmen, weil dieses Studium zur Widerlegung und Bekehrung der Ungläubigen, für Medizin und Philosophie gleichermaßen nützlich sei. Da die Universität sich gegen die Errichtung eines eigenen Lehrstuhls für diesen Zweck aussprach, erhielt Christmann nur einen zusätzlichen Lehrauftrag für arabische Sprachen. Unter den der Fakultät nicht als Lehrer Zugehörigen soll der neulateinische Dichter Friedrich Sylburg († 1596) genannt werden, der in seinen letzten Lebensjahren unter Pithopoeus die Universitätsbibliothek verwaltete. Sylburg war zugleich Korrektor des berühmten Verlegers Hieronymus Commelinus († 1597), der 1585 aus Genf nach Heidelberg übergesiedelt war, und edierte griechische und lateinische Texte. Zum Kreis der Heidelberger Späthumanisten gehörte auch der Poet Johannes Posthius († 1597) aus Germersheim, der 1560 als Lehrer am wiederbegründeten Pädagogium angestellt worden war, dann im Ausland Medizin studiert hatte und, nachdem er Leibarzt des gegenreformatorischen Würzburger Bischofs Julius Echter von Mespelbrunn gewesen war, 1585 als Leibarzt Johann Casimirs und einer der Erzieher Friedrichs IV. nach Heidelberg zurückkehrte; an der Universität ist er so wenig wie Sylburg tätig gewesen.

Bei Ausbruch des Dreißigjährigen Krieges verfügte die Universität mit Pareus und Tossanus, Gothofredus, Spina und Gruterus in allen Fakultäten über namhafte Gelehrte; auch die Zahl der jährlichen Immatrikulationen war für Heidelberger Verhältnisse beträchtlich: 1617 230, 1618 192, 1619 205. Das böhmische Abenteuer Friedrichs V., das

Andere Artisten-professoren

Arabistik

Heidelberger Späthumanismus

Zustand 1618

mit der Königswahl im August 1619 begann und am 8. November 1620 mit der Schlacht am Weißen Berge endete, ruinierte mit der Kurpfalz auch die Universität auf Jahrzehnte hin völlig.

Nach dem Einmarsch spanischer Truppen in das Kurfürstentum im Herbst 1620 stellte sich die Universität auf die neue Lage ein: Urkunden und Wertsachen wurden für den Abtransport verpackt, die Professoren steuerten zur Kriegsfinanzierung bei und beteiligten sich an den Lasten der Einquartierung – jeder nahm zwei Soldaten auf, aber von den anständigeren, wie die Universität ausdrücklich verlangte. Um Reibungen mit der verstärkten Garnison zu vermeiden, durften die Studenten abends ihre Wohnungen nicht verlassen. Ende 1620 erging an den Kurfürsten die Anfrage, ob die Universität bei Näherrücken des Krieges wie in Pestzeiten ausweichen oder in Heidelberg bleiben solle. Zu einer Verlegung kam es nicht, wenn auch einige Professoren mit der Kurfürstenmutter und dem Hof aus Furcht vor Spinolas Truppen die Stadt verließen. Der Zuzug von Studenten nahm schlagartig ab; 1621 wurden nur noch 44 immatrikuliert, im folgenden Jahr 19. Als Heidelberg 1622 von bayerischen Truppen belagert wurde, beteiligten sich die Studenten mit zwei ›Kohorten‹ (I, 376) an der Verteidigung. Von den Professoren befanden sich damals noch etwa acht in der

Stadt. Ein düsteres Bild der Universität nach der Eroberung Heidelbergs im September 1622 zeichnete der Rhetorikprofessor Konrad Schoppius: ›Dissipatur academia, ut vix rudera videas. Studiosi omnes digressi, dilapsi, disiecti; professorum ne minima pars super‹ (I, 377). Zwar versprach Tilly, die Rechte und Freiheiten der Universität zu schützen, und ließ die geflohenen Professoren zur Rückkehr auffordern, ein Lehrbetrieb fand aber seit der Eroberung der Stadt nicht mehr statt.

Den schwersten Schlag versetzte die Besatzungsmacht der Universität und der wissenschaftlichen Ausstrahlungskraft Heidelbergs durch die Wegführung der weltberühmten Büchersammlungen; die Palatina galt in den Augen der Zeitgenossen als ›Mutter aller Bibliotheken in Deutschland‹. Die Bemühungen um sie hatten schon lange vor der Eroberung Heidelbergs eingesetzt. Kurfürst Friedrich V. ordnete im Oktober 1621 an, die Bibliothek an einen sicheren Ort zu bringen, und verfügte später, wenigstens die wertvollsten Handschriften zu retten. Vorbereitungen dazu waren auch getroffen worden, aber nicht mehr zur Verwirklichung gekommen. Nach dem Besitz der Palatina strebten sowohl Kaiser Ferdinand II. wie Papst Gregor XV., der anscheinend vor allem von der Sammelleidenschaft des Kardinalnepoten Ludovico Ludovisi in Bewegung gesetzt worden war. Maximilian I. von Bayern, dessen Truppen schließlich die Stadt eroberten, wurde erst spät von dem päpstlichen Interesse unterrichtet und gab nur widerstrebend den Interventionen der spanischen Regierung in Brüssel und des Kölner

Nuntius nach. Im Dezember 1622 erschien Leo Allacci in Heidelberg mit dem Auftrag, alle Handschriften und die selteneren Bücher nach Rom zu bringen; die Beute wurde zusammengetragen aus der eigentlichen Bibliotheca Palatina in der Heiliggeistkirche, der kurfürstlichen Privatbibliothek, den Universitäts- und Fakultätsbibliotheken und schließlich privaten Sammlungen, wie der Gruters. Trotz Boykott durch die Heidelberger Bevölkerung schaffte Allacci über 3500 Manuskripte und an 6000 Bücher nach Rom, wo der Bestand als ›Bibliotheca Palatina‹ gesondert aufgestellt wurde; das von Maximilian gestiftete Exlibris bezeugte die Herkunft jedes Bandes: ›Sum de Bibliotheca, quam Heidelberga capta spolium fecit et Pontifici Maximo Gregorio XV. trophaeum misit Maximilianus ... Anno Christi MDCXXIII.‹ Patriotische und konfessionelle Motive mischten sich in der ein Jahr nach der Wegführung erhobenen Klage, die in der ganzen Christenheit berühmte Bibliotheca Palatina sei zur größten Schmach der Deutschen im Triumph über die Alpen geschleppt und dem vatikanischen Gott geweiht worden.

Institutionell bestand die Universität nach der Eroberung zunächst weiter – allerdings ohne die theologische Fakultät, da Heinrich Alting wenige Tage nach der Eroberung aus der Stadt fliehen konnte; die evangelischen Geistlichen wurden Anfang 1623 ausgewiesen. Die Rektorwahlen fanden weiterhin satzungsgemäß statt, auch wurden Immatrikulationen vorgenommen: 1623 und 1624 je zwei, 1625 und 1626 je eine. Zur Gehaltszahlung an die wenigen verbliebenen Professoren reichten die verfügbaren Einkünfte offenbar aus, auch wenn die Gefälle aus den Besitzungen im linksrheinischen, spanisch besetzten Gebiet nicht mehr eingingen. Offenbar begannen die Professoren im Winter 1624/25 mit der Wiederherstellung eines geordneten Lehrbetriebs; der Anfang wurde mit einer Ethikvorlesung gemacht. Auf Anweisung aus München mußte die Vorlesung jedoch abgebrochen werden, ›wie dann anietzt alle lectiones (ausserhalb waß die herrn patres societatis Iesu verrichten) durchgehent eingestelt‹ seien – so der Bericht des bayerischen Statthalters in Heidelberg (I, 383). Auch Prüfungen und Promotionen wurden verboten, obwohl die Universität auf das päpstliche Gründungsprivileg verwies: ›Universitatem habere potestatem promovendi a pontifice‹ (Toepke II, 308 Anm. 4). Das Ende der Universität kam am 11. April 1626, als dem Rektor Reinhard Bachof (†1635) sowie den Professoren und Universitätsbediensteten vom Gouverneur ihre Entlassung verkündet wurde, ›tum propter religionem, tum propter alias causas‹ (II, 1566). Bis auf den Mathematiker Christoph Jungnitz, der konvertierte, verließen alle Professoren in der Folgezeit die Stadt.

Als der Jesuitengeneral Vitelleschi im April 1628 den bayerischen Kurfürsten Maximilian I. bat, seinem Orden die ›Schola Heidelber-

gensis‹ zu übertragen, lehnte dieser das Ersuchen vorläufig ab, da die
Einkünfte der Universität sich zu großen Teilen in der Hand des Kai-
sers befänden, d.h. in der linksrheinischen Pfalz, und ihm das Land
zunächst nur zur Verwaltung übergeben sei - was nicht zutraf, da Ferdinand II. bereits im März 1628 die rechtsrheinische Pfalz als Kriegs-
entschädigung an Bayern abgetreten hatte. Wenige Monate später entschloß sich Maximilian dann nach erneutem Drängen der Jesuiten, die
Universität wiederherzustellen. Der Lehrbetrieb begann im Juni 1629
mit je einem Professor in den vier Fakultäten. Die Lehrstühle für
Theologie und Philosophie übernahmen Jesuiten; Theologie vertrat
zunächst Bernhard Baumann († 1636), dann Arnold Haan († 1633),
Philosophie zunächst Ricquinus Göltgens († 1671), dann Johannes
Holland († 1634). Für Medizin wurde Balthasar Reid berufen; ihm
stand Jungnitz zur Seite. Die juristische Disziplin vertrat Bachof, der
nach 1626 zunächst versucht hatte, in Straßburg unterzukommen - zu
diesem Zweck gab er sich als Lutheraner aus -, dann aber, um sein
Amt in Heidelberg wieder übernehmen zu können, zum Katholizismus
übertrat; in der Widmung seiner ›Commentarii in primam partem
Pandectarum‹ an Maximilian I. bekannte er sich 1630 auch öffentlich
als ›per Dei gratiam Catholicae religionis sine ulla aequivocatione
cliens‹. Er wurde, so wie er der letzte Rektor der evangelischen Universität gewesen war, nun erster Rektor der katholischen.

Die Studenten - zwischen 1629 und 1632 145 Immatrikulationen -
kamen zumeist aus katholischen Gebieten. Nur vier Landeskinder ließen sich immatrikulieren, dagegen gingen zahlreiche Pfälzer in die
Niederlande und in die Schweiz zum Studium - ein Zeichen, wie wenig Resonanz die Zwangskatholisierung, der die Pfalz von ihren Besat-
zungsmächten unterworfen wurde, in der Bevölkerung fand.

Die letzten Lebenszeichen der katholischen Universität stammen
von Ende 1631; die damals fällige Rektorwahl hat offenbar schon
nicht mehr stattgefunden. Mit der Eroberung der Pfalz durch Gustav
Adolf 1632 scheint sich die Universität aufgelöst zu haben, auch wenn
Heidelberg erst im Jahr darauf in die Hand der Schweden fiel. Vorbereitungen zur Wiederbelebung der evangelischen Universität wurden
sofort nach der Besetzung der Stadt getroffen. Der alte Georg Michael
Lingelsheim, Hofrat und Mitglied des Oberrats schon zur Zeit Friedrichs IV., berichtete Anfang Oktober 1633 dem Baseler Theologen und
Hebraisten Johann Buxtorf aus Heidelberg: ›Iam de restituenda quoque Academia hic agere incipimus ac iam ad Hebraicam professionem
destinatus (Thomas) Sehusius, Rector huius paedagogii‹ - das also zu
diesem Zeitpunkt schon wieder errichtet gewesen sein muß. Der an-
schließende Wunsch: ›Utinam et tu illustrare nostrum Lycaeum vel-
les‹, blieb freilich unerfüllt. Man ging an die Rückberufung geflüchte-
ter Professoren und berief andere neu. Bachof, ein Genie der Anpas-

54

sung, kehrte zum reformierten Bekenntnis zurück und bot – allerdings vergeblich – seine Dienste an. Eine Liste aus dem Januar 1635 nennt neben Bachof Petrus de Spina d.J., Konrad Schoppius und Thomas Sehusen als Heidelberger Professoren, außerdem Syndikus und Kollektor sowie zwei Pedelle und einige andere Diener. Ein personeller Grundstock für den Lehrbetrieb war damit vorhanden, auch die materielle Existenz schien vorerst gesichert, nachdem eine Sammlung für die Universität, das Sapienzkolleg und die Pfälzer Kirche in England die stattliche Summe von 100.000 Gulden erbracht hatte. Zur Eröffnung der Universität ist es aber offensichtlich dennoch nicht gekommen, da die schwedische Machtstellung in der Schlacht von Nördlingen verlorenging und kaiserliche Truppen Ende 1634 vorübergehend und im Mai 1635 endgültig Heidelberg besetzten. Anscheinend ist danach die katholische Universität institutionell wiedererrichtet worden – für 1641 sind ein Mediziner als Rektor sowie zwei Jesuiten als Professoren für Theologie bzw. Philosophie bezeugt. Studenten wurden aber offenbar nicht immatrikuliert, Vorlesungen nicht gehalten. Dabei blieb es bis zum Ende des Krieges. Als die Pfalz im Westfälischen Frieden an Karl Ludwig restituiert wurde, übergaben die Heidelberger Jesuiten bei der Auflösung ihrer Niederlassung 1649 die von ihnen verwahrten Akten, Rechnungsbücher und Siegel der Universität an die Landesbehörden.

Wiederaufbau und Verfall
1648–1803

Während des Dreißigjährigen Krieges hatte sich die kurbrandenburgische Universität Frankfurt/Oder als Ersatz für Heidelberg zum Zentrum calvinistischer Wissenschaftspflege entwickelt und zahlreiche Reformierte auch aus Nord- und Westdeutschland sowie Frankreich angezogen. Nach dem Friedensschluß bemühte sich die Kurpfalz sofort, diesem ›zweiten Heidelberg‹ das Wasser abzugraben und die Heidelberger Tradition am Ursprungsort neu zu beleben. Die ›Wiederaufrichtung dieser zerfallenen hohen schul‹, die ›bei dem letzt entstandenen leidigen kriegswesen . . . in abgang gerathen‹ war (I, 387), erfolgte 1652. Schon ein Jahr zuvor hatte Kurfürst Karl Ludwig (1632/48–80) eine Kommission eingesetzt, die die Voraussetzungen für den Neubeginn schaffen sollte. In einem öffentlichen Akt übergab zudem der frühere Heidelberger Medizinprofessor Petrus de Spina d.J. dem Kurfürsten das gerettete Universitätsarchiv, dessen Urkunden und Akten für die Sicherung der rechtlichen Existenz und für die Rückgewinnung der Einkünfte wichtig waren. Mit einem gedruckten Patent lud Karl

Ludwig zum Wiederbeginn der Heidelberger Studien am 1. November
1652 ein. Sein darin gegebenes Versprechen, ›alles, so zur restauration,
ufnehmung und wachsthumb dieser uralten, hoch privilegirten universitet gereichen mag, so viel möglich ins werck zu stellen‹ (I, 388), hat er
nach Kräften gehalten, so daß er neben Ruprecht I. und Ottheinrich
als dritter Stifter der Universität angesehen werden kann. Die Eröffnung erfolgte in seiner Anwesenheit, er bestätigte die früheren Rechte
und Privilegien und übernahm selbst das erste Rektorat – ein Novum
in der Geschichte Heidelbergs, zugleich ein Zeichen des großen Inter-
esses des Fürsten an der Universität wie auch ein Zeichen der verstärkten Staatsaufsicht. Ganz unverhohlen bezog Karl Ludwig denn auch
wenige Jahre später die Universität in seine Expansionspläne ein, als
er 1658 der hochverschuldeten Reichsstadt Worms anbot, Hof und
Universität – konsumtionskräftige Gebilde also – dorthin zu verlegen.

Bei der ›Wiederaufrichtung‹ wurde an den alten Formen festgehalten; infolgedessen fiel dem Propst des Wormser Domkapitels erneut
das Kanzleramt zu, das die allgemeine Rechtsgültigkeit der in Heidelberg vollzogenen Promotionen sicherte. Nach einigem Streit über die
Konfession des von Worms zu benennenden Vertreters bestellte der
Dompropst einen der Juristen zum Prokanzler.

Vordringliche Aufgabe der Universität war die Sicherstellung ihrer
Finanzen. Die Reaktivierung der Gefälleansprüche gelang nur mühsam, zumal die der Universität gehörenden Klostergüter Lambrecht,
Zell und Daimbach erneut wie schon im 16. Jahrhundert der kurfürstlichen Kammer verpachtet werden mußten. Glücklicherweise waren
wenigstens die Universitätsgebäude erhalten geblieben, so daß keine
aufwendigen Neubauten erforderlich waren. Dennoch blieb die wirtschaftliche Lage auf Dauer ungünstig, die der Universität zustehenden
Gelder gingen häufig nur schleppend oder gar nicht ein, die von früheren Kurfürsten versprochenen Barzuschüsse wurden nie gezahlt. Die
Gehälter der Professoren mußten daher im wesentlichen auf dem Vor-
kriegsstand fixiert bleiben – im Gegensatz zu anderen Universitäten,
wie etwa Marburg und Wittenberg, wo in der Zwischenzeit Gehalts-
steigerungen um durchschnittlich 50% eingetreten waren. Die schlechte finanzielle Lage der Heidelberger Universität und ihrer Professoren
läßt sich auch am Vergleich mit Freiburg aufzeigen: In den drei oberen
Fakultäten wurde in Heidelberg im Durchschnitt ein Gehalt von
230 Gulden gezahlt, in der philosophischen Fakultät von 160 Gulden,
während für Freiburg die entsprechenden Summen 450 Gulden bzw.
365 Gulden lauten.

Die notwendige Anpassung der Universitätsstatuten an die veränderten Gegebenheiten nahm der Kurfürst erst 1672 vor. Die Reform
enthielt aber keine umstürzenden Eingriffe und bewahrte möglichst
viel von den Bestimmungen Ottheinrichs, Ludwigs und Johann Casi-

mirs. Die wichtigste Neuerung bestand in einer Lockerung der Konfessionsklausel und zielte damit auf eine geistige Öffnung der Universität, die damals ganz ungewöhnlich war. Der Zwang zum reformierten Bekenntnis, dem seit Johann Casimir alle Professoren unterworfen gewesen waren, galt ab jetzt offiziell nur noch für die Theologen. Und auch ihnen wurde vorgeschrieben, bei Streitfragen den in Heidelberg vor 1618 geltenden Konsens zu bewahren, ›doch ohne verdammung derienigen, die ein anderes statuiren‹ (§ 64), während sie sich in neue Kontroversen auf keinen Fall einmischen, sondern lediglich die Standpunkte beider Seiten vortragen sollten, ohne selbst Stellung zu nehmen oder Urteile zu fällen. Für die Professoren der anderen Fakultäten genügte hingegen die Verpflichtung auf ›religio Christiana et pietas in verbo Dei tradita et veteribus ecclesiae symbolis oecumenicis comprehensa‹ (§ 3). Es wurde auch noch ausdrücklich festgelegt, daß die Stellen in diesen Fakultäten nicht nur mit Reformierten zu besetzen seien, sondern ›auch mit ein und andern qualificirten subiectis, erheischender notturft nach‹ (§ 2). Diese ›Notdurft‹ trat allerdings in den Augen der Professoren nie ein, so daß die Universität ihren Charakter als calvinistische Hochschule in allen Fakultäten auch nach ihrer Wiederherstellung uneingeschränkt bewahrte. Dennoch nahm Karl Ludwig die konfessionelle Offenheit insofern ernst, als er im Fall des Mediziners Jakob Israel selbst vom Erfordernis des christlichen Glaubens dispensierte und bereit gewesen wäre, auch für Spinoza eine Ausnahme zu machen. Das bisherige Berufungsverfahren wurde unverändert beibehalten: Vorlage einer Zweierliste beim Kurfürsten, Gewinnung der Kandidaten möglichst aus dem eigenen Lehrkörper.

Der Senat der Universität bestand weiterhin aus allen Professoren der oberen Fakultäten; aus der philosophischen Fakultät sollten drei Vertreter gewählt werden. Schon 1656 hatte der Kurfürst vorgeschrieben, daß die Professoren nach dem Vorbild anderer Universitäten bei Vorlesungen und akademischen Akten Talare tragen sollten; die Anschaffungskosten übernahm die landesherrliche Kasse. Die Statutenreform erinnerte an diese ›absonderlich lange schwarze röckhe‹ (§ 10) als Dienstkleidung der Professoren; sie waren alle sieben Jahre auf Kosten des Universitätsfiskus zu erneuern. Auf detaillierte Kleidervorschriften für die Studenten wurde verzichtet, stattdessen erging die allgemeine Ermahnung, ›sich aller üppiger, muthwilliger und ihnen übel anstehender tracht und kleidung gänzlich ab(zu)thun‹. Vor allem die Theologen sollten auf modische Kleidung verzichten und das Geld ›zu erkauffung guter bücher‹ (§ 10) verwenden.

Bei der Festsetzung der Zahl der Lehrstühle machten die Statuten von 1672 aus der finanziellen Not eine Tugend, wenn sie erklärten, der Universität sei mit wenigen fleißigen Professoren mehr geholfen als mit vielen Lehrkräften, die sich dann aufeinander verließen und nichts

Konfessions-
bestimmungen

Zusammensetzung
des Senats

Einführung von
Talaren

Lehrstühle und
Fachgebiete

täten. Dennoch wurde in den oberen Fakultäten im allgemeinen die alte Lehrstuhlverteilung beibehalten. Die theologische Fakultät mußte sich allerdings mit zwei Ordinariaten begnügen, eines für Altes Testament und die historischen Bücher des Neuen Testaments, das andere für die apostolischen Briefe und Systematik; praktische Theologie hatten die Heidelberger Stadtpfarrer zu übernehmen. In der juristischen

Fakultät blieb es bei vier Lehrstühlen: Codex und Reichsrecht, zweites Buch der Dekretalen, Pandekten, Institutionen; für Rechtspraxis sollte ein Extraordinariat hinzukommen. Die Fakultät erhielt jetzt auch offiziell die Funktion eines Spruchkollegiums für die pfälzischen Untergerichte; damit wurde ein bereits bisher geübtes Verfahren institutionali-

siert. Auch die drei Lehrstühle der medizinischen Fakultät für Physiologie, Pathologie und Therapie blieben erhalten. Im Gegensatz zu den früheren Statuten waren die für die Unterweisung der Medizinstudenten zu benutzenden Lehrbücher nicht mehr vorgeschrieben; damit war ein weiterer wichtiger Schritt weg von der blinden Autoritätengläubigkeit hin zur Praxis getan. Schon 1654 hatte der Kurfürst auf Verlangen der Studenten eine Abänderung des Lizentiateneides genehmigt, indem die Verpflichtung, keine Präparate aus Quecksilber oder Antimon anzuwenden, gestrichen wurde. Die Statuten verpflichteten die Professoren, auch Anatomie und Chirurgie zu lehren. Dennoch blieben Sektionen nach wie vor ungewöhnliche Ereignisse, zu denen mit gedruckten Anschlägen förmlich eingeladen wurde. Als Demonstrationsobjekt dienten die Leichen Hingerichteter, um deren Überlassung die Fakultät immer wieder bei der Regierung nachsuchte.

Blieben die praktischen und nützlichen Wissenschaften von Streichungen verschont, so schrumpfte der Lehrkörper der philosophischen Fakultät, der vor 1618 aus sechs Ordinarien bestanden hatte, zusammen. Die Statuten legten überhaupt keine Zahl fest, sondern warnten nur vor zu vielen Professoren, um die oberen Fakultäten nicht zu schädigen. Von auswärts kommende Magister sollten nach Prüfung ihrer Diplome durch den Dekan wie früher zur Lehrtätigkeit zugelassen werden. Üblicherweise verfügte die philosophische Fakultät nach der Wiedererrichtung über drei bis vier Lehrstühle. Für alle Fakultäten galt die Vorschrift, nicht nur öffentliche Vorlesungen abzuhalten, sondern in ›Privatlektionen‹ den Studenten nützliche Bücher, interessante und wichtige Rechtsfälle und dergleichen vorzustellen – eine frühe Vorform seminaristischer Arbeit. Die Professoren wurden in den Statuten mehrfach ermahnt, ihren Aufgaben fleißig nachzukommen; über ausgefallene Stunden hatten sie Rechenschaft abzulegen. Viel genützt haben diese Vorschriften aber offenbar nicht, denn der Theologe Friedrich Lucä berichtete über seine Heidelberger Studienzeit in den sechziger Jahren: ›An Professoribus hatte die Universität keinen Mangel, darunter aber nur wenig ihrem Beruf gemäß fleißig docirten.‹

Mit allen Mitteln bemühte sich der Kurfürst, die Attraktivität seiner Universität zu vergrößern und dabei auch neuen Gepflogenheiten des studentischen Lebens Rechnung zu tragen. Eine Universitätsbibliothek mußte neu begründet werden, wobei neben den von Allacci 1623 zurückgelassenen kümmerlichen Resten der alten Palatina die Büchersammlungen der früheren Heidelberger Professoren Pareus und Freher, die der Universität vermacht worden waren, den Grundstock bildeten. Der Ausbau wurde durch die Vorschrift von 1672 gefördert, daß jede Fakultät jährlich 10–20 Gulden für Bücherankäufe aufzuwenden hätte – mit diesen Summen war allerdings noch nicht einmal das Legat Ottheinrichs für die Palatina in Höhe von 100 Gulden jährlich erreicht. Versuche Karl Ludwigs, durch Verhandlungen mit der Kurie die entfremdeten Bibliotheksbestände zurückzugewinnen, blieben ohne Erfolg.

Auf Anweisung des Kurfürsten wurde erstmals 1655 ein Personal- *Vorlesungs-* und Vorlesungsverzeichnis in Plakatform durch den Druck verbreitet, *verzeichnis* ›damit desto mehr studiosi hierher zu kommen invitirt werden möchten‹ (II, 1654). Auch sonst wurde viel getan, um Studenten nach Heidelberg zu locken. Da außer dem wiederhergestellten Sapienzkolleg die Bursen und das mit ihnen verbundene Stipendienwesen im Dreißigjährigen Krieg zugrundegegangen waren und nach 1652 nicht erneuert wurden, erhielten die Studenten die Erlaubnis, überall in der *Studentisches* Stadt – bei ehrlichen Leuten natürlich – zu wohnen; die mäßigen Ko- *Leben* sten für Wohnung und Lebensmittel wurden 1655 werbend eigens hervorgehoben. Die Vorschrift, selbst beim alltäglichen Gespräch die lateinische Sprache zu benutzen, fiel fort. Außerdem erteilte der Kur- *Jagdrecht* fürst den Studenten der juristischen und philosophischen Fakultät – Medizin und Theologie waren seit 1671 ausdrücklich ausgeschlossen – das Jagdrecht, zunächst beiderseits des Neckars, dann eingeschränkt auf die Gemarkung zwischen Handschuhsheim und Schriesheim. Bis 1848 bekam seither jeder Student der beiden Fakultäten bei der Immatrikulation einen Jagdberechtigungsschein ausgehändigt.

Schon das Wiedereröffnungspatent hatte den Studenten ›adeliche *Reit- und Fecht-* und militaria exercitia‹ versprochen (I, 388), und dementsprechend be- *unterricht* rücksichtigte der Kreis der Universitätsverwandten mit Stall-, Fecht-, Sprach- und Tanzmeistern die neuen Erziehungsideale der Kavaliersstudenten, an denen jeder Universitätsstadt aus wirtschaftlichen Gründen besonders viel lag. Mit großen Kosten verschrieb der Kurfürst aus Genf Emanuel von Froben als ›electoralis hippodromi et venationis academiae praefectus‹ (Toepke II, 326), der auf seine Weise die Anziehungskraft Heidelbergs vergrößern sollte. Diesen Erwartungen hat er offenbar auch entsprochen, denn nach einem späteren Bericht hielten sich zu Frobens Zeit mehr Studenten ›der Exercitien als Studien wegen‹ in Heidelberg auf. Die Absicht Karl Ludwigs, nach Tübinger Vorbild ein Collegium illustre zu errichten, ließ sich aber nicht in die Tat umsetzen, vermutlich weil Froben 1670 nach Erfurt ging. Neben dem namentlich genannten Stallmeister und seiner ›academia equestris‹ pries das Vorlesungsverzeichnis von 1655 als besondere Attraktion noch Lehrer in exotischen Sprachen, Fechtmeister und ›artifices aliarum elegantiarum‹ zur Kräftigung von Körper und Sitten an. Dank diesen Anstrengungen erfreute sich Heidelberg neben Ingolstadt bei adligen Studenten der größten Beliebtheit unter den deutschen Universitäten; Adlige machten in Heidelberg im 17. Jahrhundert fast 15% aller Immatrikulierten aus (Ingolstadt 17,5%), während es die Nachbaruniversitäten Tübingen, Freiburg und Würzburg nur auf einen Adelsanteil von 5% bis 7% brachten.

Ob sich allerdings die kostspieligen Bemühungen Karl Ludwigs um Modernität und Weltläufigkeit seiner Universität insgesamt gelohnt haben, ist, wenn man sie an den Immatrikulationszahlen mißt, sehr in Zweifel zu ziehen. Im ersten Jahr nach der Wiedergründung ließen sich 127 Studenten einschreiben – in Leipzig waren zur selben Zeit fast 1100 Studenten immatrikuliert, in Wittenberg fast 600. Die Zahl ging rasch auf unter 50 zurück und sank nach vorübergehendem Anstieg 1668 auf 30 herab. Da die Matrikel ab 1669 für den Rest des 17. Jahrhunderts verlorengegangen ist, läßt sich nicht feststellen, wieviele Studenten in den folgenden Jahrzehnten Heidelberg aufsuchten. Auf jeden Fall blieb die Universität nach der Erneuerung neben Erfurt, Herborn, Freiburg und Greifswald eine der kleineren deutschen Hochschulen.

Als die Regierung 1680 die Professoren nach den Gründen der geringen Studentenzahl befragen ließ, kam als Antwort eine Fülle von Klagen, die zeigte, wieviel trotz der großen Anstrengungen Karl Ludwigs noch fehlte. Genannt wurden Mangel an Professoren, fehlende Bursen, Mangel an Achtung von Seiten der kurfürstlichen Kanzlei und der Hofbediensteten, Mangel an ›exercitia publica‹ – die Zeit Frobens lag lange zurück –, Mangel an leistungsfähigen Buchhandlungen, die die Druckerzeugnisse der Professoren auswärts vertreiben und damit für Heidelberg werben könnten. Die Mediziner beklagten zusätzlich das Fehlen von botanischem Garten, Anatomiegebäude, chemischem Laboratorium – 1686 eingerichtet –, praktischen Übungen, die Philosophen allgemein die Verachtung der ›studia humaniora et philosophica‹ (II, 1720), die früher die Masse der Studenten angezogen hätten.

Die Zusammensetzung des Lehrkörpers kann die geringe Frequenz nur zum kleineren Teil erklären, da Kurfürst Karl Ludwig es immer wieder verstand, angesehene Lehrer und bedeutende Wissenschaftler für seine Universität zu gewinnen. Die Anfänge waren allerdings bescheiden, denn bei der Wiedereröffnung waren nur drei Professoren anwesend – der Zahl nach eine genaue Entsprechung zu 1386, nur daß diesmal die theologische Fakultät nicht vertreten war; in den drei unteren Fakultäten gab es wenige Wochen später schon je zwei Ordinarien. Die beiden theologischen Lehrstühle konnten erst 1655 besetzt werden; damit waren in diesem Jahr dann bereits neun Professoren anwesend. In den folgenden Jahrzehnten blieb es im wesentlichen bei 10–12 Ordinarien: 2 Theologen, 3–4 Juristen, 2–3 Medizinern, 3–4 Philosophen.

An mehreren Berufungen zeigte sich die konfessionelle Offenheit des Kurfürsten, der die Union der evangelischen Bekenntnisse lebhaft förderte. 1657 verlieh er gegen die Bedenken der Universität dem lutherischen Pfarrer Stephan Gerlach (1621–97) als einem ›friedliebenden und gelehrten mann‹ ein Ordinariat für Kirchengeschichte in der philosophischen Fakultät, weil er Gerlach ›in negotio pacis ecclesiasticae zu gebrauchen‹ gedachte (II, 1672). 1666 wurde Gerlach sogar Rektor; er las später auch über Geographie. 1652 war bereits ein Jude zum ordentlichen Professor berufen worden, der Mediziner Jakob Israel (1621–74), den der Kurfürst aus Freiburg gewann. In denselben Zusammenhang gehört auch der bekannte Versuch, Spinoza nach Heidelberg zu holen. Ihm wurde 1673 eine ordentliche Professur angeboten mit der Zusicherung: ›Philosophandi libertatem habebis amplissimam‹, aber auch mit der Einschränkung: ›qua (sc. libertate) te ad publice stabilitam Religionem conturbandam non abusurum credit (Princeps)‹. Spinoza lehnte ab ›tranquillitatis amore‹, weil er grundsätzlich kein Lehramt übernehmen wolle und nicht wisse, ›quibus limitibus libertas ista philosophandi intercludi debeat‹ (II, 1707. 1708).

Zwei weltberühmte Gelehrte hat die Universität Heidelberg in der zweiten Hälfte des 17. Jahrhunderts unter ihre Dozenten gezählt: Pufendorf und Brunner. Samuel Pufendorf (1632–94) erhielt 1661 eine neugeschaffene ›professura iuris gentium et philologiae‹, den ersten Lehrstuhl für Natur- und Völkerrecht an einer deutschen Universität. Pufendorf wurde der philosophischen Fakultät zugeordnet und damit seinem Wunsche Rechnung getragen, man möge bei der Aufgabenbeschreibung auf seine Beschäftigung mit Moralphilosophie Rücksicht nehmen. Er ging aber schon 1668 nach Lund, später wurde er schwedischer und brandenburgischer Hofhistoriograph. In Heidelberg entstanden seine ›Libri octo de iure naturae et gentium‹ (Lund 1668), das erste von der Theologie abgelöste rationale Naturrechtssystem, in dem er die Rechtskreise von Individuum, Haus, Staat und internationalem Leben behandelte. Bereits 1667 war unter dem Pseudonym Severinus de Monzambano Pufendorfs berühmteste und am weitesten verbreitete Schrift erschienen: ›De statu imperii Germanici‹, in der er mit erbarmungsloser Kritik die Zustände im deutschen Reich darstellte, das er, weil in keine der aristotelischen Kategorien passend, als ›corpus aliquod irregulare, monstro simile‹ bezeichnete. Kurfürst Karl Ludwig hatte an der Abfassung des Buches lebhaften Anteil genommen.

Johann Konrad Brunner (1653-1727), nach Erastus der zweite große Mediziner der Heidelberger Universität, gehörte ihr seit 1686 an, nachdem er zunächst als Arzt für den todkranken Kurfürsten Karl nach Heidelberg gerufen worden war. Brunner war gleich bedeutend als Praktiker wie als Forscher. Obwohl er längere Zeit der einzige Medizinprofessor war, befand er sich als Leibarzt der Pfälzer Kurfürsten sowie als Consiliarius und Arzt zahlreicher Fürsten fast ununterbrochen auf Reisen, blieb aber bis zu seinem Tode Mitglied der Universität. Von ihm stammen wichtige anatomische Arbeiten. Bekannt geworden war der in seiner Heimatstadt Diessenhofen praktizierende Arzt mit seinen ›Experimenta nova circa pancreas‹, in denen er seine langjährigen Versuche und Überlegungen zur Funktion der Bauchspeicheldrüse publizierte; im Tierversuch glaubte er nachgewiesen zu haben, daß das Pankreas nicht zu den lebenswichtigen Organen gehörte. 1687 erschien die ›Exercitatio anatomico-medica de glandulis in intestino duodeno hominis detectis‹, in der er die nach ihm benannten Drüsen des Zwölffingerdarms beschrieb.

Bei der Besetzung der Professuren versuchte Karl Ludwig zunächst, personell an die Vergangenheit anzuknüpfen. Zwei Söhne bedeutender Heidelberger Theologen erhielten Rufe auf die theologischen Lehrstühle, Jakob Alting und Daniel Tossanus, der bereits als Inspektor des Sapienzkollegs und Mitglied des Kirchenrats in Heidelberg tätig war. Beide lehnten aber ab, ebenso Petrus de Spina d. J., der letzte Mediziner der Universität vor der Katastrophe von 1622. Die Berufung von Heinrich David Chuno (1604-65) auf die Codexprofessur löste ein Angebot von 1633 ein, das sich damals durch die Veränderung der politischen Lage nicht hatte realisieren lassen. Sein Fach verstand Chuno so gut, daß es von ihm hieß, wenn das Corpus Iuris verlorenginge, würde man es in seinem Kopfe wiederfinden.

Die theologische Fakultät erneuerte 1655 der bedeutende Schweizer Orientalist Johann Heinrich Hottinger (1620-67), den die Züricher auf sechs Jahre nach Heidelberg beurlaubt hatten; er übernahm auch die Leitung des wiederhergestellten Sapienzkollegs. Den zweiten Lehrstuhl erhielt Friedrich Spanheim d. J. (1632-1701), der später nach Leiden ging. Eine führende Stellung in der Universität erreichte - nicht zuletzt durch die Dauer seiner Zugehörigkeit - Johann Friedrich Fabricius (1632-96), der 1660 eine Theologieprofessur erhielt, nachdem er bereits in der philosophischen Fakultät gelehrt hatte. Er unterstützte Kurfürst Karl Ludwig bei dessen Unionsbemühungen und führte auch die Verhandlungen mit Spinoza. Auch Johann Friedrich Mieg (1642-91), Begründer einer Pfälzer Theologendynastie und selbst Sohn eines kurpfälzischen Hofbeamten, begann als Orientalist in der philosophischen Fakultät, ging aber 1672 zur theologischen über.

Die Juristen wechselten, außer Chuno, in den ersten Jahren häufig. Juristische Fakultät Länger – von 1660 bis 1671 – blieb nur der sehr angesehene Johann Friedrich Boeckelmann (1633–81), ein enger Berater Kurfürst Karl Ludwigs, der wie andere Heidelberger Professoren dann einem Ruf nach Leiden folgte; sein Nachfolger wurde Johann Wolfgang Textor (1638–1701), der Ururgroßvater Goethes, der nach vieljähriger Lehrtätigkeit 1690 das Syndikusamt in Frankfurt/Main übernahm. Zwei Väter von berühmten brandenburgischen Politikern lehrten zeitweise in Heidelberg, Silvester Jakob Danckelmann (1601–79) – sein Sohn Eberhard war Minister Friedrichs III. – und Heinrich Cocceji (1644–1719), dessen Sohn Samuel Großkanzler Friedrichs des Großen wurde. Cocceji übernahm in Heidelberg 1671 die Nachfolge Pufendorfs, wechselte aber in die juristische Fakultät über. Indem er mit phantasievollen Rückgriffen auf die fränkische Geschichte das deutsche Staatsrecht seiner Zeit historisch zu fundieren versuchte, fiel er wissenschaftlich hinter seinen Vorgänger zurück. Die Heidelberger Gelehrtendynastie der de Spina setzte Johannes de Spina (1642–89) fort, der 1680 die Institutionenprofessur übernahm.

Von den Medizinern besaß nur Brunner wissenschaftliche Bedeutung. Medizinische Fakultät Jakob Israel und der erste Lehrstuhlinhaber nach der Erneuerung Johann Caspar Fausius (1601–71) waren vor allem Praktiker, während Fausius' Nachfolger Georg Franck (1644–1704) sich dagegen auch literarisch betätigte; neben Arbeiten zur Gynäkologie veröffentlichte er 1672 eine Kräuterkunde (›Lexicon plantarum usualium‹). Er legte auch den botanischen Garten an und war wie Brunner ein von vielen Fürsten gesuchter Arzt.

Einziger Repräsentant der philosophischen Fakultät war 1652 Johann von Leuneschloß (1620–99), Doktor der Medizin und der Philosophie, der bereits im Vorjahr die Professur für Physik und Mathematik erhalten hatte und über vierzig Jahre mit großem Erfolg in Heidelberg gelehrt hat. Philosophische Fakultät Sein Vorlesungsprogramm war außerordentlich breit gefächert; es umfaßte Arithmetik, Geometrie, sphärische Trigonometrie, Algebra, Harmonik, Geodäsie, Astronomie, Geographie, Schiffahrtskunde, Optik, Gnomik, Zivil- und Militärarchitektur, Mechanik, Synthesis und Analysis der Zahlen, Mineralogie. Leuneschloß löste sich in seinen Vorlesungen von den tradierten Autoritäten, las z. B. über Physik nicht nach Aristoteles, sondern nach eigenen Vorstellungen, und führte auch praktische Übungen durch. Neben ihm nehmen sich seine Fakultätskollegen mit ihrer Spezialisierung bescheiden aus, etwa Johann Seobald Fabricius (1622–82), ein Bruder des Theologen und seit 1652 Professor für Logik, Griechisch und Geschichte, oder Sebastian Ramspeck, 1654–1668 Professor für praktische Philosophie, später für Politik und Rhetorik. Den berühmten klassischen Philologen Johann Freinsheim (1608–60) ernannte der Kurfürst 1656 zum

Professor honorarius; im Streit um das Reichsvikariat begründete
Freinsheim die Pfälzer Ansprüche. Erwähnung verdienen schließlich
der Gräzist Lorenz Croll (1641-1709), seit 1680 in Heidelberg, und
Heinrich Günther Thulemar (ca. 1640-1714), seit 1681 Professor für
Geschichte und Eloquenz.

Die konfessionelle Engherzigkeit des streng reformierten Kurfürsten Karl (1680-85) hat der Universität offensichtlich nicht geschadet,
auch der Lutheraner Gerlach blieb im Amt. Um den Gefahren zu begegnen, die dem reformierten Bekenntnis bei dem bevorstehenden
Übergang der Pfalz an die katholische Linie Pfalz-Neuburg drohten,
schloß der sterbende Kurfürst mit seinem Erben Philipp Wilhelm
Hallischer Rezeß
1685(1685-90) den Hallischen Rezeß, der das Prinzip des cuius regio, eius
religio in Schranken halten sollte. Auch die Universität war dabei berücksichtigt worden: Die theologische Fakultät sollte wie bisher nur
mit Reformierten besetzt werden, bei Vakanzen in den anderen Fakultäten sollten Evangelische (Reformierte und Lutheraner) und Katholiken alternierend zum Zuge kommen. Ehe sich aber konfessionelle Folgen des Dynastiewechsels zeigen konnten, ging das gesamte Wieder-
Pfälzer
Erbfolgekrieg aufbauwerk Karl Ludwigs im französischen Eroberungskrieg 1688-97
unter. Nachdem schon der holländische Krieg 1672-78 zu Verwüstun-
gen in der neutralen Pfalz geführt hatte, besetzten französische Truppen im Oktober 1688 Heidelberg; in der Kapitulationsurkunde wurden der Universität ihre Rechte und Privilegien zugesichert. Vor ihrem
Abzug im folgenden Jahr brannten die Franzosen das Schloß nieder,
während die Brände in der Stadt fast alle gelöscht werden konnten, so
daß auch die Universitätsgebäude nicht zu Schaden kamen. Unter den
Geiseln, die wegen unbezahlter Kontributionen verschleppt wurden,
befand sich auch der Theologe Mieg. Bei der erneuten Erstürmung im
Mai 1693 ging die ganze Stadt in Flammen auf, Schloß und Stadtbefe-
stigung wurden in den folgenden Wochen systematisch zerstört. Den
wenigen verbliebenen oder zurückkehrenden Einwohnern - unter ihnen kein Angehöriger der Universität - verwehrte die Besatzungsmacht bis zum Frieden 1697 den Wiederaufbau der Stadt.

Flucht der
Universitätslehrer Die Universität erlitt bereits nach der ersten Eroberung schwere personelle Einbußen. Mieg ging nach seiner Befreiung nach Groningen,
Cocceji nach Utrecht, Textor nach Frankfurt/Main, Franck nach Wittenberg, Brunner war meist auf Reisen. Das Los der Zerstreuung beklagte Franck in einem Brief an Brunner 1689: ›So müssen wir arme
Heidelbergische Universitäts Fixsternen nunmehr zu Planeten werden
und bey diesem elenden Winter in dem römischen Reich herumrollen‹
(Stübler, 96). 1691 waren nur noch Theologie und die philosophische
Fakultät mit Professoren besetzt, während Rechtswissenschaft und
Medizin durch kurfürstliche Bedienstete im Nebenamt vertreten wurden. Der Lehrbetrieb blieb daher lediglich notdürftig aufrechterhalten.

64

Die völlige Zerstörung der Stadt vertrieb auch den restlichen Lehrkörper. Gerlach floh nach Tübingen, Croll und Leuneschloß gingen
nach Marburg. Der Theologe Fabricius richtete, ohne daß die Universität förmlich verlegt worden wäre, in Frankfurt eine Auffangstelle ein
und sicherte damit die rechtliche Weiterexistenz der Hochschule. Hierher kamen auch Leuneschloß und zeitweise Brunner. Nach Fabricius'
Tod wurde der bisherige Pfarrer an Heiliggeist Karl Konrad Achen-
bach (1655–1720) zu seinem Nachfolger ernannt. Kurfürst Johann
Wilhelm (1690–1716) berief auch weitere Professoren an die exilierte
Universität, wobei er offensichtlich vor allem darauf bedacht war, seine Beamten mit zusätzlichen Einnahmen zu versehen. Die Universität
wurde in keinem Falle gefragt, sondern vor die Tatsache des präsen-
tierten Ernennungsdiploms mit gelegentlich sehr hohen Gehaltsbewil-
ligungen gestellt. Zu diesen Berufungen gehört auch die von Johann
Andreas Eisenmenger (1654–1704), der aufgrund seines Werkes ›Ent-
decktes Judentum‹ zum Professor für orientalische Sprachen ernannt
wurde. Das Buch, eine Sammlung von antijüdischen Scandala aus vielen, mit Fleiß und Übelwollen studierten Quellen, enthielt das Arsenal
für die antisemitische Propaganda der folgenden Jahrhunderte. Wegen
kaiserlicher Verbote konnte es erst nach dem Tode des Verfassers 1711
in Preußen erscheinen; die beschlagnahmte Erstauflage wurde sogar
erst 1740 freigegeben. Mit dem Hofgerichtsrat Johann Georg Fleck
zog 1696 der erste Katholik seit der Reformation in die juristische Fakultät ein. 1695 übertrug Leuneschloß mit Genehmigung der Regierung sein Amt an seinen Sohn Friedrich Gerhard (†1735) – die erste
Erbprofessur in Heidelberg.

Die Hauptbeschäftigung der in Frankfurt versammelten Professo-
ren und Universitätsbeamten bestand in der Schadensfeststellung und
im Bemühen um die Einkünfte. In einer Zusammenstellung von 1697
wurden die Verluste an Gebäuden und durch die Vernichtung der Bibliothek – das Archiv war rechtzeitig in Sicherheit gebracht worden –
auf fast 100000 Gulden beziffert, die ausstehenden Einkünfte auf fast
80000 Gulden. Auf Befehl des Kurfürsten übersiedelte die Universität
1698 nach Weinheim, als sich der Hof dort niederließ. Anfang 1700
folgte sie diesem nach Heidelberg, ohne allerdings sogleich den Lehrbetrieb wiederaufzunehmen, da es an geeigneten Räumlichkeiten fehlte. Erst 1704 konnten die Vorlesungen beginnen, nachdem vorher –
wenn überhaupt – nur Privatkollegien gehalten worden waren.

In seiner durchgängigen Mittelmäßigkeit ist das 18. Jahrhundert für
die Universität Heidelberg das dunkelste ihrer Geschichte geworden.
Binnen weniger Jahre verlor sie ihren besonderen Charakter als Hoch-
burg des reformierten Bekenntnisses und wandelte sich, da die neuen
Landesherren sich mit Erfolg bemühten, die Heidelberger Tradition
umzuprägen, zur katholischen Universität in einem mehrheitlich an-

derskonfessionellen Umland. Das ehemalige dritte Genf wurde zu einer unbedeutenden Jesuitenuniversität. Die Kurfürsten aus der Linie Pfalz-Neuburg waren fraglos besser als der Ruf, den ihnen Häusser und die liberal-protestantische Geschichtsschreibung des 19. Jahrhunderts verschafft haben, aber bedeutend schlechter, als gelegentliche Apologetik es wahrhaben will. Alle drei Fürsten dieser Linie, Philipp Wilhelm (1685-90), Johann Wilhelm (1690-1716) und Karl Philipp (1716-42), bemühten sich, wenn auch mit unterschiedlicher Intensität und unterschiedlichen Mitteln, um die Rekatholisierung der Kurpfalz. Der Weg zu diesem Ziel führte von der Erklärung allgemeiner Toleranz 1685 über die Rijswijker Klausel 1697, die den gewaltsam zugunsten der katholischen Minderheit veränderten konfessionsrechtlichen Status in den von französischen Truppen besetzten Gebieten sicherte, und über die Vorschrift der simultanen Benutzung der reformierten Kirchen durch alle drei Konfessionen 1698 zur Verstaatlichung des reformierten Kirchenvermögens im folgenden Jahr. Mit der von evangelischen Mächten, insbesondere Preußen und England-Hannover, erzwungenen Religionsdeklaration 1705 war dieser Weg nur vorübergehend verlassen; in der Folgezeit wurde Konfessionspolitik vor allem über die Vergabe von Stellen gemacht.

Die Konflikte setzten sich daher durch das ganze Jahrhundert hindurch fort, wobei der Kirchenrat als Leitungsorgan der Pfälzer reformierten Kirche immer wieder Rückhalt am Corpus Evangelicorum des Reiches fand und den Landesherrn damit an der Durchsetzung der fürstlichen Kirchenhoheit und der uneingeschränkten Ausübung des Kirchenregiments hinderte. Noch 1793 erhob der Kirchenrat, juristisch unterstützt durch den Göttinger Staatsrechtslehrer Pütter, Klage beim Reichshofrat und verlangte die Wiederherstellung des Status von 1618. Ihren spektakulären Höhepunkt erreichten die konfessionellen Auseinandersetzungen allerdings schon 1719, als Karl Philipp den Heidelberger Katechismus wegen Schmähungen der Messe verbot und versuchte, die Heiliggeistkirche, die seit der Religionsdeklaration geteilt war, ganz für die eigene Konfession in Anspruch zu nehmen.

Da er sich mit beiden Vorhaben nicht durchsetzen konnte, bestrafte er Heidelberg, indem er 1720 den Plan einer Wegverlegung der Residenz in die Tat umsetzte und sich in Mannheim ein großes Schloß baute. Die Folgen waren tiefgreifend. Der Abzug des Hofes und der Regierung beraubte Stadt und Universität in der Folgezeit der Möglichkeit, an den vielfältigen Bildungseinrichtungen der Hofkultur des 18. Jahrhunderts wie Theater, Gemäldegalerien, naturwissenschaftlichen Sammlungen, Bibliotheken teilzuhaben. Statt Heidelberg blühte in dieser Zeit Mannheim kulturell auf. Noch unmittelbarer wirksam war der ökonomische Niederschlag der Maßnahme Karl Philipps: Die Bürger Heidelbergs waren zur Sicherung ihrer wirtschaftlichen Exi-

66

stenz seither allein auf die Universität angewiesen – mit 1720 begann
eine Epoche städtischer Wirtschaft, die bis ins 20. Jahrhundert ange-
dauert hat.

Die Rekatholisierung der Kurpfalz wirkte sich besonders nachhaltig
auf die Universität aus, die dem Zugriff der Staatsbehörden unge-
schützt ausgesetzt war. Das Kapital ›Universität‹ ist von den Neubur-
ger Kurfürsten fahrlässig verschleudert worden, da ihr Interesse an der
Universität vorwiegend missionarisch im Sinne einer verspäteten Gegenreformation ausgerichtet war und sie diesem Ziel das wissenschaftliche Ansehen der Hochschule weitgehend unterordneten. Heidelberg
blieb daher vom Zeitalter der Aufklärung, von der geistigen Jahrhun-
dertmodernisierung, bei der sich die Wissenschaften von der religiösen
Vorprägung lösten und die Jurisprudenz die Theologie aus ihrer Füh-
rungsrolle verdrängte, weithin abgeschnitten. Während die 1694 gegründete Universität Halle mit ihrer Orientierung an Realien statt an
Autoritäten und mit der Betonung der Philosophia practica, des Nützlichen und Vernünftigen, neue Maßstäbe setzte, die dann vor allem
über die Neugründung Göttingen (1737) weitervermittelt wurden und
in der zweiten Jahrhunderthälfte auch auf die katholischen Universitäten Deutschlands einwirkten, verharrte Heidelberg geistig im Schlaf,
in den es die Gegenreformation versenkt hatte.

Schon beim mühseligen Geschäft des personellen Wiederaufbaus
nach der Katastrophe des Pfälzer Erbfolgekriegs wurde die Universität durch die zielbewußte Konfessionspolitik Johann Wilhelms behin-
dert. Daß der Kurfürst den Jesuiten eine führende Rolle an der Universität zugedacht hatte, wurde schon um die Jahrhundertwende deutlich, als er mehrfache Bitten eines katholischen Gelehrten um die Verleihung der Professur für kanonisches Recht abschlug, da für diese
Stelle Jesuiten vorgesehen seien. Die noch evangelische Universität
hatte bereits 1698 versucht, den Hallischen Rezeß von 1685 zu ent-
schärfen und den reformierten Charakter der Hochschule so weit wie
möglich zu retten. Nach ihrer Vorstellung sollte das Alternat auf die
medizinischen und auf zwei juristische Lehrstühle beschränkt bleiben,
während die Codex- oder die Pandektenprofessur stets mit einem
Evangelischen, die kirchenrechtliche Professur stets mit einem Katholiken zu besetzen sei. Die meisten Fächer der philosophischen Fakultät sollten, da sie für das Theologiestudium wichtig waren, durch Reformierte vertreten werden, während die Mathematik für einen Katholiken reserviert bleiben konnte. Die Eingabe der Universität blieb aber
ohne Antwort.

Die theologische Fakultät war seit dem Weggang Achenbachs nach
Halle 1700 mehrere Jahre hindurch ohne Professoren; Anläufe zur
Wiederbesetzung wies die Regierung mit der Begründung ab, wegen
des Fehlens von Theologiestudenten sei die Berufung von Lehrkräften

gegenwärtig nicht notwendig. Woher aber sollten die Studenten kommen, wenn es keine Professoren gab? Erst die Religionsdeklaration von 1705 bewirkte hier eine Änderung, indem sie den Reformierten zwei theologische Lehrstühle zusicherte – die Lutheraner gingen, wie schon bisher immer, leer aus, obwohl sie eine nicht unbeträchtliche konfessionelle Minderheit im Kurfürstentum bildeten. Mit dieser Garantie waren allerdings indirekt zugleich die Alternatsbestimmungen des Hallischen Rezesses über die anderen Fakultäten ausgehöhlt, da hierzu keine neuen Abmachungen getroffen wurden. In der Folgezeit galt denn auch das Alternat bei fast allen Lehrstühlen nur dann, wenn auf einen Protestanten ein Katholik folgte.

Jesuiten-
professoren

Die theologische und die philosophische Fakultät sowie den kirchenrechtlichen Lehrstuhl der juristischen Fakultät überließ Johann Wilhelm den Jesuiten, die 1698 eine neue Niederlassung (seit 1725 Kolleg) in Heidelberg errichtet hatten und 1704 an der Universität Fuß faßten; den Abschluß ihrer Etablierung in Heidelberg bezeichnete 1730 die Eröffnung des Seminarium Carolinum (heute Zentrale Universitätsverwaltung). 1706 erhielten sie die Lehrstühle für kirchliches

Katholisch-
theologische
Fakultät

Recht und für Philosophie sowie eine neu eingerichtete Professur für Theologia speculativa (Dogmatik) als Anfang zu einer katholisch-theologischen Fakultät. Die beiden letztgenannten Lehrstühle wurden je zwei Professoren übertragen, die alle gegen den Protest der Universität Sitz und Stimme im Senat erhielten. Einmalig in der deutschen Universitätsgeschichte gestaltete sich die Rechtskonstruktion der theologischen Fakultät; sie blieb als Einheit erhalten, erhielt aber ab 1707 für die ›pars catholicorum‹ und für die ›pars reformatorum‹ eigene Dekane. Bei der Anwartschaft auf das Rektorat wechselten beide Fakultätsteile ab.

Verdrängung der
Evangelischen

Mit der Doppelbesetzung von Lehrstühlen wuchs die Zahl der katholischen Professoren bereits bis Ende 1706 auf neun von insgesamt fünfzehn; durch Schaffung von Lehrstühlen für Moraltheologie und Mathematik – letzterer als Gegengewicht zum reformierten Mathematiker Leuneschloß – 1709 bzw. 1714 und durch Berufung von Katholiken bei Neubesetzungen erhöhte sich ihre Zahl in der Folgezeit weiter und nahm das 18. Jahrhundert hindurch fortlaufend zu. Den Reformierten verblieben als gesicherte Positionen nur die zwei theologischen Lehrstühle und eine Professur für Kirchengeschichte und Beredsamkeit in der philosophischen Fakultät – ihr wurde 1732 eine katholische Professur für Geschichte an die Seite gestellt. Ihren letzten Lehrstuhl in der juristischen Fakultät verloren sie 1733, und seither saß bis zum Übergang an Baden kein Evangelischer mehr in dieser Fakultät. Von den Medizinern war dagegen häufig einer Calvinist. Anträge auf Errichtung einer evangelischen Professur für Philosophie, wie sie die reformierten Professoren im 18. Jahrhundert mehrfach stellten,

wurden von der Regierung stets abgelehnt, so daß Philosophie für
evangelische Studenten im Sapienzkolleg doziert werden mußte. 1748
wurde in einer Übersicht, die der Kirchenrat der Regierung unterbreitete, um das Mißverhältnis der Konfessionsverteilung bei den Lehrstuhlbesetzungen zu demonstrieren, anklagend festgestellt, daß vierundzwanzig Katholiken nur vier Reformierte gegenüberstünden; entsprechend seien die Besoldungen verteilt: Von insgesamt 11386 Gulden Personalausgaben erhielten katholische Professoren 9352 Gulden,
die reformierten nur 1854 Gulden, von 15 Fudern Wein und 378 Maltern Korn erstere 14 bzw. 318, letztere nur 1 Fuder und 60 Malter. Die
reformierten Professoren wurden zudem möglichst aus dem Kirchenrat oder der Heidelberger Geistlichkeit genommen, um auf diese Weise an der Besoldung zu sparen – allerdings traf dieser Vorwurf in erster
Linie den Kirchenrat selbst, der ja das Vorschlagsrecht für diese Professuren hatte. Die Universitätsbeamten und -bediensteten waren ausnahmslos katholisch, die Lutheraner nur durch den akademischen
Fechtmeister repräsentiert. Wie überzeugt die katholische Mehrheit
von ihrem Recht war, zeigte ihr Votum 1743 gegen den Antrag der reformierten Professoren auf Zulassung eines zweiten Buchdruckers:
Damit solle nur die Zahl der reformierten Universitätsverwandten vermehrt werden, während doch die Reformierten neben den satzungsmäßigen Theologieprofessuren gnadenhalber ohnehin je einen Lehrstuhl in der medizinischen und der philosophischen Fakultät besetzt
hielten.

Vor allem die Übertragung zahlreicher Lehrstühle an Angehörige
des Jesuitenordens stellte die Universität vor Probleme. Zum einen
verlor sie das Vorschlagsrecht für diese Professuren, da die Auswahl
der Dozenten allein beim Ordensoberen lag; erst 1760 ordnete Karl
Theodor an, daß künftig Einstellung und Abberufung von der vorherigen Zustimmung der Regierung abhängig seien. Zum anderen brachten die Jesuiten eine sehr starke Fluktuation in den Lehrkörper, da sie
nach der Gewohnheit ihres Ordens häufig wechselten. Schließlich trugen sie nicht zur wissenschaftlichen Hebung der Universität bei, da die
Societas Iesu den geistigen Schwung ihrer großen Zeit längst verloren
hatte. So wurde die seit 1599 geltende ›Ratio studiorum‹ auch im
18. Jahrhundert noch unverändert dem Unterricht zugrunde gelegt,
d. h. ein fester Kanon von durch Tradition und Autorität gesichertem
Wissen wurde gelehrt, nichts ›contra Doctorum axiomata communemque scholarum sensum‹ vorgetragen. Erkenntnisfortschritte ließen
sich bei solchen Vorschriften weder machen noch vermitteln.

Die Auseinandersetzungen zwischen reformierten und katholischen
Professoren zogen sich durch das ganze 18. Jahrhundert hindurch, geschürt durch die Verdrängungsangst der einen, das Überlegenheitsgefühl der anderen Seite. Schon 1706 kam es zum Streit über die Rektor-

wahl, da die Jesuiten die bisherigen Gepflogenheiten nicht anerkennen wollten. Die Reformierten appellierten, wie in Fällen von Konfessionsstreitigkeiten fast immer, an den preußischen Gesandten am kurfürstlichen Hof und erreichten nach über einem Jahr – unterdessen amtierte der alte Rektor weiter – einen ihren Rechtsstandpunkt stützenden Bescheid des Kurfürsten. 1708 wurde, nach dem Zwischenspiel im Dreißigjährigen Krieg, erstmals ein Jesuit zum Rektor gewählt. Zweimal fanden Disputationsthesen jesuitischer Kanonisten reichsweites Echo. 1715 sprach Paul Usleber den Ketzern Ämter und Ehrenstellen ab und erklärte, daß Fürsten, die Ketzer deckten, abgesetzt werden dürften. 1728 stellten Thesen, die unter dem Vorsitz Anton Huths disputiert wurden, die Religionsbestimmungen des Westfälischen Friedens in Frage und bezeichneten Andersgläubige als bloß tolerierte Ketzer. Beide Male kam es vor Gremien des Reiches zu Klagen wegen Störung des öffentlichen Friedens.

Äußerer Wiederaufbau

Die Konfessionspolitik und das verhältnismäßig geringe Interesse Johann Wilhelms, der in Düsseldorf residierte, an der Universität wirkte sich auch auf den äußeren Wiederaufbau nach 1700 hemmend aus. Da sämtliche Universitätsgebäude 1693 verbrannt waren – ihren Wert gab die Universität übertreibend mit mehr als 60000 Gulden an –, wurde als provisorisches Hörsaalgebäude das Haus Leuneschloß' Ecke Hauptstraße/Augustinergasse, das leicht wiederherzustellen war, da es aus Stein bestand, hergerichtet. Der ursprüngliche Plan, das traditionelle Universitätsviertel um die ›Bursch‹ wiederaufzubauen, ließ sich nicht verwirklichen, da die Jesuiten als zukünftige Mitglieder der Universität den Ostteil dieses Geländes für den Bau von Kolleg und Kirche beanspruchten und ihre Pläne mit Unterstützung der Regierung gegen den Protest der Universität auch durchsetzten. Die Universität war für den Bau ihres neuen Kollegienhauses damit allein auf den Platz des zerstörten Casimirianum verwiesen, der bisher an der Peripherie des Universitätsviertels gelegen hatte. Die Genehmigung der entsprechenden Baupläne wurde von der kurfürstlichen Verwaltung jahrelang verschleppt, hinzukam die Schwerfälligkeit der Universitätsverwaltung, so daß erst 1712 der Grundstein für die

Domus Wilhelmiana nach dem regierenden Landesherrn benannte ›Domus Wilhelmiana‹ gelegt werden konnte. Architekt war Johann Adam Breunig. Der Bau zog sich lange hin und war erst Mitte der dreißiger Jahre endgültig vollendet. Die nicht mehr benötigten Grundstücke verkaufte die Universität, um die ›Domus Wilhelmiana‹ zu finanzieren; 1716 wurde das Restgelände der ›Bursch‹ versteigert. Von der ersten Besitzausstattung nördlich der Hauptstraße behielt die Universität nur das Kelterhaus in der Pfaffengasse.

Anatomiehaus Wieder aufgebaut wurde das Nosocomium Ecke Sandgasse/Plöck, das als Anatomiehaus genutzt wurde. Den Platz des zerstörten Augustinerklosters (Sapienzkolleg) erwarb der Kurfürst als

70

Paradeplatz. Das Sapienzkolleg wurde an anderer Stelle der Altstadt neu errichtet, geriet aber ebenso wie die Neckarschule im Laufe des 18. Jahrhunderts in Verfall.

Die Autonomie der Universität war in den letzten Jahrhunderten trotz der üblichen Bestätigung ihrer Rechte und Privilegien durch jeden Kurfürsten nie sehr groß gewesen, aber sie war niemals so eingeschränkt wie im 18. Jahrhundert. Die Universität galt als Staatsanstalt neben anderen, über die der Landesherr volle Verfügungsgewalt besaß. Das Vorschlagsrecht bei Vakanzen und damit das Recht zur Selbstergänzung der Korporation bestand im 18. Jahrhundert kaum noch, neue Lehrstühle wurden eingerichtet, ohne daß die Universität vorher auch nur gefragt wurde. Die Regierung kontrollierte den Lehrbetrieb, indem sie die Vorlesungsverzeichnisse einreichen ließ. Die wiederholten Ermahnungen an die Professoren, größeren Fleiß in ihrer Tätigkeit zu zeigen, sind vermutlich, wie Beispiele anderer Universitäten beweisen, im allgemeinen berechtigt gewesen; dennoch ging der Staat in dieser Richtung sehr weit, wenn der Kurfürst 1782 der Universität befehlen ließ, die Einladung der Universität Würzburg zur Teilnahme an ihren Jubiläumsfeierlichkeiten abzulehnen, um eine Unterbrechung der Lehrtätigkeit zu vermeiden.

Nachdem schon früher zeitweise hohe Verwaltungsbeamte mit der Aufsicht über die Universität betraut worden waren, wurde 1746 eine permanente Behörde eingerichtet, die Oberkuratel. Nach den Statuten von 1786 hatte diese Behörde die Aufgabe, neben dem Senat das ›oeconomicum‹ der Universität zu beaufsichtigen, bei der Handhabung der akademischen Disziplin behilflich zu sein, ›sonderlich die Professoren zu fleißiger Haltung der Lectionen, auch die Exercitienmeister zu obliegender Schuldigkeit anzuweisen‹ (§ 1). Alle sechs Monate war ein Bericht über die Lage der Universität an den Kurfürsten einzusenden. 1777 erhielt – als Ausgleich für nicht erfüllte weitergehende Versprechungen – Lessing die Oberkuratel mit einem Gehalt von 2000 Gulden und dem Titel eines kurfürstlichen Regierungsrats angeboten; später bestand sie regelmäßig aus dem Präsidenten der pfälzischen Regierung und seinem Vertreter.

Die Entwicklung der Universität unter Kurfürst Karl Theodor (1742–99) stand unter etwas günstigeren Vorzeichen als unter den Neuburgern, besaß Karl Theodor doch großes Interesse für Naturwissenschaften und Kunst. Zu einer durchgreifenden Reform entschloß sich aber auch er nicht, obwohl die Nachbaruniversität Mainz 1784 diesen Schritt vornahm, mit dem erklärten Ziel, den nichtkatholischen Hochschulen in Qualität gleichzukommen, und Anläufe auch in Bonn, Ingolstadt und Würzburg gemacht wurden. Bezeichnend für die Halbherzigkeit der Pfälzer Modernisierungsbestrebungen war, daß 1752 zwar ein Lehrstuhl für Experimentalphysik und Mathematik begrün-

det wurde, seine Besetzung aber den Jesuiten überlassen wurde, die allerdings mit Christian Mayer als erstem Inhaber einen bedeutenden
 Wissenschaftler präsentieren konnten. Die medizinische Fakultät erhielt zwei neue Lehrstühle. Neben diese zukunftsweisende Begünsti-
gung der Naturwissenschaften trat andererseits eine beträchtliche Verstärkung des katholischen Teils der theologischen Fakultät, indem
1774 und 1781 vier neue Lehrstühle für Kirchengeschichte, orientalische Sprachen, Heilige Schrift sowie geistliche Beredsamkeit und Pastoraltheologie geschaffen wurden. Außerdem wurden 1774 je vier,
später je zwei Angehörige von Mönchsorden zu Assessoren in der
theologischen und in der philosophischen Fakultät ernannt, die rechtlich den Ordinarien gleichgestellt waren.

 Die Heranziehung von Franziskanern, Dominikanern und Karmeli-
tern war eine Folge der Aufhebung des Jesuitenordens 1773, die die
kurfürstliche Regierung zu Improvisationen zwang, da sie auf der Besetzung der Lehrstühle mit katholischen Geistlichen beharrte; die gerade amtierenden Jesuitenprofessoren behielten zumeist ihre Stellen.
Das Erbe der Jesuiten trat der Lazaristenorden (Kongregation der
Priestersendung) an, dem Karl Theodor 1781 sämtliche Güter der Societas Iesu in der Pfalz und im Jahr darauf auch die von jener besetzten
Professuren, sobald sie frei wurden, übertrug. Die Wahl des Nach-
folgeordens war aber offenbar nicht besonders glücklich. Wie die Jesuiten wechselten die Lazaristen in rascher Folge, auch kamen die meisten Lehrkräfte aus dem französischsprachigen Raum. So waren bei
der Verkündung der neuen Statuten die Lazaristenprofessoren nicht
anwesend, da sie die in deutscher Sprache abgefaßten Regelungen
nicht verstanden. Als die Pfälzer Kongregation der Lazaristen 1796
ausgestorben war, wollte Karl Theodor die Benediktiner an ihre Stelle
setzen, konnte aber diesen Plan wegen des Krieges nicht mehr verwirklichen.

 Zur 400-Jahrfeier erhielt die Universität 1786 neue Statuten, die
Stand und Entwicklung seit der letzten Reform von 1672 widerspiegel-
ten. Einschneidende Veränderungen brachte die neue Verfassung
nicht, da sie nur bereits Geltendes fixierte. Vor allem wurde das alte
Prinzip, daß die Professoren von den unteren Stellen der Fakultät nach
der Anciennität aufrückten, jetzt endgültig aufgegeben und damit die
 Spezialisierung auf ein Fachgebiet möglich. Der theologischen Fakultät ›ex parte reformatorum‹ stellten die Statuten bei Besserung der Finanzlage den schon oft beantragten dritten Lehrstuhl, der im 17.Jahr-
hundert verlorengegangen war, in Aussicht; bis dahin blieb es bei zwei
Lehrstühlen, einer für Altes und Neues Testament, der zweite für systematische und praktische Theologie. Die ›pars catholicorum‹ verfügte
dagegen über sechs Lehrstühle: Spekulative Theologie, Moraltheologie – beides durch zwei Professoren vertreten – Kirchengeschichte,

orientalische Sprachen, Auslegung der Heiligen Schrift, geistliche Beredsamkeit und Pastoraltheologie. Für die juristische Fakultät nannten die Statuten sieben Fächer: Deutsches Staatsrecht, das die alte Codexprofessur abgelöst hatte, kanonisches Recht, Pandekten, Institutionen, Praxis der obersten kaiserlichen Gerichte, Natur- und Völkerrecht (gelegentlich mit Reichsgeschichte verbunden), deutsches und insbesondere Pfälzer Privatrecht. Es sollten aber, um eine ›Belästigung des fisci‹ (§ 131) zu vermeiden, stets zwei der Fächer zusammen durch einen Ordinarius vertreten werden.

Die medizinische Fakultät verfügte über fünf Lehrstühle: Medizinische Praxis, verbunden mit Botanik und Pharmakologie, forensische Medizin, Anatomie und Chirurgie, Chemie und Pharmazie, Physiologie und Pathologie, verbunden mit Geburtshilfe. Die Fakultät war nach wie vor die bei weitem studentenärmste der Universität. 1727 hatte es in ihr keinen einzigen Studenten gegeben, seit 1706 waren bis dahin insgesamt nur fünfzig Studenten der Medizin in Heidelberg immatrikuliert gewesen. Die Autorität der Fakultät wurde 1775 durch die Befugnisse des Mannheimer Consilium medicum in Frage gestellt, das sich als Prüfungsbehörde für Ärzte, die sich niederlassen wollten, etablierte. Die Rivalität zwischen Consilium und Fakultät zog sich durch die folgenden Jahrzehnte, zumal an der Spitze dieser Behörde ein Mediziner stand, dem die Universität wegen mangelnder Kenntnisse ein Extraordinariat verweigert hatte.

Für die philosophische Fakultät nannten die Statuten anders als früher keine feste Zahl von Lehrstühlen, sondern umschrieben nur den Kanon der Lehrfächer: Logik, Metaphysik, praktische Philosophie, Naturgeschichte, Physik, reine und angewandte Mathematik, Ästhetik, Erdbeschreibung, Heraldik, Numismatik, Diplomatik, neuere Statistik, allgemeine Weltgeschichte, sämtliche Kameral- und Polizeiwissenschaften. 1786 lehrten in der philosophischen Fakultät sieben Ordinarien und zwei Extraordinarien sowie zwei Ordinarien der ›Staatswirtschafts Hohen Schule‹. Für körperliche Ertüchtigung und allgemeine Ausbildung sorgten wie bisher französische Sprachlehrer, Reit-, Tanz- und Fechtmeister. Die Statuten ermächtigten die Universität auch, andere Lehrer anzustellen; genannt wurden Zeichenmeister, Maler, Lehrer der englischen und italienischen Sprache. 1801 nahm die Universität einen Lehrer für ›Schönschreiben, Rechnen, Einrichtung der Handlungsbücher und Führung der Korrespondenz und Wechselgeschäfte‹ (II, 2558) als Universitätsverwandten an.

Trotz eingehender Regelung des Lehrbetriebs und Bestimmungen über den Lehrinhalt trugen die Statuten fast nichts zu einer inneren Erneuerung und geistigen Modernisierung bei. Die Wissenschaftssprache blieb das Lateinische; noch 1785 verweigerte die Universität dem Logikprofessor Jodocus Zimmermann das Imprimatur für ein in deutscher Sprache abgefaßtes Programm und bekräftigte 1793 die Tradition der lateinischen Disputationsthesen.

Eine Verbreiterung des Lehrangebots der Universität und eine Ausweitung des geistigen Horizonts brachte 1784 die Verlegung der ›Kameral Hohen Schule‹ von Kaiserslautern nach Heidelberg. Zehn Jahre zuvor von der Physikalisch-ökonomischen Gesellschaft auf Betreiben ihres Direktors Friedrich Casimir Medicus ins Leben gerufen, war sie 1777 durch einen kurfürstlichen Stiftungsbrief staatlich anerkannt worden; sie sollte ›jene Gattungen der Wissenschaften, welche lediglich das Ganze der Kameralwissenschaften ausmachen und als Hilfsmittel allerdings dazu vonnöten sind, ohne sonst durch anderweite ordentliche Vorlesungen dem Generalstudio zu Heidelberg einen Abbruch zu tun‹ (Webler, 21), lehren. Dieser Aufgabenbeschreibung entsprechend, wurden praktische und nützliche Wissenschaften, gegründet auf Anschauung, Beobachtung und Erfahrung, angeboten, wie die Aufgabenfelder der drei Lehrstuhlinhaber zeigen. Georg Adolf Sukkow (1751–1813), Doktor der Medizin, vertrat Naturlehre (Physik), Mathematik, Naturgeschichte (Botanik, Zoologie) und Chemie, Ludwig Benjamin Martin Schmidt (1737–92), ein Theologe, Weltweisheit, Stadtwirtschaft, Handlungswissenschaft, Polizei, Finanz- und Staatswirtschaft, Johann Heinrich Jung (-Stilling) (1740–1817), der bekannte Pietist und Augenarzt, Landwirtschaft, Technologie, Handlungswissenschaft und Vieharzneikunde. Hinzu kamen Kaiserslauterer Theologen als außerordentliche Professoren für Weltweisheit, schöne Wissenschaften, Beredsamkeit und Geschichte. Wie sehr die Pfalz noch weit in der zweiten Hälfte des 18. Jahrhunderts unter den Auswirkungen des engen Konfessionalismus einer verspäteten Gegenreformation litt, zeigte die Forderung der katholischen Kirche nach konfessioneller Parität der Lehrkräfte – die Professoren der Kameralschule waren alle evangelisch.

Ziel der Hochschule war die Ausbildung von Verwaltungsfachleuten und die Hebung der Landwirtschaft; zu diesem Zweck verfügte sie über eine Modellsammlung landwirtschaftlicher Maschinen, eine Instrumentensammlung, ein Naturalienkabinett, ein chemisches Laboratorium sowie zeitweise ein Mustergut. Die Vorlesungen wurden auf

deutsch gehalten. Die Lehrkräfte scheinen sich aber in der Provinz nicht sehr wohlgefühlt zu haben, denn trotz Petitionen der Stadt, die sich sogar zu einem Zuschuß zur Besoldung erbot, übersiedelte die ›Kameral Hohe Schule‹ mit Personal und Sammlungen nach Heidelberg, da Suckow und Schmidt die Ablehnung von Rufen nach auswärts von dieser Verlegung abhängig gemacht hatten. Die drei Lehrstühle wurden der philosophischen Fakultät eingegliedert; organisatorisch und in ihrer Finanzverwaltung behielt die ›Staatswirtschafts Hohe Schule‹, wie sie jetzt hieß, weitgehend ihre Unabhängigkeit. Auch räumlich war sie von der übrigen Universität getrennt, da sie das Palais

Weimar (Hauptstraße 235) bezog. Die Zwitterstellung führte zu vielen
Unzuträglichkeiten, die erst 1803 mit der vollständigen Inkorporation
in die Universität ihr Ende fanden. Mit der Kameralschule war 1784
auch die Physikalisch-ökonomische Gesellschaft nach Heidelberg
übergesiedelt.

Zwei andere gelehrte Gesellschaften aus der Zeit Karl Theodors *Akademie der*
brachten der Universität keinen Auftrieb, die ›Kurpfälzische Teutsche *Wissenschaften*
Gesellschaft‹ zur Pflege der deutschen Sprache und die ›Kurpfälzische
Akademie der Wissenschaften‹, die 1763 in Mannheim gegründet worden war. Mit der Akademie schuf die Kurpfalz nach dem Beispiel anderer deutscher Länder eine besondere Einrichtung für Forschungs-
zwecke, da die Universitäten im Selbstverständnis vor allem Unterrichtsanstalten waren. Mit zehn, später fünfzehn besoldeten Mitarbeitern sehr gut ausgestattet, sollte die Akademie insbesondere dem
Ruhm des Landes und seiner Dynastie dienen. Dementsprechend war
die Hauptaufgabe der historischen Klasse die Vorbereitung einer
kurpfälzischen Landesgeschichte, während die naturwissenschaftliche
Klasse die Naturgeschichte des Pfälzer Raumes bearbeiten sollte. Die
Gründung einer metereologischen Klasse 1780 verlagerte den Schwerpunkt der Forschungen endgültig auf naturwissenschaftliche Fragen.
Vorschläge des Heidelberger Rektors 1797, die seit der Übersiedlung
Karl Theodors nach München dahinkümmernde Akademie mit ihrem
Vermögen und ihren naturwissenschaftlichen Sammlungen und In-
strumenten nach Heidelberg zu verlegen, hatten keinen Erfolg; nach
dem Ende des pfälzischen Staates wurde das Kapital und der größte
Teil der Sammlungen nach München überführt.

Die studentische Frequenz der Universität Heidelberg ist im *Studentische*
18. Jahrhundert sehr unterschiedlich gewesen. Im ersten Semester *Frequenz*
nach Wiederaufnahme des Lehrbetriebs ließen sich lediglich 18 Studenten immatrikulieren, darunter kein Theologe oder Mediziner und
nur drei Juristen. In der Folgezeit nahm Heidelberg unter den deutschen Universitäten einen mittleren Platz ein. Die Zahl von 100 Immatrikulationen wurde erstmals – und nur für kurze Zeit – 1727 erreicht,
die Höchstzahl betrug 158 im Jahre 1757. Gegen Ende des Jahrhunderts fielen die jährlichen Immatrikulationen dann auf weit unter 100,
1802 verzeichnet die Matrikel 48 Neuzugänge – Heidelberg stand damit knapp vor Freiburg und Helmstedt (je 47), Greifswald (46) und
Rostock (36), aber immer noch beträchtlich vor den sterbenden Universitäten Herborn, Fulda, Altdorf, Duisburg (17–22). Einem völligen
Ausbleiben der Studenten war durch wiederholte Anordnungen der
Kurfürsten vorgebeugt, die bei Anstellung im höheren Staatsdienst ein
zumindest zweijähriges Studium an der Landesuniversität zur Voraussetzung machten. Zur konfessionellen Zuordnung ist für 1741 die Zahl
von 180 reformierten und 100 katholischen Studenten überliefert.

Die Disziplinarregelungen für die Studenten setzten die bisherige Praxis fort, ebenso wie die Zusammenstöße der Studenten mit Handwerkern und Soldaten auch im 18. Jahrhundert weitergingen. Zu größeren Unruhen kam es 1721 und vor allem 1738, als auf Antrag des Senats zur Erzwingung der akademischen Disziplin Militär in die Stadt verlegt wurde. Die Studenten boykottierten daraufhin die Lehrveranstaltungen und beschimpften Streikbrecher, nur durch Vermittlung eines besonderen kurfürstlichen Kommissars wurde nach einer Woche die Ruhe wiederhergestellt. Die Statuten von 1786 wiederholten eine Verordnung von 1777, die die Vermieter zu Hilfsorganen der akademischen Polizei machte. Sie durften ihren studentischen Mietern keinen eigenen Hausschlüssel aushändigen und mußten sie beim Rektor anzeigen, wenn sie nachts überhaupt nicht oder eine halbe Stunde nach der Polizeistunde nach Hause gekommen waren, wenn sie Lärm machten, spielten oder mit Fahren, Reiten und Jagen ›die kostbare Zeit unnüz‹ (§ 83) zubrachten. Eigene Reitpferde und Jagdhunde waren verboten.

Im Vergleich mit anderen deutschen Universitäten galten die Heidelberger Studenten allerdings als harmlos, wenn der Erfahrung des Magisters Laukhard, der sich um 1780 in Heidelberg aufhielt, getraut werden darf: ›Der Komment ist zu Heidelberg elend, auch nur wenn man ihn nach eingeführten akademischen Regeln mißt. Die Studenten unterscheiden sich in ihrer Aufführung wenig von Gymnasiasten; es fehlt ihnen allen das sonst bei Studenten gewöhnliche freie unbefangene Wesen. Doch saufen die Leutchen wie die Bürstenbinder, denn der Wein ist sehr wohlfeil da. Schlägereien sind gar nicht Mode, obgleich den Studenten erlaubt ist, Degen zu tragen. Aber en revanche nehmen die Herren allerlei Zeug vor, welches sonst Schüler aus Mutwillen oder Langerweile zu tun pflegen: sie spielen Ball, gehen auf Stelzen, suchen Vogelnester, spielen mit Weinschrotern, die sie zusammenjochen und an ein kleines Wägelchen spannen, und dergleichen. Das Pasquillieren ist auch ihnen gar gewöhnlich‹. Gegen Ende des Jahrhunderts hatten studentische Orden in Heidelberg Fuß gefaßt und wurden bekämpft, 1802 taucht die erste Landsmannschaft auf. Damals hatte sich der Geist der französischen Revolution unter den Heidelberger Studenten ausgebreitet, so daß das Tragen von Freiheitsabzeichen 1798 ausdrücklich verboten werden mußte; außerdem kleideten sich die Studenten angeblich wie Franzosen und Sansculotten.

Der Lehrbetrieb war stark verschult, die Statuten von 1786 schrieben genau vor, was in welchem Studienjahr vorzukommen habe; Tages-, Wochen- und Semesterprüfungen wurden angeordnet. Das Studienjahr teilte sich in zwei Hälften mit jeweils vierzehn Tagen Ferien. Wissenschaftliche Sammlungen entstanden erst allmählich; die Universitätsbibliothek, die nach der Zerstörung von 1693 ganz neu aufge-

76

baut werden mußte, wurde lange Zeit vernachlässigt, obwohl sie mit dem von Brunner 1706 vermittelten Ankauf der Büchersammlung des Utrechter Gelehrten Graevius einen guten Grundstock erhalten hatte. Karl Theodor bemängelte 1758, daß ›in jüngeren zeithen gar nichts von bücheren nachgeschafft wordten‹ (I, 429). Auch die Statuten von 1786 verlangten ausdrücklich die Pflege der Bibliothek und angemessene Anschaffungen in ausgewogenem Verhältnis der Fakultäten. Fixierte Summen sind aber nicht festgesetzt worden.

Der vielgereiste Laukhard gab über Heidelberg um 1780 ein vernichtendes Urteil ab: ›Die Universität ist, mit einem Wort gesagt, erbärmlich. Vorzeiten hat sie große Männer unter ihre Lehrer gezählt, aber das achtzehnte Jahrhundert hat auch nicht einen einzigen da aufkommen lassen.‹ Die Heidelberger Berufungspraxis war in der Tat nicht geeignet, berühmte Gelehrte zu gewinnen. Im allgemeinen galt das Prinzip, Landeskinder bei der Vergabe von Professorenstellen zu bevorzugen; eine weitere Einschränkung ergab sich aus der Konfessionsklausel, derzufolge die evangelischen Pfälzer, die die Mehrheit der Bevölkerung bildeten, kaum zum Zuge kamen und damit eine beträchtliche Begabungsreserve unausgeschöpft blieb. Der Gewinnung bedeutender Lehrer abträglich war auch die Gewohnheit besonders Johann Wilhelms, mit hohen Besoldungen Hofbeamte zu Professoren zu ernennen, die oft wenig qualifiziert und außerdem häufig abwesend waren. 1705 protestierte Brunner denn auch gegen die Professoren, ›die nur den nahmen führen und der universitet keine dienste leisten‹.

Das Vorschlagsrecht der Universität war faktisch auf die Lehrstühle der medizinischen und der juristischen Fakultät beschränkt, da die reformierten Theologen vom Kirchenrat vorgeschlagen wurden, während die Jesuiten vom Superior präsentiert wurden. Außerdem herrschte in Heidelberg das Übel der Erbprofessuren und Expektanzen besonders ausgeprägt – die Erteilung von Anwartschaften verbot die Regierung erst 1799. Mit den Erbprofessuren, bei denen mit dem Amt auch die Vorlesungshefte in der Verwandtschaft weitergegeben worden sein dürften, hatte 1695 Johann von Leuneschloß den Anfang gemacht, als er mit Genehmigung des Kurfürsten seine Stelle auf seinen Sohn Friedrich Gerhard übertrug. Über drei Generationen vererbte sich die Medizinprofessur in der reformierten Familie Nebel. Wilhelm Bernhard (1699–1748) wurde 1728 als Lehrer der Anatomie angestellt mit der Anwartschaft auf das Gehalt seines Vaters Daniel (1664–1733) nach dessen Tod. Daniel Wilhelm (1735–1805), Sohn Wilhelm Bernhards, wurde 1766 außerordentlicher, 1771 ordentlicher Professor der Medizin; er war dann der letzte Rektor der kurpfälzischen Universität. Auch Franz Ignaz Wedekind (1710–82), seit 1742 Professor der juristischen Fakultät, begründete eine Professorendynastie. Sein Sohn Georg Joseph (1739–89) war seit 1762 Rechtsprofessor, nach seinem frühen Tod erhielt sein Sohn Karl Ignaz (1776–1837) die Anwartschaft auf den Lehrstuhl des Vaters und Großvaters, mußte aber erst noch auswärts studieren, um die nötige wissenschaftliche Bildung zu erwerben. Seit 1792 lehrte er dann deutsches Staatsrecht und vertrat zusätzlich Natur- und Völkerrecht, zeitweise hatte er auch noch den Lehrstuhl für deutsches Privatrecht inne. 1810 ging er an das Oberhofgericht Mannheim. Ebenfalls als Student erhielt Franz Philipp von Oberkamp die Professur seines Vaters Franz Joseph (1710–67), für die er erst vier Jahre nach dessen Tod qualifiziert genug war. Als dem Juristen Johann Friedrich Hertling († 1749) der Sohn, dem er die Anwartschaft auf sein Amt verschafft hatte, vorzeitig wegstarb, konnte er diese Anwartschaft auf seinen zweiten Sohn Johann Philipp übertragen; für ihn wurde auch versucht, die Einweisung in eine der Bonifatiuspfründen in Wimpfen zu erreichen. Seinen Schwiegersohn durfte 1733 der Mediziner Franziskus Besenella substituieren, als er seine Professur wegen der vielfältigen Inanspruchnahme als Leibarzt nicht mehr ausüben wollte. Der Protest der Universität, die sich vor allem dagegen wehrte, daß der Nachfolger sofort die erste Professur der medizinischen Fakultät erhielt, blieb vergeblich. Einen Sonderfall stellt die Familie Wundt dar; drei Söhne des Theologieprofessors Johann Jakob Wundt (1701–71) lehrten als Professoren an der Universität: Daniel Ludwig (1741–1805) war seit 1787 Professor in der theologischen Fakultät, Karl Casimir (1744–84) versah, obwohl der Ausbildung nach Jurist, die traditionell den Reformierten vorbehaltene Professur für Kirchengeschichte und Eloquenz in der philosophischen Fakultät; Friedrich Peter (1742–1808) war dagegen nur im Nebenamt Professor für pfälzische Landesgeschichte, im Hauptamt aber Pfarrer. Wissenschaftlich war er der bedeutendste der Brüder, veröffentlichte 1798 den ›Entwurf einer allgemeinen Landesgeschichte der Rheinpfalz‹ und gab Beschreibungen mehrerer Oberämter heraus. Die Dynastie setzte sich ins 19. Jahrhundert mit Karl Casimirs Sohn Johann Ludwig Wundt (1777–1825) in der medizinischen Fakultät fort; auch der berühmte Leipziger Psychologe Wilhelm Wundt, der in Heidelberg als Privatdozent begann, gehörte zu dieser Familie.

Schränkten Erbprofessuren und Anwartschaften die Mobilität ein, so waren auch die Heidelberger Gehälter keineswegs dazu angetan, Zelebritäten für die Universität zu gewinnen. Nachdem 1746 der Besoldungsstatus neu festgelegt worden war, blieb es bis zum Ende des Jahrhunderts bei den damals fixierten Summen, die durchschnittlich 500 Gulden betrugen – mit Ausschlägen bis über 1000 Gulden für den Professor primarius der Juristen und 340 Gulden für die Physik- und Logikprofessoren in der philosophischen Fakultät. Im Vergleich mit anderen Pfälzer Staatsbediensteten lagen die Professorengehälter auf mittlerem Niveau – Hofsänger erhielten zwischen 500 und 1300 Gulden. Eine Hinterbliebenenfürsorge gab es, außer einem Gnadenquartal, nicht.

Trotz dieser insgesamt wenig günstigen Umstände hat es in Heidelberg auch im 18. Jahrhundert nicht an tüchtigen Lehrern gefehlt, wenn auch nur sehr wenige über das Mittelmaß hinausragten. In der katholischen Abteilung der theologischen Fakultät wechselten die Professoren zu rasch, als daß hier ein bedeutender Wissenschaftler hätte Profil gewinnen können. Als Hauptvertreter der katholischen Aufklärungsphilosophie wirkte seit 1799 der Karmeliter Thaddäus Anton Dereser (1757–1827), der sich bemühte, Dogma und Rationalismus zu harmonisieren. Er hatte die Professur für orientalische Sprachen inne und wurde 1807 von der badischen Regierung nach Freiburg versetzt. Im evangelischen Teil der theologischen Fakultät hat sich der 1706 berufene Ludwig Christian Mieg (1668–1740) vor allem als hartnäckiger Verfechter der Rechte der Reformierten gegen Katholiken und Lutheraner einen Namen gemacht, ab 1723 lehrte Johann Heinrich Hottinger (1681–1750), ein Enkel des gleichnamigen Orientalisten, der der Universität nach dem Dreißigjährigen Krieg zeitweise zu Ansehen verholfen hatte, in Heidelberg. Unter den Theologieprofessoren der späteren Zeit verdienen Erwähnung Dominicus Theophil Heddaeus (†1795, seit 1771 in Heidelberg) und Karl Büttinghausen (1731–86), der zahlreiche Arbeiten zur pfälzischen und Universitätsgeschichte vorgelegt hat. Mit Karl Daub (1765–1836), der 1796 kam, begann dann eine neue Ära evangelischer Theologie, die bereits in die badische Zeit der Universität Heidelberg gehört.

In der juristischen Fakultät war zeitweise einer der besten Kanonisten seiner Zeit tätig, Philipp Anton Schmidt S.J. (1734–1805), von dessen zahlreichen Publikationen vor allem die ›Institutiones iuris ecclesiastici Germaniae accommodatae‹ (2 Bde. 1771–74) in Heidelberg entstanden. Beim Übergang an Baden lehrte Kirchenrecht der frühere Jesuit Matthäus Kübel (1742–1809), der über bedeutendes Ansehen verfügte. Innerkirchlich kurial gesinnt, hielt er sich in seiner akademischen Tätigkeit an die Maxime: ›Gerechtigkeit hat keine Religion.‹ Weniger als Gelehrter denn als Politiker hat sich Georg Friedrich (von) Zentner (1752–1835) einen Namen gemacht, der 1777 auf seinen Antrag hin eine Professur für Staats- und Fürstenrecht sowie Reichsgeschichte bekommen hatte; vor den Beginn seiner Lehrtätigkeit schaltete er allerdings bezeichnenderweise eine zweijährige Bildungsreise. Nachdem er als Pfälzer Abgesandter auf dem Rastatter Kongreß tätig gewesen war, trat er ganz in die Verwaltung über und hat als Ratgeber Maximilian Josephs für die Universität Heidelberg gesorgt. Später wurde er Minister in Bayern.

Unter den Medizinern ist neben der Familie Nebel vor allem Franz Gabriel Schönmetzel (1736–85) zu nennen, der seit 1758 in Heidelberg tätig war und den geburtshilflichen Unterricht in den medizinischen Studienplan eingeführt hat. Matthäus Gattenhof (1722-88, seit 1750 in Heidelberg) hatte bei Haller in Göttingen studiert und kümmerte sich besonders um den botanischen Garten; auf ihn gehen die Bestimmungen über die medizinische Fakultät in den Statuten von 1786 zurück. Die bedeutendste Gestalt unter den Heidelberger Medizinern und die herausragende Figur unter den Heidelberger Professoren des 18. Jahrhunderts überhaupt war Franz Anton Mai (1742-1814), der 1766 an der neubegründeten Hebammenschule in Mannheim angestellt worden war, dort eine Krankenpflegerschule ins Leben rief und 1785 ein Ordinariat für Geburtshilfe in Heidelberg erhielt. Mai war kein bedeutender Wissenschaftler, aber ein großer Praktiker, der vor allem an Präventivmedizin interessiert war; der wahre Arzt war für ihn der vorbeugende Arzt. Die Naturphilosophie fand in ihm einen erbitterten Gegner. Seine vielfältigen Publikationen behandelten in leicht faßlicher Form vor allem sozialhygienische Probleme - berühmt waren seine am Mannheimer Hof gehaltenen ›Medizinischen Fastenpredigten oder Vorlesungen über Körper- und Seelen-Diätetik zur Verbesserung der Gesundheit und Sitten‹ (2 Bde. 1794). Unermüdlich leistete Mai Aufklärungsarbeit, wandte sich an alle Stände und Schichten, besonders auch an Kinder und Jugendliche. ›Sei wachsam auf deine Lebensordnung‹, war sein Motto. In fünf Bänden erschienen seit 1778 seine praktischen Hinweise für den Arzt: ›Stolpertus. Der junge Arzt am Krankenbette, als Polizeiarzt, am Kreißbette.‹ Er wollte hier ›jene Schwierigkeiten entwickeln, welche einem minderjährigen Arzte in den ersten Jahren seiner gelehrten Übungen vorkommen und entweder ihm oder seinem anvertrauten Kranken die frohe Hoffnung der Genesung untergraben.‹ Mais Lehrprogramm war weit gestreut und reichte von der Geburtshilfe über allgemeine medizinische Praxis, Hebammen- und Krankenwärterlehre bis zu Vorträgen für Kinder anhand eines von ihm verfaßten ›Gesundheitskatechismus‹ und Vorlesungen ›über die Charlatanerie der medizinischen Gutachten‹. Stärker als seine Kollegen fühlte er sich auch für die Universität als Ganzes verantwortlich und hat der Regierung mehrere große Reformdenkschriften unterbreitet. 1807 trat er verbittert in den Ruhestand.

Philosophische Fakultät Für die philosophische Fakultät gilt dasselbe wie für die katholisch-theologische: Die Professoren aus dem Jesuitenorden wechselten zu rasch, als daß sie der Fakultät ihren Stempel hätten aufprägen können. Zudem war die Lehrtätigkeit in dieser Fakultät wie früher häufig nur ein Übergangsstadium zur theologischen oder juristischen Professur. Unter den Professoren der ersten Generation nach Wiederaufnahme der Lehrtätigkeit ragen Friedrich Gerhard Leuneschloß (†1735) und Philipp Ludwig Pastoir (1674-1760) heraus. Leuneschloß war ein tüchtiger Mathematiker und Verwaltungsfachmann, der zusammen mit Mieg die Rechte der reformierten Konfession eifrig vertrat – bezeichnenderweise wurde sein Lehrstuhl nicht wieder besetzt, so daß die Professur für Kirchengeschichte und Beredsamkeit die einzige reformierte Position in der philosophischen Fakultät blieb, die von 1706 bis zu seinem Tode Pastoir, auf Vorschlag des Kirchenrats aus Rinteln berufen, besetzt hielt. Die größte Außenwirkung hat sicher Christian *Astronom Mayer* Mayer S.J. (1719–83) gehabt, der erste Inhaber des Lehrstuhls für Mathematik und experimentelle Physik. Obwohl Autodidakt auf diesem Gebiet, kam er als Astronom zu internationalem Ansehen. Er gewann Karl Theodor für den Bau von Sternwarten in Schwetzingen und Mannheim und erhielt den Titel eines Hofastronomen. Mit seinen Untersuchungen über die Doppelsterne hat er sich in der Astronomie einen Namen gemacht, seine Kartierung der Pfalz brachte es dagegen nur auf zwei, wenn auch vorzügliche Blätter. Als er 1775 ganz nach Mannheim übersiedelte, gab er seinen Lehrstuhl auf. Arbeiten zur Universitätsgeschichte, darunter den ›Quatuor seculorum syllabus rectorum‹ von 1786, Kurzbiographien aller Rektoren seit Gründung der Universität, und zahlreiche naturgeschichtliche Abhandlungen lieferte Johannes Schwab S.J. (1731–95), der zunächst Philosophie, später Physik und Naturgeschichte lehrte; er gab auch die Festbeschreibung von 1786 heraus. Der Lazarist Jakob Koller (1764–1845), seit 1788 Philosophieprofessor, wurde als Kantianer bereits ein Jahr später aus dem Orden entlassen und verlor damit sein Lehramt; kurz darauf erhielt er, wieder Lazarist geworden, die Dogmatikprofessur in der theologischen Fakultät – 1791 kehrte er ins Elsaß zurück, wurde konstitutioneller Pfarrer, Jakobiner und später Rechtsanwalt. Eine unglückliche Existenz führte der letzte Historiker der alten Universität, der außerordentliche Professor Peter Wolfter (1758–1805), seit 1788 zuständig für Geschichte, Statistik, Erd- und Länderkunde und später zusätzlich Bibliothekar; dieses Amt hatte er für eine bedeutende Summe von seinem Vorgänger kaufen müssen. Obwohl katholisch, war er ein Bewunderer Luthers und fühlte sich wegen seiner reformationshistorischen Interessen von seinen Glaubensgenossen verfolgt. Eine Professur für Zivil- und Militärbaukunst sowie praktische Geometrie erhielt 1784 der Mannheimer Ingenieur und Genieoffizier Johann Andreas von Traitteur (1753–1825), der sich weit weniger durch wissenschaftliche Leistungen als durch seine Wasserbauten am Rhein und seine Pläne zur Trinkwasserversorgung Mannheims einen Namen machte; außerdem war er Kriegstechniker und erhielt als solcher den Titel eines Reichsingenieurmajors. Vorlesungen hielt er kaum, machte sich aber um die Verwaltung der Universität verdient. 1803 gab er seinen Lehrstuhl auf.

Über ausgezeichnete Lehrer verfügte die ›Staatswirtschafts Hohe *Staatswirtschafts* Schule‹, insbesondere Suckow zog zahlreiche Studenten an. Er be- *Hohe Schule* schäftigte sich vor allem mit Physik und Chemie, 1813/14 erschienen seine zweibändigen ›Anfangsgründe der Physik und Chemie‹. Schmidt erhielt in Heidelberg eine Professur für Natur- und Völkerrecht, Polizei, Finanz- und Staatswirtschaft, ging aber bereits 1787 nach Stuttgart. Jung-Stilling bemühte sich mit großem Eifer, aber wenig Tiefgang, für seine disparaten Lehrfächer ein eigenes System zu schaffen, und schrieb zu diesem Zwecke rastlos Lehrbücher über Landwirtschaft, Fabrikwissenschaft, Forstwissenschaft, Handlungswissenschaft, Vieharzneikunde, Staatspolizeiwissenschaft, Finanzwissenschaft. Für die inhaltliche Qualität seines Systems gilt, was ein Rezensent über eine seiner Schriften sagte: ›Er ist über die Oberfläche desselben hinweggeschlüpft und glaubt nun mit großer Selbstgenügsamkeit, ein Universalgenie, ein Licht seines Jahrhunderts zu seyn.‹ Jung-Stilling folgte 1787 einem Ruf nach Marburg, kehrte aber später nach Heidelberg zurück, ohne allerdings ein Amt zu übernehmen. Sein Nachfolger wurde Christoph Wilhelm Gatterer (1759–1838), Sohn des berühmten Göttinger Historikers, der gleichfalls mehrere Lehrbücher schrieb und zudem eine umfangreiche Urkundensammlung anlegte; 1797 erhielt er daher zusätzlich eine Professur für Diplomatik.

Wirtschaftliche Lage Die Finanzierung der Universität hat sich im 18. Jahrhundert gegenüber früheren Zeiten nicht geändert. Nach dem Rijswijker Frieden mußten allerdings die Einkünfte mühsam reaktiviert werden; eine *Universitätsdörfer* Konsolidierung war erst nach Jahrzehnten erreicht. 1700 erhielt die Universität ihre seit dem 16. Jahrhundert an die kurfürstliche Kammer verpachteten Klosterdörfer Lambrecht, Zell und Daimbach zur Eigenbewirtschaftung übertragen und wurde dadurch Grundherr mit Untertanen; vertragsgemäß blieben die Dörfer wie bisher schatzungsfrei. Universitätsbedienstete an Ort und Stelle zogen die Bar- und Naturalgefälle ein. Je nach Getreide- und Weinpreis sowie den Kirchenlasten schwankten die nach Heidelberg abgeführten Summen; in der zweiten Jahrhunderthälfte ist für Lambrecht mit einer Jahreseinnahme von durchschnittlich 7000 Gulden zu rechnen, für Zell 5500–6000 Gulden, *Pfründen-* für Daimbach 1000–1500 Gulden. Die früher vorgenommene Kanoni*einkommen* sierung der alten Bonifatiuspfründen erwies sich im 18. Jahrhundert wegen der Geldentwertung zunehmend als nachteilig für die Universität. Bemühungen um Erhöhung des Kanons, also der Jahreszahlungen, oder um Rückverwandlung in Naturalgenuß führten zu zahlreichen Rechtsstreitigkeiten, ohne daß sich die Universität dabei durchsetzen konnte. Die beiden Pfründen an St. Cyriacus in Neuhausen bei Worms gingen Anfang des 18. Jahrhunderts überhaupt verloren, da Johann Wilhelm sie in ein Tauschgeschäft mit dem Wormser Bischof einbezog, das der Kurpfalz den Alleinbesitz Ladenburgs einbrachte. Um eine Entschädigung bemühte sich die Universität vergeblich. Da Heidelberg jetzt wieder über katholische Professoren geistlichen Standes verfügte, wurde einmal der Versuch gemacht, eine ad-personam-Einweisung in eine Pfründe zu erreichen; aber auch hier war der Universität ein Erfolg versagt. Die Anteile an den Rheinzöllen in Bacharach und Kaiserswerth, die wie die Bonifatiuspfründen aus der Gründungszeit stammten, blieben der Universität trotz mancher Anfechtungen auch im 18. Jahrhundert erhalten und brachten namhafte, wenn auch sehr schwankende Beträge. Einkünfte wurden schließlich aus angelegten Kapitalien bezogen, deren Wert sich um die Jahrhundertmitte auf 20000–25000 Gulden belief. Die Jahreseinnahmen insgesamt betrugen um 1750 etwa 15000 Gulden, von denen 80% für Personalausgaben verbraucht wurden.

Die Universität verwaltete ihre Finanzen selbst, und zwar schlecht. Der Senat war mit seiner ökonomischen Kompetenz offensichtlich überfordert, so daß 1762 auf Verlangen der Regierung eine besondere Ökonomiekommission aus zwei Professoren und dem obersten Finanzbediensteten, dem procurator fisci, eingesetzt wurde. Eine dauerhafte Besserung wurde durch die neue Aufgabenverteilung aber nicht erreicht. Dennoch blieb die Eigenständigkeit der universitären Finanzverwaltung ungeschmälert erhalten, auch die Aufsicht der Oberkuratel änderte daran nichts. Die Mißlichkeiten dieser Autonomie auf finanziellem Gebiet wurden in den letzten beiden Jahrzehnten des 18. Jahrhunderts immer deutlicher. Seit etwa 1780 überstiegen die Ausgaben ständig die Einnahmen, so daß die Universität immer wieder Geld aufnehmen mußte. 1782 schenkte Karl Theodor ihr aus eigenen Mitteln ein Kapital von 35000 Gulden, die sogenannten Schankungsgelder, deren Zinsen zunächst nicht verbraucht werden durften, sondern das Kapital vermehren sollten. Auf dringende Bitten genehmigte der Kurfürst jedoch in den folgenden Jahren mehrfach die Verwendung bestimmter Zinsbeträge zur besseren Ausstattung der Universitätsbibliothek und der naturwissenschaftlichen Sammlungen oder zur Deckung finanzieller Lücken. Aber auch diese großzügige Tat fürstlichen Mäzenatentums besserte die Verhältnisse nicht nachhaltig.

Die Finanzlage wurde hoffnungslos, als seit 1794 die Einnahmen aus den linksrheinischen Gebieten, die vom Revolutionskrieg erfaßt worden waren, spärlicher flossen und zeitweise ganz ausblieben; neben den Klosterdörfern betraf dies einen Teil der Bonifatiuspfründen und ausgerechnet die Schankungsgelder Karl Theodors, die die Universität vor allem links des Rheins angelegt hatte. Anfang 1796 betrugen die Schulden bereits über 57000 Gulden, zwei Jahre später mehr als 60000 Gulden. Die Universität war offensichtlich bankrott, ihre Ökonomie völlig zusammengebrochen. Die Gehälter konnten nicht mehr bezahlt werden, die Universität klagte dem Kurfürsten 1799: Wie sollen die Lehrer ihre Vorlesungen mit Eifer und Mut besorgen, da sie, ›von Nahrungssorgen gequält, den Lehrstuhl besteigen und mit eben

*Universitäts-
ökonomie*

*Schenkung
Karl Theodors*

*Verlust der
linksrheinischen
Einkünfte*

Finanzieller Ruin

diesen traurigen Gedanken denselben verlassen müssen und Schulden auf Schulden häufen, die sie zu tilgen außerstande sind?‹ (II, 2525). Anweisungen auf den Lazaristenfonds, d.h. das ehemalige Jesuitenvermögen, halfen nicht viel weiter, im November 1801 schilderte die Oberkuratel das ›so erbarmungswürdig täglich wachsende Elend, da die Not der Universitätssalarianden aufs höchste gestiegen ist‹ (II, 2556). Wenig später waren angeblich selbst Professoren auf wöchentliches Almosen angewiesen. Andererseits berechnete die Universität 1802 bei Schulden von 63 000 Gulden zuzüglich rückständiger Zinsen in Höhe von 5500 Gulden doch ein Vermögen rechts des Rheins von nahezu 111 000 Gulden; die einträglichen linksrheinischen Einkünfte waren durch den Frieden von Lunéville 1801 endgültig verlorengegangen. Rettung brachte im Mai 1802 vorübergehend die Schenkung des sog. Oggersheimer Kirchenschatzes, der die Edelmetallgegenstände aus den Kapellen in Mannheim und Oggersheim umfaßte und dessen Wert auf 42 000 Gulden geschätzt wurde; in Wirklichkeit wurden bei der Versteigerung sogar 80 000 Gulden erlöst, von denen die Universität 56 000 Gulden erhielt. Dieses Geschenk des Kurfürsten Maximilian Joseph war um so höher zu veranschlagen, als zu diesem Zeitpunkt nicht mehr feststand, daß die rechtsrheinische Pfalz bei Bayern verbleiben würde. Im September 1802 überwies der Kurfürst als Ersatz für die Verluste links des Rheins auch noch die Hälfte der rechtsrheinischen Besitzungen, Einkünfte, Zehnten und Gefälle der säkularisierten Stifter, darunter des Hochstifts Speyer, und Klöster an die Universität mit der Maßgabe, den neuen Besitz möglichst in den Ämtern Heidelberg und Ladenburg zu konzentrieren. Nach einem Jahrhundert der entschiedenen Gegenreformation schien die Universität am Ende finanziell von der großen Säkularisationswelle zu profitieren – die Inbesitznahme der neuen Güter wurde allerdings von der badischen Okkupationskommission verhindert.

Mit einem Aufwand, der weder ihrer damaligen wissenschaftlichen Bedeutung noch ihrer Finanzlage angemessen war, feierte die Universität 1786 ihr vierhundertjähriges Bestehen. Der Lehrkörper war im Jubiläumsjahr der Zahl nach stattlich: Theologische Fakultät: 8 Ordinarien und 2 Assessoren; juristische Fakultät: 6 Ordinarien und 2 außerordentliche Professoren; medizinische Fakultät: 5 Ordinarien und 1 außerordentlicher Professor; philosophische Fakultät und Staatswirtschafts Hohe Schule: 9 Ordinarien, 4 außerordentliche Professoren und 2 Assessoren. Dennoch konnten diese Zahlen nicht über die geistige Mittelmäßigkeit hinwegtäuschen. Der preußische Universitätsbereiser Friedrich Gedike berichtete drei Jahre später Friedrich Wilhelm II. über Heidelberg: ›Alles, was ich sah und hörte, überzeugte mich ..., daß diese Universität von geringer Bedeutung ist.‹ Und Mai zog als Rektor 1798 das Fazit der Entwicklung im 18. Jahrhundert:

›Die Hohe Schule zu Heidelberg hat die Gebrechen des höchsten Alters: Stumpfheit und Untätigkeit.‹

Ein Neuanfang schien sich mit dem Regierungsantritt Maximilian Josephs aus der Linie Pfalz-Zweibrücken anzubahnen. Nachdem sein Minister Montgelas und Zentner schon seit Jahren mit dem reformierten Kirchenrat verhandelt hatten, zerbrach die in ›forma legis perpetuae‹ ergehende kurpfälzische Religionsdeklaration vom 9. Mai 1799 die bisherige rigorose Konfessionalisierung der Universität. Bei künftigen Ämterbesetzungen wurde völlige konfessionelle Freiheit zugesichert, nachdem bisher, wie es hieß, die reformierten Untertanen, obwohl sie den größten und begütertsten Teil der Einwohner ausmachten, ›von den meisten Landeskollegien und Stellen entfernt und ausgeschlossen, auch mancherley gegen jene ursprüngliche kirchliche Landesgesetze verfügt worden sey, wodurch bey ihnen ein nicht unbegründetes Mißtrauen erwachsen und manche rechtmäßige Beschwerde in dieser Hinsicht entstanden ist.‹ Die Reformierten erhielten ›nach dem ältern gesetzlichen Stande‹ den dritten theologischen Lehrstuhl zugesichert, die Stellen in den anderen Fakultäten sollten nicht mehr nach Konfessionszugehörigkeit, sondern allein nach ›Tüchtigkeit der Subjekte‹ besetzt werden. Bis zum Zeitpunkt der Reorganisation im Zusammenhang mit dem ganzen pfälzischen Kirchen- und Schulwesen bekam die Universität großzügige materielle Hilfe, die sie vor dem finanziellen Ruin rettete. Der letzte Pfälzer Kurfürst stellte sich mit dieser Fürsorge für die Universität, ›eines der nützlichsten Landesinstitute in Unserer Rheinpfalz‹, würdig in die Reihe vieler seiner Vorfahren. Ende 1802 ging mit der rechtsrheinischen Pfalz auch Heidelberg in den Besitz des badischen Markgrafen über.

Das bürgerliche Zeitalter

1803–1918

Reorganisation und neue Blüte
1803–1870

Bereits vor der offiziellen Übernahme der rechtsrheinischen Pfalz ließ der damalige Markgraf Karl Friedrich von Baden (1803 Kurfürst, seit 1806 Großherzog) im November 1802 der Universität seine ›vorzügliche propension und geneigtheit, sie in flor zu bringen‹ (II, 2583), zusichern. Damit war in der Zeit des großen Universitätssterbens in Deutschland die Existenz Heidelbergs zunächst einmal gesichert, und die dankbare Universität fügte in der Folgezeit dem Namen ihres Stifters den des neuen Landesherrn hinzu: Ruperto-Carolina (Ruperto-Carola, Ruprecht-Karls-Universität). Die Entscheidung, die Universität aufrechtzuerhalten, war gleichermaßen bestimmt von dem Prestigegesichtspunkt, daß Baden wie jedes andere Kurfürstentum über eine eigene Hochschule verfügen solle, wie von der Überlegung, künftige Staatsdiener nicht an einer fremden Universität studieren zu lassen; einen zusätzlichen wirtschaftlichen Nutzen versprachen die nichtbadischen Studenten.

Übergang an Baden und Entschluß zur Beibehaltung

Allerdings bedurfte die Universität, wie schon mehrmals in ihrer Geschichte, einer gründlichen Reform, die die Ansätze des letzten Jahrzehnts kurpfälzischer Herrschaft weiterführte und ausbaute. Dringliches Erfordernis war vor allem eine finanzielle Neuordnung. Die Geldzuwendungen der letzten Kurfürsten hatten die Misere nicht behoben; der Übergang an Baden beraubte die Universität der ihr im letzten Augenblick von Maximilian Joseph zugesprochenen rechtsrheinischen Kirchengüter, die eine Fortführung der Eigenfinanzierung hatten ermöglichen sollen, da der neue Landesherr die Schenkung nicht anerkannte. Schon im Februar 1803 stand die Universität denn auch erneut vor dem Bankrott. Mit den Geldbesoldungen war sie zwei Quartale, mit den Naturallieferungen sogar ein Jahr im Rückstand. Auf diese schwierigen materiellen Verhältnisse bezog sich die häufig zitierte Bemerkung des Geheimen Regierungsrats Friedrich Brauer, Karl Friedrich habe ›mit Heidelberg mehr nicht als ein unentgeltliches

Finanzielle Sanierung

Privilegium zu Anlegung einer durchaus neu zu dotierenden Universität erlangt‹ (Schneider, 46). Als Staatsdotation wurde 1803 ein Jahresbetrag von 40000 Gulden angesetzt, der aber schon im nächsten Jahr auf 50000 Gulden anwuchs und in der Folgezeit laufend erhöht wurde; 1850 hatte er die Höhe von 100000 Gulden erreicht. Über Eigenbesitz und -vermögen verfügte die Universität nach ihrem Übergang an Baden nicht mehr, wenn auch der alte Universitätsfonds zunächst weiterbestand – er war allerdings vor allem mit Schulden belastet. Um sich dieser Schulden zu entledigen, verleugnete die Universität sogar zeitweise ihre geschichtliche Kontinuität: Sie könne für die früheren Verpflichtungen nicht verantwortlich gemacht werden, da die badische Universität nicht Rechtsnachfolgerin der kurpfälzischen sei. Erst 1808 übernahm der Staat den Fonds und tilgte allmählich die Passiva. Wie langsam sich die Universität an die alleinige Abhängigkeit von der staatlichen Alimentation gewöhnte, zeigt die Bitte an den Generalgouverneur der befreiten Rheinlande 1814, ihr wieder zu den alten linksrheinischen Gütern und Gefällen zu verhelfen.

Eng verbunden mit der Regelung der Finanzierung war die Schaffung eines neuen institutionellen Rahmens. Zwei Auffassungen von der Aufgabe der Universität standen einander in der Karlsruher Regierung gegenüber, vertreten von Brauer und dem badischen Minister und zeitweiligen Heidelberger Kurator Sigismund von Reitzenstein. Reitzenstein, der Schöpfer der neuen Staatlichkeit Badens, wußte sich dem modernen neuhumanistischen Verständnis von Universität und Wissenschaft verpflichtet und verwarf deshalb alle staatlichen Reglementierungen, durch die die Universität zur ›Klosterschule‹ gemacht würde und die ›den freien lebendigen Geist (töten), ohne den nichts Edles gedeiht‹ (Schnabel, 85). Brauer dagegen sah in der Universität lediglich eine Unterrichtsanstalt. Die Professoren sollten nur zweifelsfreie und allgemein anerkannte Lehrsätze vortragen und ihren Vorlesungen ein solides Lehrbuch zugrundelegen; 1807 wurde die Benutzung eigener Hefte ausdrücklich untersagt. Die Universität bekämpfte diese Beschneidung der Lehrfreiheit und konnte ihr Recht durchsetzen, als Brauer die Zuständigkeit für die höheren Lehranstalten abgab.

Brauers Vorstellungen hatten im wesentlichen das ›13. Organisationsedikt über die Organisation der gemeinen und wissenschaftlichen Anstalten, insbesondere der Universität Heidelberg‹ vom 13. Mai 1803 geprägt, dessen Einzelbestimmungen allerdings zum überwiegenden Teil nie in Kraft getreten sind, nicht zuletzt, weil sie allzu praxisfern waren, so der vorgeschriebene halbjährliche Wechsel im Amt des Prorektors und die Verteilung der Fächer auf sieben Sektionen, neben denen aber die vier Fakultäten bestehen blieben. Die Bedeutung des 13. Organisationsedikts liegt denn auch sehr viel weniger in den Detailregelungen als im Grundsätzlichen. Die Universität wurde in ihrer

Staatliche
Alimentierung

Reform-
konzeptionen

13. Organisations-
edikt

Existenz bestätigt und vom Staat dotiert. Das Rektorat übernahm auf Dauer der Landesherr als ›Rector magnificentissimus‹; die Geschäfte führte ein Prorektor. Die alten Privilegien und Freiheiten der Universitätsangehörigen, die seit 1386 jeder Kurfürst bestätigt hatte, erloschen. Ein Universitätsbann wurde eingeführt, demzufolge alle Landeskinder ihre Studien drei Jahre lang in Heidelberg absolvieren mußten. Seit 1807 sollten sogar nur akademische Würden, die in Heidelberg oder Freiburg erworben worden waren, anerkannt werden. Aus praktischen Gründen und um Sanktionen anderer Länder zu verhindern, wurde der Universitätsbann schon 1810 wieder aufgehoben, zum Vorteil von Heidelberg, das in den nächsten Jahrzehnten überwiegend von Nichtbadenern besucht wurde.

Die definitive Organisation der Universität erfolgte mit den neuen Statuten Ende 1805, durch die die Verfassung von 1786 und Teile des 13. Edikts ersetzt wurden. Die Amtszeit des Prorektors betrug seither wieder ein Jahr; der Großherzog ernannte ihn aus dem Kreis der drei Professoren, die bei der Wahl im Großen Senat die meisten Stimmen erhalten hatten. Der Fakultätsturnus spielte sich ohne besondere Vorschrift wieder ein. Die laufenden Geschäfte erledigte ein Engerer Senat, dem nach mehreren Änderungen seit 1822 sechs Mitglieder angehörten: Prorektor und Ex-Prorektor sowie die Dekane der vier Fakultäten. Neben dem Engeren Senat bestand die alte Bau- und Ökonomiekommission für die ›unmittelbare Leitung aller finanziellen, wirtschaftlichen und Bausachen‹ weiter, sie verselbständigte sich sogar zunehmend und erhielt später eigenes Berichtsrecht an das Ministerium. Zur Überwachung des Lebenswandels der Studenten wurde ein Ephorat eingerichtet, das vier Professoren wahrnahmen. Das akademische Gericht erlosch 1810, an seine Stelle trat aber ein Universitätsamtmann, so daß die autonome Gerichtsbarkeit der Universität erhalten blieb. Das organisatorisch sehr unbefriedigende Nebeneinander von Sektionen und Fakultäten ging erst 1822 zu Ende, als die Staatswirtschaftliche Sektion, die frühere ›Staatswirtschafts Hohe Schule‹ ganz in die Philosophische Fakultät eingegliedert wurde.

Organisationsedikt und Statuten regelten auch die Besoldungen neu; dabei erhielten die Neuberufenen in der Regel beträchtlich höhere Gehälter als die alten kurpfälzischen Professoren. Bis 1831 wurde nach wie vor ein Teil des Gehalts in Naturalleistungen geliefert. Seit 1804 gab es erstmals eine Versorgung für Witwen und Waisen von Professoren. Der Lehrkörper bestand wie bisher aus den ordentlichen Professoren (Ordinarien), die eine ›für ein Hauptfach der Fakultätswissenschaften errichtete, mit einer damit verbundenen bestimmten Besoldung dotierte Lehrkanzel‹ innehatten, wie die Definition in der ›Staatsdiener-Pragmatik‹ 1819 lautete. Den Ordinarien folgten im Rang die außerordentlichen Professoren (Extraordinarien), die häufig eine kleine Besoldung erhielten, sowie die Privatdozenten und die Honorarprofessoren, beide ohne Besoldung. Seit den sechziger Jahren wurde dann endgültig unterschieden zwischen wirklichen oder etatmäßigen außerordentlichen Professoren mit fester Besoldung und bloß charakterisierten außerordentlichen (= außerplanmäßigen) Professoren, d. h. Privatdozenten, die als Anerkennung den Titel verliehen bekamen. Auch bei den Honorarprofessoren erfolgte damals eine Differenzierung, insofern zusätzlich der Titel eines ordentlichen Honorarprofessors eingeführt wurde, mit dem der Rang, nicht aber Rechte oder Besoldung eines Ordinarius verbunden waren.

Trotz der Regelungen von 1803 und 1805 stand das Schicksal Heidelbergs geraume Zeit nicht endgültig fest, war die Existenzsicherung noch nicht unumstößlich, besaß doch das nicht gerade finanzstarke und durch hohe Militärausgaben zusätzlich belastete Baden seit dem Anfall des Breisgaus 1805 mit Freiburg eine zweite Universität. Schon vorher waren Gerüchte im Umlauf gewesen, Heidelberg solle, in ein Gymnasium illustre umgewandelt, nach Rastatt verlegt werden. Gegenüber Freiburg war allerdings Heidelberg, wo die Reform bereits begonnen hatte und nicht unbeträchtliche personelle Investitionen getätigt worden waren, in der Vorhand, nicht zuletzt auch durch den Rückhalt an Reitzenstein. Nach dessen Meinung war Freiburg ›bloß als ein Depotbataillon anzusehen und zu behandeln ..., wohin man successive und bis zur gänzlichen Ausmerzung die mediocren Subjekte von Heidelberg untersteckt‹ (April 1806; Keller, 87), um deren Lehrstühle neu besetzen zu können. Im November 1805 rühmte der Jurist Thibaut denn auch: ›Die Regierung tut mit der gefälligsten Liberalität

das Äußerste für uns‹ (Polley II, 149). 1807 wurde – unabhängig von Reitzensteins Plänen – die katholische Abteilung der Theologischen Fakultät nach Freiburg verlegt; damit fand eine hundertjährige Tradi-

tion ihren Abschluß. Erwägungen über weitere Fächerkonzentrationen wurden in den folgenden Jahren aus finanziellen Gründen mehrfach angestellt, so 1812 die Überlegung, die medizinische Fakultät Heidelbergs nach Freiburg und die dortige juristische nach Heidelberg

zu verlegen. Gerüchte über Verlegungen der Universität nach Mannheim, Karlsruhe oder Freiburg tauchten während der ersten zwei Jahrzehnte des 19. Jahrhunderts immer wieder auf, sie verdichteten sich 1816/17 so sehr, daß die Furcht vor einer Aufhebung beide Universitäten zu amtlichen Schritten veranlaßte. Der Heidelberger Prorektor Zachariae setzte eine umfangreiche Denkschrift ›Für die Erhaltung der Universität Heidelberg‹ auf, in der er den besonderen Charakter seiner Universität hervorhob: ›Obwohl unmittelbar dem Großherzogtume angehörig, ist sie doch zugleich mittelbar eine für ganz Deutschland bestimmte Bildungsanstalt‹; die zahlreichen fremden Studenten verbreiteten den Ruhm von Fürst und Land jenseits der Grenzen. Die

Mahnung des Freiburgers Rotteck: ›Es würde die Aufhebung der einen wie der andern für denselben (sc. den badischen Staat) ein öffentliches Unglück sein‹, schlug schließlich durch – beide Universitäten blieben erhalten. In der Folgezeit bedrohte dann bis in die Mitte der sechziger Jahre hinein das liberale Ressentiment der Kammermehrheit mehrfach Existenz oder doch wenigstens Attraktivität der katholisch geprägten Universität Freiburg durch Streichungen im Etat, während Heidelberg ungeschoren blieb. Der Abneigung der Liberalen entsprach auf der Gegenseite 1846 das Werben des Freiburger Juristen Franz Buß für die ›Erhebung der ihrem katholischen Prinzip entrückten Universität Freiburg zu einer großen rein katholischen Universität teutscher Nation‹, mit der Begründung, daß ›protestantische Wissenschaft und Universitäten den allem Positiven feindlichen Rationalismus erzeugt, gepflegt und überliefert haben‹.

Finanzielle Sanierung und institutionelle Änderung konnten aber nur die Voraussetzungen für die notwendige innere Reform und für die Öffnung gegenüber den modernen geistigen Strömungen schaffen. Diese geistige Reform erfolgte nicht programmatisch, sondern über die Personalpolitik. Auch hier waren erste Ansätze schon in den letzten Jahrzehnten gemacht worden, durch die Verlegung der ›Staatswirtschafts Hohen Schule‹ nach Heidelberg mit ihrer vom Konfessionalismus freien Berufungspraxis und durch die Religionsdeklaration von 1799, die die Konfessionsschranken für die Heidelberger Universität beseitigte. Humboldts Idee der neuen Universität verwirklichte sich nach 1803 in Heidelberg jedoch nur teilweise; die Theologie wurde in ihrer alten Rolle als führende Wissenschaft nicht von der Philosophie abgelöst – diese war in Heidelberg bis über die Jahrhundertmitte hinaus zumeist ein Stiefkind der Berufungspolitik –, sondern von der Jurisprudenz, die über Jahrzehnte hin den besonderen Ruhm der Universität ausmachte.

Geistige Modernisierung

Numerisch war der Heidelberger Personalbestand beim Übergang an Baden nicht ganz unbeträchtlich: Acht Theologen, davon zwei reformierte, drei Juristen, je vier Professoren der Medizinischen und Philosophischen Fakultät sowie der Staatswirtschaft. Allerdings war die wissenschaftliche Qualität der Universitätslehrer höchst unterschiedlich, meistens recht bescheiden, und zudem waren wichtige Fächer, etwa die moderne Wissenschaft der klassischen Philologie, gar nicht vertreten. Savigny notierte daher 1804 als seinen Eindruck: ›Das Erste, was hier jedem Beobachter auffällt, ist die nicht geringe Zahl völlig unbekannter Lehrer, welche aus dem alten hilflosen Zustande der Universität übriggeblieben sind. … In allen Fächern … sind noch sehr wesentliche Lücken, so daß nicht leicht in einem derselben ein Studierender den ganzen Kursus vollenden kann.‹ Reitzenstein bemühte sich, überständige und der Erneuerung hinderliche Professoren

Die alten Professoren

aus der alten Zeit abzuschieben, zu pensionieren oder ans Gericht zu versetzen und auf die vakanten Stellen bedeutende Gelehrte zu berufen, wobei vor allem die Konkurrenz zum gleichfalls in diesen Jahren

reorganisierten Würzburg belebend wirkte. Reservoir der Berufungen bildete vor allem Jena, daneben Göttingen und Marburg. Unter den verbliebenen Mitgliedern der kurpfälzischen Universität war das Ressentiment gegen die angebliche Invasion norddeutscher Professoren, die noch dazu meist besser bezahlt wurden, beträchtlich und machte sich gelegentlich sogar in Zeitungspolemiken Luft.

In der Theologischen Fakultät wirkte seit Ende 1796 Karl Daub (1765-1836), der die Brücke zwischen alter und neuer Zeit schlug, nicht zuletzt durch eine staunenswerte geistige Beweglichkeit und Rezeptionsfähigkeit. Im Bemühen um die Versöhnung von Theologie und Philosophie orientierte sich der ursprüngliche Kantianer seit 1805 an Schelling, um schließlich Schüler Hegels, den er für Heidelberg gewann, zu werden. Zu Daub trat 1804 Friedrich Heinrich Christian Schwarz (1766-1837), der erste Lutheraner in der Fakultät seit dem 16. Jahrhundert, spekulativer Theologe wie Daub, aber sehr viel stärker als dieser der kirchlichen Praxis zugewandt. Auf ihn geht die Gründung eines pädagogischen Seminars in Heidelberg zurück, und er wäre sogar bereit gewesen, ›einigen Frauenzimmern‹ die Teilnahme an seiner Pädagogikvorlesung zu erlauben, unterließ es aber auf Rat seiner Freunde. 1811 wurde dann Heinrich Eberhard Gottlob Paulus (1761-1851) für Kirchengeschichte berufen, der in Abwehr von Daub und Schwarz eine streng rationalistische Theologie vertrat und damit in späterer Zeit den Geist der Fakultät prägte. Die nach 1803 berufenen jüngeren Professoren Philipp Konrad Marheineke, August Neander und Wilhelm Martin Leberecht de Wette gingen bald an die Neugründung Berlin verloren.

Große Anziehungskraft übten die Neuberufenen der Juristischen Fakultät aus, auch wenn Savigny und Feuerbach nicht gewonnen werden konnten. Vom alten Lehrkörper blieb der angesehene Kanonist Kübel in Heidelberg; hinzutrat 1804/5 das Triumvirat Georg Arnold Heise (1778-1851), Christoph Reinhard Dietrich Martin (1772-1857) und Anton Friedrich Justus Thibaut (1772-1840), ergänzt durch die Staatsrechtslehrer Karl Salomo Zachariae (1769-1843) und Johann Ludwig Klüber (1762-1837). Eine innere Homogenität gewann die Fakultät indes nicht. Klüber, der führende Vertreter seines Faches in Deutschland, war ein Intrigant von hohen Graden und benutzte seine Position in der Karlsruher Regierung, um seine eigenen Vorstellungen auch gegen die Mehrheit des Senats durchzusetzen. Thibaut und Martin gerieten in politische Differenzen, die zuerst Heise, dann Martin veranlaßten, Heidelberg zu verlassen. Seither beherrschte Thibaut die Fakultät, als Jurist ein Gegner der historischen Rechtsschule Savignys,

als Musikenthusiast und -wissenschaftler Historist und Mitinitiator
der kirchenmusikalischen Restaurationsbewegung. 1814 rief er zur
Schaffung eines einheitlichen bürgerlichen Rechts auf und proklamierte den ›Wunsch jedes Vaterlandsfreundes‹, daß ›ein einfaches Ge-
setzbuch, das Werk eigner Kraft und Tüchtigkeit, endlich unsern bürgerlichen Zustand, den Bedürfnissen des Volks gemäß, gehörig
begründen und befestigen möge.‹ Mit fast 3000 Gulden Jahreseinkom-
men war Thibaut im übrigen lange Zeit der höchstbezahlte Professor
Heidelbergs und verdiente, wie Creuzer 1809 neidvoll wissen ließ,
mehr als die ganze theologische Fakultät samt ihren Extraordinarien.

In die Medizinische Fakultät wurde neben Mai 1804 der Anatom *Medizinische*
Jacob Fidelis Ackermann (1765–1815) berufen, als Botaniker kam *Fakultät*
Franz Joseph Schelver (1778–1832) hinzu, überzeugter Anhänger der
von Mai erbittert abgelehnten Naturphilosophie. Mais Schwiegersohn
Franz Karl Nägele (1778–1851), Mitbegründer der wissenschaftlichen
Geburtshilfe, übernahm den Lehrstuhl für Pathologie. Als einzige Fakultät erhielt die Medizinische auch neue Räumlichkeiten. Der Staat *Unterbringung*
kaufte das säkularisierte Dominikanerkloster (Hauptstraße/Brunnen- *der Kliniken*
gasse), in dem 1805 die Anatomie, die von Mannheim nach Heidelberg
verlegte Entbindungsanstalt und die von Ackermann als ›medizinisch-
chirurgische Krankenanstalt‹ begründete Poliklinik sowie das botanische Institut untergebracht wurden – der Beginn der ›Westwanderung‹
aus dem alten Universitätsviertel heraus. Nach Ackermanns Tod erhielt Heidelberg als eine der letzten deutschen Universitäten auch eine
stationäre medizinische Klinik mit zwanzig Betten, wobei die Stadt die
Einrichtungskosten in Höhe von 8000 Gulden übernahm. Eine chirurgische Klinik, vom Land errichtet und mit einem Jahresetat von 3500
Gulden ausgestattet, kam 1818 hinzu. Im gleichen Jahr siedelten die
Kliniken und die Entbindungsanstalt in die 1811 von Weinbrenner am
Marstallhof erbaute Kaserne über, 1844 erhielten medizinische und
chirurgische Klinik das ehemalige Collegium Carolinum (heute Zentrale Universitätsverwaltung) zugewiesen, in dem bisher die Irrenan-
stalt untergebracht gewesen war. Die medizinische Klinik verdoppelte
dadurch ihre bisherige Bettenzahl auf 100, die chirurgische Klinik verfügte seit dem Umzug über 40 statt bisher 28 Betten. Seit 1856 waren
beide Kliniken als Akademisches Krankenhaus zusammengefaßt und
einer gemeinsamen Wirtschaftsführung unterworfen. Auch der erste
Universitätsneubau des 19. Jahrhunderts kam der Medizinischen Fakultät zugute, die 1849 errichtete Anatomie; das alte Kloster verblieb
seither ganz den Naturwissenschaften.

Der Vermittlung Karl Daubs war 1804 die Gewinnung des Philolo- *Philosophische*
gen Friedrich Creuzer (1771–1858) zu danken, womit die Erneuerung *Fakultät*
der Philosophischen Fakultät eingeleitet wurde. Creuzer begründete
nach dem Muster von Halle und Göttingen 1807 das Philologische Se-

minar, in das sieben badische und drei auswärtige Studenten als ordentliche Mitglieder mit einem jährlichen Stipendium von 50 Gulden aufgenommen wurden. Die Mitglieder des Seminars gehörten zugleich zu Schwarz' Pädagogischem Seminar; diese Verbindung wurde erst nach dem Tode von Schwarz aufgelöst. Neben Creuzer wirkte vier Jahre August Böckh, den Heidelberg 1811 an Berlin verlor. Den Lehrstuhl für Philosophie erhielt zunächst Johann Friedrich Herbart in Göttingen angeboten, nach dessen Absage kam auf Empfehlung Savignys Jakob Friedrich Fries (1773-1843) nach Heidelberg, kehrte aber 1816 nach Jena zurück. Geschichte lehrte seit 1805 Friedrich Wilken (1777-1840), Mathematik und Maschinenkunde seit 1806 Karl Christian Langsdorf (1757-1834).

›Zu tatloser Mitwirkung an der erneuerten Universität‹, wie es im Berufungsschreiben hieß, gewann der badische Kurfürst durch Vermittlung Weinbrenners Johann Heinrich Voß, der 1805 aus Jena nach Heidelberg übersiedelte, um der Universität Reputation zu verleihen. Diese Aufgabe erfüllte er aber nur unvollkommen, denn mit ihm kam *Heidelberger* ein erbitterter Gegner der Romantik, die gerade in jenen Jahren in Hei- *Romantik* delberg einen Mittelpunkt gefunden hatte, nachdem das neuerwachte Naturgefühl die Stadt in der Landschaft des Neckartals entdeckt hatte. Hölderlins Gedicht über ›der Vaterlandsstädte ländlichschönste‹ war 1800 entstanden, drei Jahre früher hatte Goethe in sein Tagebuch eingetragen: ›Die Stadt in ihrer Lage und mit ihrer ganzen Umgebung hat, man darf sagen, etwas Ideales.‹ Brentano und Arnim gaben in Heidelberg ›Des Knaben Wunderhorn‹ (3 Bände 1806-08) heraus, Arnim außerdem die ›Zeitung für Einsiedler‹; der junge Görres lehrte *Romantikerstreit* hier 1806-08 unter großem Zulauf als Privatdozent. Von den Professoren zählten vor allem Creuzer, Daub, Wilken und Schwarz zu den Freunden der Romantiker, wobei vor allem Creuzer zum Hauptgegenstand der vehementen Angriffe von Voß auf Romantiker und Kryptokatholiken wurde. Voß' Anhang bildeten Paulus, Langsdorf, später Schlosser und Tiedemann. Die Auseinandersetzungen zwischen Rationalisten und Romantikern, die die Professorenschaft spalteten, schlugen sich auch in der Zeitschrift ›Heidelbergische Jahrbücher‹ nieder, mit der sich die Universität seit 1808 dem deutschen Bildungspublikum bekanntmachte.

Berufungen Die Professorenschaft wurde im zweiten und dritten Jahrzehnt des *zwischen 1810* 19. Jahrhunderts um bedeutende Gelehrte bereichert, die zumeist viele *und 1825* Jahre in Heidelberg tätig waren. Besonders die Medizinische und die Philosophische Fakultät erhielten Zuzug. Nachfolger Ackermanns wurde der Anatom Friedrich Tiedemann (1781-1861), Leopold Gmelin (1788-1853) übernahm 1814 Chemie und Mineralogie und wurde zum Begründer der Heidelberger Tradition wissenschaftlicher Chemie. Die größte Außenwirkung in der Medizinischen Fakultät erreichte Maximilian Joseph (von) Chelius (1794-1876), der 1818 das Ordinariat für Chirurgie und Ophthalmologie erhielt und nicht zuletzt als Arzt nahezu aller Fürstenhäuser Mitteleuropas der Heidelberger Medizin Weltruf verschaffte. In der Philosophischen Fakultät lehrte seit 1817 Geschichte Friedrich Christoph Schlosser (1776-1861), der noch ganz dem Weltbild und den Idealen des aufgeklärten 18. Jahrhunderts verhaftet war. Neben Langsdorf vertrat seit 1816 Ferdinand Schweins (1780-1856) Mathematik. Im gleichen Jahr erhielt Hegel (1770-1831) in Heidelberg seine erste Professur, und damit verfügte die Universität zum erstenmal in ihrer Geschichte, wenn auch nur für zwei Jahre, über einen Philosophen. Das Ordinariat für Nationalökonomie übernahm 1822 Karl Heinrich Rau (1792-1870), der die Tradition der ›Staatswirtschafts Hohen Schule‹ fortsetzte. In der Juristischen Fakultät wirkte seit 1821 neben Thibaut als Strafrechtler Karl Joseph Anton Mittermaier (1787-1867), dessen wissenschaftlicher Ruf und Lehrtalent zahlreiche Studenten nach Heidelberg zogen.

Die Zahl der Immatrikulationen nahm nach 1803 rasch zu, seit 1805 überflügelte Heidelberg Jena und kam sogar gelegentlich Leipzig nahe. In den ersten beiden Jahrzehnten studierten in Heidelberg jeweils etwa 300-400 Studenten, die Frequenz stieg 1819/20 erstmals auf 600, 1830 auf über 800. Größer waren damals Berlin, München, Leipzig, Breslau, Halle und Göttingen, während Tübingen und Bonn in die gleiche Größenordnung wie Heidelberg gehörten. Im arithmetischen Durchschnitt betrug die Studentenzahl zwischen 1808 und 1848 etwa 350. Die Regierung versuchte zunächst, die Studierfreiheit der Landeskinder einzuschränken, um die Zahl der Anwärter auf den Staatsdienst niedrig zu halten. Zu diesem Zweck wurden vor allem ökonomische Hürden aufgerichtet und damit zugleich eine soziale Selektion durchgeführt. 1810 wurde das Studium der Rechts- und Kameralwissenschaften von einer staatlichen Erlaubnis abhängig gemacht, die in der Regel versagt werden sollte, wenn der Bewerber nicht soviel Vermögen besaß, daß er nach seinem Studium die lange Wartezeit auf eine vakante Stelle materiell überbrücken konnte; 1815 wurde der Nachweis einer Summe von 8000 Gulden zur Voraussetzung des Studiums in den genannten und in anderen Fächern gemacht. Die Universität nahm diese Einschränkung der akademischen Freiheit widerspruchslos hin; ohne ihr Zutun wurde 1822 nach Debatten in der Zweiten Kammer die allgemeine Studierfreiheit eingeführt, zugleich aber jeder Anspruch auf Anstellung im Staatsdienst ausdrücklich ausgeschlossen. Die Zahl der Studenten nahm sofort beträchtlich zu: 1821/22 waren es 477, 1822/23 dann 604.

Heidelberg verstand sich – anders als Freiburg – nicht als Landesuniversität, und sein Einzugsgebiet erstreckte sich in der Tat weit über das badische Territorium hinaus. Die ›Ausländer‹ übertrafen an Zahl

95

die Inländer um ein Mehrfaches, vor allem zahlreiche Norddeutsche studierten – vorzugsweise im Sommer – in Heidelberg, auch blieb der Universität der traditionell verhältnismäßig große Anteil an adligen Studenten erhalten; angeblich hielten sich im Sommersemester 1819 sieben Prinzen, sechzehn Grafen und 122 sonstige Adlige in Heidelberg auf – bei einer Gesamtzahl von etwa 350 Studenten.

Die Lebenshaltungskosten waren nicht unbeträchtlich; um 1810 brauchte ein Heidelberger Student einen Jahreswechsel von etwa 500 Gulden. Die Stadt – 1810 zählte sie 10000, 1850 etwa 13500 Einwohner – lebte trotz des allmählich aufblühenden Fremdenverkehrs vor allem von der Universität und den Studenten. Häufig vermietete ein Hausbesitzer an mehr als fünf Studenten, wobei die Semestermiete zwischen 25 und 120 Gulden je nach Größe und Güte des vermieteten Wohnraums betrug (Zahlen von 1812). Daher war die Stadt von Frequenzschwankungen oder Boykotten sofort unmittelbar betroffen.

Wie stark die wirtschaftliche Abhängigkeit von der Universität in der Stadt empfunden wurde, läßt sich exemplarisch an ihrer Reaktion auf die Bitte der Universität von 1853, die Stadt möge 5000 Gulden zum Ankauf des Geländes für den Neubau des chemischen Laboratoriums beisteuern, zeigen. Im großen Bürgerausschuß wurde argumentiert: ›Die Vorteile, welche durch das zu schaffende Laboratorium der Stadt zuteil werden, sind von großer Bedeutung, nicht allein die Gewerbe und der Kleinhandel werden dadurch belebt, auch die arbeitende Klasse findet vielseitigere Beschäftigung und, was von höchster Wichtigkeit ist, der Wert des Grundbesitzes wird dadurch erhöht und befestigt, da durch die Errichtung von Bauten zu Zwecken der Universität diese mehr und mehr an die Stadt gefesselt und der Geschäftsbetrieb ihrer Bürger sichergestellt wird‹ (Pache, 116f.) – zugleich ein letzter Reflex der alten Furcht vor Verlegung der Universität aus Heidelberg. Ihr Interesse an der Universität bekundete die Stadt auch, indem sie bis 1832 kostenlos jedes Jahr 100 Karren Brennholz zum Beheizen der Universitätsgebäude lieferte und 1827 12000 Gulden als Zuschuß für den Ankauf des früheren Jesuitengymnasiums in der Augustinergasse und dessen Einrichtung als Universitätsbibliothek zur Verfügung stellte. Die Bedeutung der Universität für das wirtschaftliche Leben der Stadt nutzte die konservative Partei um den Stadtdirektor Wild in den zwanziger Jahren, um die Wahl genehmer Kammerabgeordneter durchzusetzen; eine ungehorsame und undankbare, d.h. eine liberale Bürgerschaft müsse gewärtig sein, daß die Universität von der Regierung verlegt oder zu ihrer früheren Bedeutungslosigkeit herabgedrückt werden könne. Diese massive Wahlbeeinflussung hatte allerdings nur 1824 den gewünschten Erfolg, sonst wählte Heidelberg liberale Kandidaten in die Kammer.

Erste sozialfürsorgerische Maßnahmen für die Studenten brachte Akademischer
Krankenverein der 1825 begründete akademische Krankenverein. Jeder Student mußte an ihn einen Semesterbeitrag entrichten und hatte dafür im Krankheitsfalle Anspruch auf kostenlose ambulante Behandlung durch bestimmte Ärzte, bei Krankenhausaufenthalt auf Ersatz der halben, im Fall nachgewiesener Bedürftigkeit auch der ganzen Kosten. Die Verwaltungsgeschäfte führte eine paritätisch aus Professoren und Studenten zusammengesetzte Krankenkommission.

Ein Dauerproblem des universitären Lebens bildete die Frage stu *Studentische* dentischer Organisationen. Seit Ende des 18. Jahrhunderts gab es in *Organisationen* Heidelberg Geheimorden, seit Anfang des 19. Jahrhunderts Landsmannschaften. Sie bestanden trotz wiederholter Verbote durch den Senat oder die Regierung weiter, auch die Nichtbeitrittsverpflichtung, die seit 1805 jeder Student bei seiner Immatrikulation unterschreiben mußte, half da wenig. Aus Mitgliedern der Geheimorden und Landsmannschaften bildeten sich seit 1810 die ersten Corps, die allerdings zumeist nur kurze Zeit bestanden. 1817 wurde die Heidelberger Burschenschaft als Teil der gesamtdeutschen Burschenschaftsbewegung gegründet. Corps und Burschenschaft gerieten sehr rasch in Rivalitätsstellung zueinander und entwickelten sich auch in ihren Interessen gegensätzlich. War die Heidelberger Burschenschaft bewußt politisch ausgerichtet, jedenfalls in ihrer Anfangszeit, so kümmerten sich die Corps vor allem um Geselligkeit, Erziehung ihrer Mitglieder sowie Pflege und Ausgestaltung des sogenannten Komments. Amtlich anerkannt waren weder Corps noch Burschenschaft, sie blieben aber trotz gelegentlich erneuerter Verbote im wesentlichen unbehelligt und überstanden auch die Karlsbader Beschlüsse. Damals bescheinigte der Senat der Burschenschaft: ›Die Mitglieder derselben betragen sich stets vorzüglich gesittet und anständig, sie gehören zugleich zu den fleißigsten unter den hiesigen Studenten und vollziehen untereinander nur äußerst selten Duelle.‹ Einige Jahre vorher war die akademische Disziplin – jedenfalls in den Augen der Professoren – so schlecht, so daß Thibaut nach Übernahme des Prorektorats 1805 die Errichtung einer ›akademischen Scharwache‹ aus ›handfesten Kerlen‹ verlangte und zur Begründung dieses Antrags anführte, Heidelberg sei gegenwärtig ›eine Anstalt . . ., wo alle künftigen Staatsdiener der Gefahr ausgesetzt sind, grenzenlos zu verwildern und ihre Sitten und Gesundheit auf immer zu verderben‹ (Polley II, 163).

An Konfliktstoffen fehlte es nicht. Vor allem das Verbot, beim Pas *Auszüge der* sieren der Wache, z. B. am Mitteltor (Hauptstraße/Universitätsplatz), *Studenten* zu rauchen, lieferte immer wieder Anlaß zu Provokationen durch die Studenten wie durch das Militär. 1804 verließen die Studenten nach Zusammenstößen wegen des Rauchverbots sogar die Stadt und zogen nach Neuenheim, ließen sich aber schon am nächsten Tag zur Rückkehr bewegen. Folgenreicher war der Auszug nach Frankenthal/Pfalz 1828, nachdem die Studenten sich durch die Satzungen der neugegründeten Museumsgesellschaft diskriminiert fühlten. Sie hielten drei Tage in ihrem Exilort aus, bis sie von den bayerischen Behörden ausgewiesen wurden. Die Burschenschaft verhängte über die Universität einen dreijährigen Boykott (Verruf), während die Corps in Heidelberg blieben. Ihr Seniorenkonvent fühlte sich jetzt als konkurrenzlose Repräsentation der Studenten, Proteste der Nichtverbindungsstudenten gegen diesen Vertretungsanspruch blieben erfolglos. Nach Ablauf der Boykottzeit entstanden auch neue burschenschaftliche Verbindungen, die aber meist nur ein kurzes Dasein hatten. Der Senat ging trotz aller Verbote und Bestimmungen kaum jemals ernsthaft gegen die studentischen Organisationen vor. Seine grundsätzliche Haltung faßte er in einer Eingabe an das Ministerium im November 1847 zusammen: ›Wie man auch über die Vorteile und Nachteile der Studentenverbindungen denken mag, darüber werden alle Kenner des Universitätswesens in Deutschland übereinstimmen, daß es nicht in der Macht der Behörden steht, solche organisierte Vereine zu verhindern, man müßte denn zu einer Strenge und zu Überwachung greifen, welche jede freie Regung des jugendlichen Geistes unterdrücken, die Ausbildung des Charakters verhindern und die Universitäten in Hinsicht auf Disziplin den Mittelschulen nahebringen würde‹ (Franken, 144f.).

Von den politischen Zeitereignissen blieb die Universität nicht unberührt. Als der Jurist Martin 1815 eine Adresse von Heidelberger Bürgern an den Großherzog verfaßte, die die Bitte um Einführung der Landstände enthielt, führte er eine Polarisierung unter seinen Kollegen herbei; während Paulus ihn unterstützte, distanzierten sich Daub und Thibaut. Aus Protest gegen Polizeischikanen verließ Martin und in Solidarität mit ihm Fries die Universität. Die große Mehrzahl der Professoren war unter der Führung Thibauts konservativ. In den zwanziger und dreißiger Jahren zählten lediglich Schlosser, der sich aber nicht politisch betätigte, Paulus und Mittermaier zu den Liberalen und waren in der Stadt entsprechend populär. Unter den Studenten war die Opposition gegen das bestehende System entschiedener. Auf dem Wartburgfest 1817 waren zwanzig Heidelberger anwesend; Carové hielt dort eine der Hauptreden. Zum Hambacher Fest 1832 zogen 300 Heidelberger Studenten; als ihr Vertreter sprach Karl Heinrich Brüggemann auf dem Hambacher Schloß. Auch am Frankfurter Wachensturm 1833 beteiligten sich Heidelberger Burschenschaftler. Im gleichen Jahr wurden schwarz-rot-goldene Plakate in Heidelberg angeschlagen mit der Losung: ›Freiheit oder Tod, nieder mit den Aristokraten.‹ Die Regierung, die entsprechend den Karlsbader Beschlüssen 1819 als staatliche Aufsicht einen Kurator eingesetzt hatte – allerdings wurde dieser Posten die längste Zeit nur nebenamtlich verwaltet –, ver-

98

langte 1832/33 mehrfach, die Universität ›von allen unruhigen und
verdächtigen Subjekten, so groß auch ihre Zahl sein mag‹, zu säubern.
Der Senat handelte aber so wenig entschieden, wenn er auch die Burschenschaften erneut verbot, und die Universität geriet in politisch so
schlechten Ruf, daß die preußische Regierung 1833 Heidelberg neben
Würzburg und Erlangen für ihre Studenten sperrte. Das Verbot, das
bis 1838 in Kraft blieb, hatte erhebliche Auswirkungen auf die Frequenz. Studierten im Wintersemester 1831/32 noch 734 ›Ausländer‹ in
Heidelberg, war im Wintersemester 1835/36 mit 322 ein Tiefststand erreicht. Immerhin kam die Universität Heidelberg glimpflicher davon
als die Freiburger, die 1832 für drei Wochen förmlich geschlossen wurde, um reorganisiert zu werden; der gleichzeitigen personellen Säuberung fielen Rotteck und Welcker zum Opfer.

Das Ansehen der Universität in der gelehrten Welt und ihre Anziehungskraft auf Studenten steigerten in den dreißiger und vierziger Jahren zahlreiche Neuberufungen. Besonders bei der Theologischen Fakultät war eine Verjüngung notwendig geworden. Nach dem Tode
Daubs und Schwarzs wurde 1837 Richard Rothe (1799–1867) berufen,
nach dem Urteil Kuno Fischers ›das inkarnierte Christentum‹, der für
Heidelberg die große Zeit der liberalen Vermittlungstheologie herauf-
führte, unterstützt von Karl Ullmann (1796–1865), Karl Bernhard
Hundeshagen (1810–72) und Daniel Schenkel (1813–85). Der Nachfolger Thibauts wurde 1840 sein Schüler Karl Adolf von Vangerow
(1808–70), der mit seinem weitberühmten Kolleg zum römischen
Recht, das er im Wintersemester täglich drei- bis vierstündig vortrug,
Heidelberg zur ›Pandektenuniversität‹ machte. Robert von Mohl
(1799–1875), der 1847 berufen wurde, nachdem er in Tübingen wegen
seiner liberalen Gesinnung gemaßregelt worden war, lehrte Staatsrecht, blieb aber immer etwas im Schatten Vangerows. In der Philosophischen Fakultät vertrat neben Schlosser, der sich mehr und mehr
vom akademischen Betrieb zurückzog, seit 1840 Ludwig Häusser
(1818–67) die Geschichte; er ist einer der wenigen Heidelberger Professoren jener Zeit, der am Ort vom Privatdozenten zum Ordinarius
(1849) aufstieg. Georg Gottfried Gervinus (1805–71) las nach seiner
Entlassung in Göttingen seit 1844 als Honorarprofessor über Geschichte und Literaturgeschichte. 1837 wurde ein Lehrstuhl für Zoologie und Paläontologie eingerichtet, dessen erster Inhaber Heinrich Georg Bronn (1800–62) war, die Physik erhielt mit Philipp Jolly (1809–84)
ihren ersten Lehrstuhlinhaber. In die Medizinische Fakultät traten
1844 mit Karl Pfeufer (1806–69) und Jakob Henle (1809–85) zwei jüngere Professoren ein, die mit großem Erfolg in Heidelberg tätig waren
und ihre altgewordenen Kollegen rasch auf die Seite drängten.

Das Selbstbewußtsein der Neuankommenden schlägt sich in Henles
Schilderung der vorgefundenen Zustände nieder: ›Unter diesen alten

99

Scharteken von Universitätszöpfen heimisch zu werden, wäre, wie
Pfeufer und ich uns sagen, eine Degradation. Hier bleibt nichts übrig,
als das Alte welken zu lassen und eine neue Kolonie zu gründen. ...
Die Regierung ... ist erstaunt, wie die Fakultät Heidelbergs Ruf und
herrliche Lage benutzt hat, um sich in behaglicher Ruhe zu mästen
und gegen Eindringlinge abzuschirmen. Alles, außer den Wohnungen,
Landhäusern und Weinbergen der alten Herren, ist in einem erbärmli-
chen Zustand.‹

Die liberale
Professorenpartei

Viele der Neuberufenen verstärkten die bisher schwache liberale
Gruppe der Professoren, so daß Heidelberg in den vierziger Jahren im
öffentlichen Bewußtsein Freiburg als geistigen Vorort des südwestdeutschen Kammerliberalismus ablöste. Nachdem schon vor 1848 die
Professorenschaft politisch entzweit war, vertiefte sich die Spaltung
durch die unterschiedliche Stellung zur Revolution. Sprachrohr der liberalen Gruppe war die von Gervinus mit Unterstützung von Mittermaier und Häusser gegründete ›Deutsche Zeitung‹, in der Frankfurter
Nationalversammlung saßen als konstitutionelle Abgeordnete Mittermaier, Mohl und Gervinus, während sich der außerordentliche Professor für Geschichte Karl Hagen (1810–68) der Linken anschloß; im
Vorparlament war Heidelberg sogar mit acht Professoren vertreten gewesen.

Politische
Aktivitäten der
Studenten

Unter den Studenten überwogen die entschiedenen Kräfte, vor allem in den Kreisen der Progreßburschenschaften, die sich seit 1844 gebildet hatten; der ›Neckarbund‹ unter der Leitung von Karl Blind war
die radikalste Gruppierung, deren Mitglieder nach dem Bericht des
Kurators von 1846 in politischer Beziehung Republikaner, in sozialer
Kommunisten, in religiöser Atheisten waren. Schon 1846 hatte das Innenministerium gerügt, daß Studenten an politischen Gegenständen
Anteil nähmen; dies müßte ›den Ruf und den Besuch der Universität
gefährden ..., wenn es zur Kenntnis der Eltern und der auswärtigen
Regierungen kommen würde‹ (Franken, 141). Relegationen waren die

Revolution
1848/49

Folge, von ihnen wurde auch Blind betroffen. 1848 beteiligten sich
Studenten an der Heidelberger Bürgerwehr, mit Genehmigung des
Kurators wurden aus der Universitätskasse 250 Gulden zum Ankauf
von Gewehren und Munition bereitgestellt; ›jene glücklicherweise
nicht zahlreichen Studenten, von welchen etwa zu besorgen wäre, daß
sie sich den Ruhestörern anschließen könnten, (sollten) von dem Waf-
fenempfang ausgeschlossen werden.‹ Als die badische Regierung im
Juli 1848 den kurz zuvor gegründeten ›Demokratischen Studentenver-
ein‹, der für die Republik eintrat, verbot, zogen – zum letzten Mal in
der Geschichte der Universität – über 350 Studenten am 17. Juli nach
Neustadt, zum großen Entsetzen der Heidelberger Bürgerschaft, die
sich mit einer Deputation bei der Regierung ›mit Rücksicht auf die damit verbundenen Interessen des Nahrungsstandes‹ für die Wiederzu-

lassung des Vereins einsetzte. Nachdem ihnen durch das Verbot auch
der bürgerlichen demokratischen Vereine formal Genugtuung zuteil
geworden war, kehrten die Studenten Ende des Monats nach und nach
zurück. Die ganze Aktion hatte sich als ein Fehlschlag erwiesen. Erstmals versuchten Studenten auch, Einfluß auf die Personalpolitik zu
nehmen, als sie im August 1848 Senat und Regierung aufforderten,
den vakanten Lehrstuhl für Philosophie mit Ludwig Feuerbach zu besetzen. Da Universität und Staat die Ernennung ablehnten, hielt Feuerbach 1848/49 unter großem Zulauf von Studenten und Bürgern Vorlesungen im Rathaussaal. 1849 nahmen zahlreiche Studenten an der
zweiten Revolution in Baden teil, 37 wurden anschließend relegiert.

Nach der Niederschlagung der Revolution entzog die Regierung
Karl Hagen, der dem deutschen Parlament bis zur Auflösung treuge-
blieben war, die venia legendi. Die Privatdozenten in der Juristischen
Fakultät Alexander Friedländer und Heinrich Bernhard Oppenheim
strich der Prorektor wegen revolutionärer Betätigung aus der Dozen-
tenliste. Friedländer wurde vorgeworfen, er habe sich während der Revolution ›vielfach unter die gemeinen Arbeiter gemischt, mit denselben exerziert, sie angeführt und aufreizende Reden gehalten‹ (Haag,
46); Oppenheim war unter der republikanischen Regierung Redakteur
der amtlichen ›Karlsruher Zeitung‹ gewesen. Die Reaktionszeit forderte 1853/54 weitere Opfer. Gervinus wurde aus politischen Gründen
die Lehrerlaubnis entzogen und ein Hochverratsprozeß gegen ihn an-
gestrengt; der Philosophiedozent Kuno Fischer verlor gegen den Protest der Universität sowie der Theologischen und der Philosophischen
Fakultät auf Betreiben des Oberkirchenrats die Lehrerlaubnis wegen
angeblicher pantheistischer und spinozistischer Gesinnung. Der Privatdozent in der Medizinischen Fakultät Jakob Moleschott wurde von
der Regierung verwarnt, weil er wissenschaftlich und politisch ›als ein
Anhänger der extremsten radikalen Richtung gelte und in seinen Vorträgen den offensten Materialismus und Atheismus lehre‹ (Stübler,
310); er verzichtete daraufhin auf seine Lehrbefugnis. Angesichts dieser Verhältnisse war an eine öffentliche Wirksamkeit von David Friedrich Strauß, der seit 1854 zehn Jahre als Privatgelehrter in Heidelberg
lebte und hier sein Huttenbuch schrieb, von vornherein nicht zu denken. Der Schwächung der liberalen Partei diente in den Jahren nach
1850 auch die Personalpolitik der Regierung, die Pfeufer, Henle und
Jolly Rufen an andere Universitäten folgen ließ, ohne den Versuch zu
machen, sie zum Bleiben zu veranlassen. Selbst Häusser hätte die Regierung gehen lassen, wenn nicht sein Schüler, der Prinzregent Friedrich, ihn gehalten hätte.

Trotz des Aderlasses Anfang der fünfziger Jahre wurde die Heidelberger Universität gerade in dieser Zeit in den Augen der politisch interessierten deutschen Öffentlichkeit zur Trägerin des liberalen und

nationalen Geistes, wie er sich in der Paulskirche und in der erbkaiserlichen Partei der Gothaer manifestiert hatte. Vor allem die weit ausstrahlende Wirksamkeit Ludwig Häussers machte die Universität in den Jahrzehnten zwischen Revolution und Reichsgründung zur Hochburg des deutschen Liberalismus; Heidelberg war nahezu die einzige Universität, an der Professoren mit großem Einsatz und Nachdruck in Lehre und Publizistik den Gedanken der Nationaleinheit, zumeist in seiner kleindeutschen Ausprägung, propagierten. Neben Häusser gehörten zur nationalen und liberalen Partei unter den Heidelberger Professoren vor allem Mittermaier und Vangerow sowie die neuberufenen Naturwissenschaftler Bunsen, Kirchhoff und Helmholtz – bezeichnenderweise kamen alle drei von preußischen Universitäten. Die aktiven Liberalen waren in der Professorenschaft numerisch nach wie vor eine Minderheit, besaßen Gewicht und Außenwirkung aber durch ihr wissenschaftliches Ansehen; zusätzlich erhielten sie Auftrieb durch die politische Entwicklung, so daß die großdeutsch Orientierten im Laufe der Zeit immer mehr in eine isolierte Stellung gerieten. Gegenüber dem österreichischen Gesandten in Karlsruhe, der sich bemühte, in Heidelberg eine habsburgische Partei aufzubauen, bezeichnete 1865 der Philologe Johann Christian Felix Bähr (1798–1872) sich selbst, die Juristen Heinrich Zöpfl (1807–77) und Konrad Eugen Franz Roßhirt (1793–1873) sowie den Mediziner Chelius resigniert als ›Überbleibsel einer besseren Zeit‹.

Nach der Neuorientierung der Innenpolitik in Baden nahm die Universität Anfang der sechziger Jahre auf Anregung Vangerows die 1848/49 erfolglos gebliebenen Bemühungen um die Reform ihrer Verfassung wieder auf mit dem Ziel, die Autonomie der Korporation zu stärken. Da aber die Grundlagen der bestehenden Ordnung unangetastet blieben, fiel das Ergebnis bescheiden aus: Die Wahl des Prorektors erfolgte jetzt unmittelbar, so daß dem Landesherrn nur noch das Bestätigungsrecht verblieb; die Zusammensetzung des Engeren Senats änderte sich, insofern jetzt zwei vom Großen Senat gewählte Professoren zusätzlich in ihn eintraten – neben Prorektor, Ex-Prorektor und Dekanen; die Kompetenzen des Großen Senats wurden geringfügig erweitert. Nicht erreicht wurde dagegen eine Lösung des wichtigsten Problems, die Vertretung der Nichtordinarien; nach wie vor blieben sie von Mitsprache in den akademischen Gremien und von Teilhabe an der Selbstverwaltung ausgeschlossen. Hingegen fiel 1868 das letzte Privileg, das die Studenten seit der Gründung der Universität im 14. Jahrhundert von ihrer bürgerlichen Umwelt abgehoben hatte, der akademische Gerichtsstand. ›Die Studierenden der beiden Universitäten Heidelberg und Freiburg stehen‹, wie es im Gesetz hieß, ›lediglich unter den allgemeinen Landesgesetzen‹; der akademischen Gerichtsbarkeit verblieb nur noch die Ahndung bloßer Disziplinarvergehen

mit Karzerstrafe bis zu vier Wochen und Androhung oder Vollzug des
Ausschlusses von der Universität bis zu vier Jahren.

Die Jahre zwischen 1850 und 1870 führten für die Universität einen Aufschwung
der Naturwissen-
schaften
neuen geistigen Aufschwung herauf, der vor allem den Naturwissen-
schaften zu verdanken war. Dabei wirkten eine kluge Berufungspolitik
und gezielte staatliche Förderung zusammen. Bis zur Jahrhundertmitte
hatten die Naturwissenschaften im Fächerkanon eine eher untergeord-
nete Stelle eingenommen; zumeist besaßen sie nur Hilfsfunktionen für
die Medizinische Fakultät. 1846 hatte Philipp Jolly das erste physikalische Laboratorium an einer deutschen Universität in Heidelberg eingerichtet, allerdings ganz auf eigene Kosten. Angestoßen durch Lie-
bigs Entdeckungen und ihre Anwendungsmöglichkeiten gewann seit
1850 vor allem die Chemie an Anziehungskraft, unterstützt durch den
Staat, der sich von Forschung und Lehre in diesem Fach Nutzen für
die Landwirtschaft und die von ihr abhängigen Gewerbe versprach.
Zwischen 1850 und 1860 sind 97% der staatlichen Neuinvestitionen an
der Universität Heidelberg zur Förderung der Chemie ausgegeben
worden; Chemie wurde geraume Zeit zum Modestudium, nicht zuletzt, weil hier soziale Aufstiegschancen geboten wurden, zumal das
Studium der Chemie lange Zeit ohne Abitur möglich war und eine
Promotion nicht die Vorlage einer Dissertation zur Voraussetzung hatte. Als Gmelin 1851 seinen Lehrstuhl, der zur Medizinischen Fakultät
gehörte, aufgab, wollte er, wie er im Rücktrittsgesuch formulierte, einem Chemiker Platz machen, der durch Lehre und Forschung zum
Gedeihen und Ruhm der Universität, zur Förderung der Wissenschaft
und zur Hebung des Wohlstandes beitrage. Nachdem Liebig in der
Konkurrenz mit München nicht für Heidelberg zu gewinnen gewesen
war, wurde Robert Wilhelm Bunsen (1811–99) berufen. Das ihm be- Berufung Bunsens
willigte Gehalt zeigte die neuerworbene Bedeutung des Faches. Hatte
sich sein Vorgänger mit 1800 Gulden zufriedengeben müssen, so erhielt Bunsen 2700 Gulden sowie 400 Gulden Wohnungsgeld und war
damit nach Vangerow der höchstbezahlte Professor in Heidelberg.
Sein Lehrstuhl wurde der Philosophischen Fakultät zugeteilt, während
die Medizinische Fakultät ein eigenes Ordinariat für Chemie erhielt,
aus dem später die Vertretung der Pharmakologie hervorging. Für die
praktische Ausbildung, auf die Bunsen großes Gewicht legte, wurde
ein neues chemisches Institut gebaut, das als das modernste in
Deutschland galt. In über dreißig Jahren hat Bunsen hier nahezu
3500 Praktikanten ausgebildet. Die wissenschaftliche Betätigung seiner Mitarbeiter interessierte ihn dagegen weit weniger, er duldete überhaupt keine habilitierten Schüler in seinem Institut, so daß jüngere Gelehrte wie August Bernthsen, August Kekulé, Hermann Kopp, Albert
Ladenburg ihre Forschungen auf dem Gebiet der materiell und für die
industrielle Praxis zukunftsträchtigen organischen Chemie, die Bun-

sen gar nicht betrieb, in eigenen Privatlaboratorien vornehmen mußten.

Auf Bunsens Veranlassung berief die Regierung als Nachfolger für
Jolly Gustav Robert Kirchhoff (1824–87). Ergebnis der fruchtbaren
Zusammenarbeit von Physiker und Chemiker war die Entdeckung der
Spektralanalyse. Hermann Helmholtz (1821–94), 1858 für Physiologie
berufen, verstärkte das Gewicht und das Ansehen der Naturwissenschaften in Heidelberg. Anläßlich seiner Berufung wurde der Plan ver-
wirklicht, alle naturwissenschaftlichen Institute und Sammlungen außer Bunsens Laboratorium in einem Neubau zusammenzufassen.
Errichtung des Friedrichsbaus 1862/63 entstand daher an der Stelle des Dominikanerklosters der
Friedrichsbau, von dem die Budgetkommission des Landtags hoffte,
er würde ›allen Bedürfnissen der Universität Heidelberg für eine längere Zeit, ja vielleicht auf Jahrhunderte, gründlich und würdig‹ abhelfen (Borscheid, 79). Physik, Mineralogie, Mathematik, Technologie
und Physiologie fanden im Neubau Aufnahme – heute reichen seine
Räumlichkeiten knapp für ein einziges Universitätsinstitut. Der Förderung der naturwissenschaftlichen Forschung und dem geistigen Austausch diente der 1856 begründete ›Naturhistorisch-medizinische Verein‹; nach seinem Vorbild wurde 1863 der ›Historisch-philosophische
Verein‹ ins Leben gerufen. Beide Vereine dienten vor allem als Forum
für jüngere Wissenschaftler.
Neuberufungen Wie gering die Universität weithin die Bedeutung der Naturwissenschaften bewertete, zeigte das Schicksal des Ordinariats für Botanik,
das sie aus Sparsamkeitsgründen fast zehn Jahre lang unbesetzt ließ,
bis die Regierung aus eigener Initiative 1863 Wilhelm Hofmeister
(1824–77) berief, der sich, obwohl ohne akademische Ausbildung und
von Beruf Verlagsbuchhändler, durch wichtige Forschungen einen
Namen in der gelehrten Welt gemacht hatte. Hofmeister gehörte wie
Bunsen zur Philosophischen Fakultät, die sich 1852 erstmals neuen
Tendenzen in der Wissenschaftsentwicklung geöffnet hatte, indem sie
Philologie einen eigenen Lehrstuhl für neuere Philologie errichtete und damit
diese Disziplin, die auf der unteren Ebene der Vermittlung fremder
Sprachen seit dem letzten Jahrhundert durch Sprachlehrer an der Uni-
Philosophie versität vertreten gewesen war, aufwertete. Die Philosophie war erst-
mals seit Hegels Weggang mit Eduard Zeller (1814–1908), der 1862 berufen wurde, wieder angemessen besetzt. Er begründete die von
Heinrich Rickert 1931 gerühmte Heidelberger Tradition in der deutschen Philosophie, deren Wesen darin bestand, daß ihre Vertreter niemals ›die Fühlung mit der Vergangenheit‹ verloren. Karl Knies
(1821–98) führte seit 1865 das Erbe Raus und der ›Staatswirtschafts
Hohen Schule‹ fort; allerdings betrieb er Nationalökonomie in ein-
Geschichts- wissenschaft deutig historischer Ausrichtung. Mit deutlich politischer Absicht holte
die badische Regierung gegen die Bedenken der Fakultät 1867 Hein-

rich von Treitschke (1834–96) als Nachfolger Häussers nach Heidelberg; er sollte die Reichseinigung im deutschen Südwesten propagandistisch unterstützen. Treitschke war der letzte Vertreter der engagiert politisch urteilenden und verurteilenden Heidelberger historischen Schule, die Linie Schlosser–Gervinus–Hagen–Häusser endete mit ihm; sein Nachfolger Bernhard Erdmannsdörffer (1833–1901) verzichtete dann zugunsten gelehrter Arbeit auf die unmittelbare Einwirkung auf die Tagespolitik.

Die Entwicklung der Theologischen Fakultät wurde nach der Jahrhundertmitte durch innerkirchliche Auseinandersetzungen und durch die Gegnerschaft des badischen Oberkirchenrats gegen den herrschenden Geist der Fakultät bestimmt. Im Agendenstreit unterstützte die Fakultät außer Hundeshagen, der sich ganz in die Isolation begab, die liberale Partei in der Landeskirche, 1864 entfesselte Schenkel mit seinem ›Charakterbild Jesu. Ein biblischer Versuch‹ einen Sturm orthodoxer Entrüstung in Baden und darüber hinaus. Während es sich die Fakultät als Verdienst anrechnete, die Studenten ›nicht in ein überliefertes kirchliches System hineinzuzwängen‹, warfen die Repräsentanten der Landeskirche ihr vor, statt Theologie nur ›Philosophie mit mehr oder minder destruktiver Kritik der biblischen Geschichte‹ zu lehren, so daß die Studenten ›außerordentliche Mühe hätten, an ihrem Glauben festzuhalten.‹ Der Ruf der Heidelberger Fakultät als nichtpositiv und das Mißtrauen zwischen Professoren und Landeskirchenleitung führten in den sechziger Jahren zu einem rapiden Absinken der Studentenzahl. Zwar ging das Theologiestudium in dieser Zeit in Deutschland allgemein zurück, aber in Heidelberg war der Frequenzschwund besonders ausgeprägt. Zwischen 1850 und 1865 studierten im Durchschnitt jährlich 80 Theologen in Heidelberg, mit der Höchstzahl von 110 im Jahre 1863 – in der Philosophischen Fakultät waren damals 145 Studenten immatrikuliert –, im nächsten Jahrzehnt betrug der Jahresdurchschnitt 45 Studenten, mit der Tiefstzahl von neun Theologen 1874/75 – bei 218 Studenten in der Philosophischen Fakultät.

Etwas früher als die Theologische Fakultät hatte die Medizinische eine Frequenzkrise erlebt. Die Studentenzahl nahm wegen Überalterung des Lehrkörpers und veralteter Klinikgebäude bis auf 43 im Jahre 1865 ab und wuchs nur langsam wieder an. Nachdem sich Chelius 1864 nach fast fünfzigjähriger Tätigkeit hatte pensionieren lassen, führte Gustav Simon (1824–76) die Heidelberger Chirurgie zu neuer Blüte. Unter ihm begann auch der seit langem angestrebte Bau eines neuen Klinikums im Bergheimer Viertel. Seit 1852 lehrte Friedrich Arnold (1803–90) Anatomie, seit 1858 Nikolaus Friedreich (1826–82), ein Schüler Virchows, innere Medizin.

Die Studenten der Juristischen Fakultät bildeten wie zuvor, so auch in der Zeit nach 1850 den Rückhalt der Universität; regelmäßig stellten sie die Hälfte, in den fünfziger Jahren gelegentlich bis zu zwei Dritteln der gesamten Studentenschaft. Eine ausgebreitete Wirksamkeit, die sich durchaus auch in der politischen Öffentlichkeit vollzog, entfaltete in dieser Fakultät als Nachfolger Mohls seit 1861 der Züricher Staatsrechtslehrer Johann Kaspar Bluntschli (1808–81), ein Schüler Savignys und eine Säule des südwestdeutschen Liberalismus. Levin Goldschmidt (1829–97), der sich in Heidelberg habilitiert hatte, erhielt nach der badischen Judenemanzipation einen Lehrstuhl für Handelsrecht, obwohl sich die Fakultät wegen der Vermehrung der Prüfer, d. h. der Verminderung der Einnahmen aus Prüfungsgebühren, und auch, um einen Zustrom jüdischer Studenten zu vermeiden, gegen diese Beförderung ausgesprochen hatte. Die Fakultät war durch klein- und großdeutsche Aktivitäten ihrer Mitglieder stark zerstritten, aber auch abgesehen vom politischen Moment bot sie der Schilderung Goldschmidts von 1866 zufolge ein düsteres Bild: ›In unserer Fakultät sieht es schlimm aus. Von irgendeinem Zusammenwirken keine Spur. Alles geht auseinander. Roßhirt ist unfähig, Mittermaier wird zu alt, Bluntschli hat nur für Politik Interesse, Renaud zieht sich völlig, selbst vom Spruchkolleg zurück und, was das Schlimmste ist, Vangerow ist krank, so daß zu befürchten steht, er werde nicht mehr lange seine Lehrtätigkeit üben können‹ – er starb 1870.

In allen Fakultäten hatte sich genug an Konfliktstoff sehr unterschiedlicher Herkunft angehäuft, der bei einem eher nebensächlichen Anlaß zur Entladung drängte. Als 1871 der Vorsitz in der Bau- und Ökonomiekommission zwischen deren Direktor und dem Prorektor strittig und die Befugnis des Prorektors, die hohen Kosten für die Beerdigung Gervinus' ohne Rückfrage bei der Kommission zu bewilligen, von dieser in Zweifel gezogen wurde, hefteten sich an diesen Anlaß alle vorhandenen Gegensätze und Streitigkeiten. Vordergründig ging es zunächst um das Verhältnis von Senat und Ökonomiekommission und um erhobene und bestrittene Kompetenzansprüche. Als die Regierung gegen das Votum der Senatsmehrheit den Verwaltungsdualismus beseitigte, indem sie die Kommission aufhob und deren Befugnisse dem Engeren Senat übertrug, schuf sie eine neue Frontstellung zwischen Verteidigern der Autonomie der Universität und Gefolgsleuten des liberalen Ministeriums. In diesen Streit wurde der Gegensatz von Geistes- und Naturwissenschaftlern einbezogen; letztere traten besonders nachdrücklich für die Beibehaltung der Kommission ein, die ihre Forderungen immer bereitwillig – nach Meinung der Minderheit um Knies, Bluntschli, Treitschke allzu bereitwillig – erfüllt hatte. Auch das politische Moment fehlte nicht, da die Minderheit im Großen Senat (17 Professoren) als ›Preußenfreunde‹ galt und aus den Anhängern der liberalen Fraktion bestand, wenn auch diese politische Zuordnung nicht ganz eindeutig war, da zur Mehrheit (19 Professo-

ren) durchaus nicht nur Konservative und Großdeutsche gehörten.
Schließlich wurden in den Auseinandersetzungen im Großen und Engeren Senat auch persönliche Rivalitäten und Animositäten ausgetragen. Der Streit schleppte sich jahrelang hin; das Ergebnis war der Zerfall der Professorenschaft in zwei Lager.

Die Auseinandersetzungen wurden zur Krise der Universität, als eine beträchtliche Zahl bedeutender Wissenschaftler Rufen an andere Universitäten folgte, um dem ›ganz zerrütteten, unbeschreiblich vergifteten kollegialischen Leben‹ (Treitschke, 1872) in Heidelberg zu entgehen. Hinzu kam die gezielte Personalpolitik der preußischen Kultusverwaltung in diesen Jahren, die sich bemühte, Berlin auch geistig zur Hauptstadt des neuen Reiches zu machen. Nachdem Helmholtz schon 1871 nach Berlin gegangen war, verließen zwischen 1872 und 1875 der Theologe Holtzmann, die Juristen Herrmann und Windscheid, der Philosoph Zeller, die Historiker Wattenbach und Treitschke, die Naturwissenschaftler Hofmeister und Kirchhoff sowie der Mathematiker Koenigsberger Heidelberg. Zur personellen Krise kam in denselben Jahren der Zwang für die Universität, ein neues Selbstverständnis zu gewinnen und ihren geistigen Standort im Kaiserreich zu bestimmen, nachdem ihre Rolle als liberale Vorkämpferin des Nationalstaates im Süden mit der Reichseinigung erfüllt war - äußeres Zeichen dafür war der Weggang Treitschkes. Die besondere politische Stellung, die bisher Heidelberg innegehabt hatte, ging auf die 1872 neugegründete Kaiser-Wilhelm-Universität in Straßburg über.

Krise der Universität

Abwanderung bedeutender Gelehrter

Die Entwicklung zum ›Großbetrieb der Wissenschaft‹
1870-1918

Die Krise traf Heidelberg in einem Wandlungsprozeß, der durch zwei Tendenzen in der Entwicklung der deutschen Universitäten nach der Mitte des 19. Jahrhunderts ausgelöst worden war: die Expansion und Spezialisierung von Wissen und Erkenntnis sowie das kontinuierliche Anwachsen der Zahl der Studierenden. Vor allem die Ausweitung und Differenzierung der Wissenschaftsbereiche und, damit verbunden, neue Methoden des Erkennens stellten die Universitäten vor große Aufgaben und zerstörten in wenigen Jahrzehnten tradierte Strukturen in Organisation und Fächerkanon. Auch der Staat sah sich durch die neuen Entwicklungen herausgefordert, wobei Baden, gemessen an den anderen Ländern des Deutschen Reiches, besondere Anstrengungen unternahm, um seine beiden Universitäten und die Technische Hochschule Karlsruhe auf der Höhe der Zeit zu halten. Der Aufwand für die Hochschulen stieg von 1% des badischen Staatshaushalts im Jahre 1860 bis auf 3% zwanzig Jahre später, um dann allerdings geraume

Expansion der Wissenschaften

Anstieg der Staatsdotation

Zeit zu stagnieren. Die staatliche Dotation für Heidelberg, die 1860 114000 Gulden (=196000 Mark) im ordentlichen und 52000 Gulden (=89000 Mark) im außerordentlichen Etat betragen hatte, umfaßte 1880 den Betrag von 634000 Mark im ordentlichen und 24000 Mark im außerordentlichen Etat; für 1900 lauten die entsprechenden Zahlen: 832000 Mark und 432000 Mark, für 1910: 1267000 Mark und 305000 Mark. Damit verfügte Baden über den verhältnismäßig größten Hochschuletat aller deutschen Länder. Während in Preußen am Ende des 19. Jahrhunderts pro Kopf der Bevölkerung jährlich nur 0,60 Mark für die Wissenschaften ausgegeben wurden, waren es in Baden 1,53 Mark. Den erhöhten Anforderungen entsprach das verstärkte Bedürfnis der Kammer nach größerem Einfluß und nach Kontrollmöglichkeiten; daher wurde seit 1880 der Universitätsetat spezifiziert vorgelegt, was der Volksvertretung die Möglichkeit gab, einzelne Posten zu korrigieren.

Die wissenschaftsimmanenten Veränderungen zeigten sich vor allem in der Ausgliederung von Einzeldisziplinen aus den alten Fächern oder in der Einführung ganz neuer Fächer als Universitätswissenschaften. In Heidelberg erstreckte sich diese Entwicklung besonders auf die Philosophische und die Medizinische Fakultät, während die Theologische und die Juristische Fakultät davon fast unberührt blieben; sie haben denn auch ihren Personalbestand in diesen Jahrzehnten nur wenig vermehrt. Um die Spezialisierung an einem besonders eindrücklichen Beispiel zu verdeutlichen: Das alte, von Creuzer als Einheit vertretene Fach Philologie entließ bereits 1852 die neuere Philologie, die ihrerseits zwanzig Jahre später in zwei Ordinariate – hinzukam Sanskrit und vergleichende Sprachwissenschaften – aufgefächert war und nach fünfzig Jahren vier Ordinariate und ein planmäßiges Extraordinariat umfaßte: Neuere deutsche Philologie, vergleichende Sprachwissenschaften (1870), Romanistik (1886 außerordentliche, 1892 ordentliche Professur), Anglistik (1894 a.o., 1902 ord. Prof.), Neuere Romanistik (1902 Extraordinariat). Deutsche Literaturgeschichte wurde erst seit 1920 durch einen Ordinarius vertreten, nachdem sie unter Kuno Fischer und seinen Nachfolgern mit Philosophie gekoppelt gewesen war. Allerdings fand diese fortlaufende Differenzierungstendenz nicht allgemeinen Beifall; schon 1893 ließ die Fakultät wissen, ›die immer weiter getriebene Zersplitterung der modernen Philologie in kleine, selbständig abgetrennte Gebiete ... sei nicht weiter zu befördern, als dem Zweck einer Universität nicht entsprechend.‹ Ähnlich wie bei der Philologie stand es bei der Archäologie, die, ihrerseits 1847 als selbständiges Fach von der Philologie abgetrennt, 1891 bzw. 1894 die alte Geschichte bzw. neuere Kunstgeschichte aus sich entließ. Als neue eigenständige Wissenschaft wurde 1899 die Geographie in die Philosophische Fakultät eingegliedert.

Auch die Formen der Lehrveranstaltungen änderten sich. War bis in die achtziger Jahre hinein die Vorlesung fast die einzige Art, Kenntnisse zu vermitteln, nahmen seither in den Geisteswissenschaften Übungen und Seminare, in Naturwissenschaften und Medizin experimenteller und klinischer Unterricht stark zu – in der Philosophischen Fakultät machten die neuen Arten bis 1914 bereits fast die Hälfte der angebotenen Lehrveranstaltungen aus.

Die Spezialisierung in den vorhandenen Fächern und die Einfügung neuer in den Kanon der Universitätswissenschaften warf die Frage nach der rechtlichen Stellung der Vertreter dieser Fächer auf, d.h. die Frage nach Beförderung zum Ordinariat oder Verweigerung desselben und stattdessen Errichtung von etatmäßigen Extraordinariaten. Die Vorteile des Ordinariats lagen auf der Hand: Unabhängigkeit in der Lehre; Sitz und Stimme in der Fakultät und damit Anteil an der Selbstverwaltung; Beteiligung an Prüfungen und damit die Möglichkeit zur Bildung eines eigenen Schülerkreises; in den Kliniken Gelegenheit zu eigener Liquidation. Die Regierung verschloß sich lange Zeit den Wünschen nach Errichtung von Ordinariaten dann, wenn damit Instituts- oder Klinikneugründungen verbunden waren, also vermehrte Sachausgaben. Die Fakultäten verhielten sich unterschiedlich. Die Philosophische Fakultät zeigte sich gegenüber den Wünschen und Ansprüchen der neuen Fächer verhältnismäßig großzügig, bemühte sich, ihre Vertreter zu etatisieren und möglichst rasch Lehrstühle für sie zu erreichen; Brotneid oder Prestigeprobleme gab es hier offensichtlich kaum. Weitaus schwieriger gestalteten sich die Verhältnisse in der Medizinischen Fakultät, in der Chelius beharrlich jede Spezialisierung abgelehnt und damit die Übernahme der privaten Augenklinik des Ophthalmologen Hermann Knapp (1832–1911) als Universitätsinstitut ebenso wie die Etatisierung ihres Begründers verhindert hatte. Dieselbe Engherzigkeit einem neuen Fach und jüngeren Kollegen gegenüber beherrschte die Fakultät weithin bis 1918 – die drei klassischen Kliniken fürchteten für ihr Unterrichts- und Forschungsmaterial und, wenn dies begreiflicherweise auch unausgesprochen blieb, für ihre Einkünfte. Die Richtschnur der Fakultät blieb durch die Jahrzehnte unverändert: Lehrstuhl und Klinik sollten den neuen Fächern vorenthalten bleiben; daran änderte auch die Einsicht bedeutender Fakultätsangehöriger wie Wilhelm Erb, Vinzenz Czerny oder Ludolf Krehl wenig.

Die badische Regierung erkannte die Notwendigkeit einer Modernisierung der Heidelberger Medizin weit früher als die zuständige Fakultät und setzte die erforderlichen Maßnahmen häufig gegen deren Willen durch, so etwa, als sie Knapp 1867 zum etatmäßigen außerordentlichen Professor ernannte. Ein Jahr später – Knapp hatte unterdessen verärgert die Universität verlassen und war nach Nordamerika ausgewandert – wurde für Ophthalmologie mit Zustimmung der Fakultät ein eigener Lehrstuhl errichtet. Der Fakultätsegoismus zeigte sich besonders deutlich, als die Karlsruher Regierung 1856 den Privatdozenten Theodor von Dusch (1824–90) zum außerordentlichen Professor und Leiter einer selbständigen Poliklinik, die von der medizinischen Klinik abgetrennt und für die ›erkrankten Ortsarmen der Stadt Heidelberg‹ bestimmt wurde, ernannte, um die Überalterung des Lehrkörpers behutsam zu korrigieren. Die Fakultät hat sich mit diesem Oktroi niemals abgefunden, wobei zum grundsätzlichen Pochen auf die Autonomie eine politische Abneigung der konservativ gesinnten Ordinarien gegen einen Kollegen hinzutrat, dessen Vater badischer Außenminister gewesen war und der zur liberalen Fraktion um Häusser zählte. Als die Regierung 1870 von Dusch zum Ordinarius ernannte, geschah dies wiederum gegen den Protest der Fakultät.

Als ordinariatswürdig akzeptierte die Fakultät bis 1892 nur noch Pathologische Anatomie, Psychiatrie sowie Hygiene und Gerichtsmedizin; danach war bis 1918 die Entwicklung abgeschlossen – hatte die Fakultät 1850 über sechs Ordinariate verfügt, so jetzt über elf. Seit Ende des 19. Jahrhunderts wurden zwar neue Fächer grundsätzlich in ihrer Eigenberechtigung anerkannt, ihren Vertretern aber nur der Status von etatmäßigen Extraordinarien zugebilligt; eigene Kliniken blieben ihnen versagt. Eine Zwischenlösung zwischen privater Klinik und Anerkennung als Universitätsinstitut stellten die Spezialabteilungen in der Chirurgischen oder Medizinischen Klinik dar, die sich nach 1890 für Dermatologie, Zahnheilkunde, Neurologie und Orthopädie herausbildeten. Allerdings waren derartige Abteilungen vom jederzeit widerrufbaren Wohlwollen des Ordinarius der Gesamtklinik abhängig.

Ähnlich wie bei der Medizinischen Fakultät verlief die Entwicklung in den Naturwissenschaften: zunehmende Spezialisierung ohne entsprechende Vermehrung der Ordinariate. Die Zahl der Lehrstühle stieg zwischen 1875 und 1918 lediglich von sieben (einschließlich der 1900 wegfallenden Landwirtschaft) auf neun – je ein Lehrstuhl war für Astronomie, Paläontologie, die sich von der Mineralogie trennte, und Mathematik, die bis dahin in Heidelberg als einziger deutscher Universität über nur ein Ordinariat verfügt hatte, eingerichtet worden. Daneben gab es aber fünf etatmäßige Extraordinarien. Besonders die Chemie hatte sich unter Bunsens Nachfolgern Victor Meyer (1848–97) und Theodor Curtius (1857–1928) personell ausgeweitet; Meyer brachte einen Mitarbeiterstab von acht Dozenten und Assistenten mit, und binnen acht Jahren war das Fach durch drei etatmäßige Extraordinarien verstärkt. Nicht so eindeutig schlug sich der Aufschwung, den die Physik seit den achtziger Jahren infolge neuer Erfindungen und Theorien nahm, in der Vermehrung des Heidelberger Lehrkörpers nieder. Georg Hermann Quincke (1834–1924), der noch das ganze Fach

vertrat, erreichte 1896 lediglich die Zuteilung eines Extraordinariats zu
seiner Entlastung. Die fünfte etatmäßige außerordentliche Professur
war für den Astronomen Max Wolf (1863–1932) bestimmt, dem die
Fakultät das ihm von der Regierung zugebilligte Ordinariat lange vor-
enthielt, um nicht mit zwei astronomischen Lehrstühlen das Gleichge-
wicht in der Fakultät zu stören, solange Physik und Chemie jeweils nur
über ein Ordinariat verfügten.

Episode blieb die Errichtung eines Lehrstuhls für Landwirtschaftslehre 1872. Die Verlegung der bis dahin der Technischen Hochschule
in Karlsruhe angegliederten landwirtschaftlichen Fachschule nach
Heidelberg erfolgte auf Drängen des badischen Landwirtevereins, um
das Fach durch akademisches Studium aufzuwerten und die Vorteile
der Verbindung zur Chemie zu nutzen. In Heidelberg hätte zwar an die
Tradition der ›Staatswirtschafts Hohen Schule‹ angeknüpft werden
können, die sich auch die Verbesserung der Landwirtschaft zum Ziel
gesetzt hatte, aber die äußeren Bedingungen waren ungünstig; Ver-
suchsgelände stand nicht zur Verfügung, außerdem war die Sachaus-
stattung und die Qualifikation der von Karlsruhe übernommenen Dozenten unzureichend. Da sich kaum Studenten einfanden, strich der
Landtag 1880 die Mittel für das Landwirtschaftliche Seminar, der
Lehrstuhl blieb bis zum Tode Adolf Stengels (1828–1900) bestehen.
Ein Versuch Eberhard Gotheins, danach im Rahmen der Nationalökonomie durch ein Extraordinariat das Fach Landwirtschaftslehre in
Heidelberg beizubehalten, scheiterte an der Sparsamkeit des Ministeriums.

Der zunehmenden Differenzierung und Spezialisierung der Wissenschaften fiel die einheitliche Philosophische Fakultät zum Opfer.
Schon 1877 hatte Bluntschli auf die Schwierigkeiten der Fakultät hingewiesen, die mit ihrer angewachsenen Zahl von Lehrstühlen fast so
groß war wie die drei anderen Fakultäten zusammen und deren innerer geistiger Zusammenhalt angesichts des ›großartigen Wachstums
der Naturwissenschaften‹ (Bluntschli) mehr und mehr verlorenging.
Nach dem Vorbild von Tübingen und Straßburg wurde 1890 in Heidelberg eine eigene Naturwissenschaftlich-mathematische Fakultät errichtet, zu der fortan die Lehrstühle für Mathematik, Physik, Botanik,
Mineralogie, Zoologie, Chemie und Landwirtschaftslehre gehörten.
Die reduzierte Philosophische Fakultät behielt zehn Lehrstühle: Philosophie, Archäologie, germanisch-romanische Philologie, vergleichende Sprachwissenschaften, orientalische Philologie, Nationalökonomie
sowie je zwei für klassische Philologie und Geschichte. Damit war
erstmals seit 1386 eine wesentliche Veränderung im inneren Gefüge
der Universitätsorganisation vorgenommen worden – die Einteilung
in Sektionen 1803 hatte nur vorübergehend gegolten, und die Fakultäten hatten daneben weiterbestanden.

Die beträchtliche Vermehrung des beamteten Lehrpersonals in der zweiten Hälfte des 19.Jahrhunderts erfolgte, vor allem in den naturwissenschaftlichen und medizinischen Disziplinen, vorwiegend durch Schaffung von etatisierten Extraordinariaten; aber auch die Zahl der übrigen Nichtordinarien – außerordentliche (außerplanmäßige) Professoren, Privatdozenten, Honorarprofessoren – nahm stark zu. Betrug das Verhältnis von Ordinarien zu Nichtordinarien 1860 noch 30:47, davon zwei etatisierte außerordentliche Professoren, so lag das Verhältnis 1914 bei 49:120, davon 13 etatmäßige außerordentliche Professoren. Assistentenstellen an den Instituten wurden zumeist von Nichtordinarien besetzt, obwohl seit 1892 die Assistenten als eigene Gruppe anerkannt waren. Zur gemeinsamen Interessenvertretung gründeten die Nichtordinarien 1909 die ›Vereinigung der Honorarprofessoren, außerordentlichen Professoren und Privatdozenten an der Universität Heidelberg‹, erreichten allerdings nach langen Auseinandersetzungen 1911 nur eine bescheidene Reform der Universitätsverfassung: Die etatmäßigen außerordentlichen Professoren erhielten Sitz und Stimme in der Fakultät, sofern sie eine selbständige Spezialdisziplin vertraten; von Personaldebatten waren sie allerdings weiterhin ausgeschlossen. Darüber hinaus bekamen alle Nichtordinarien ein Antrags- und Informationsrecht. Die Senate blieben den Ordinarien vorbehalten, und keine Fakultät beeilte sich, die Reform in die Praxis zu überführen. Als 1902 von der Regierung eine Amtstracht, bestehend aus Talar und Barett, für Heidelberg und Freiburg eingeführt wurde, erstreckte sich das Recht, sie zu tragen, gleichfalls nur auf die ordentlichen Professoren.

Die Differenzierung der Wissenschaften und die Spezialisierung der Forscher sowie die Notwendigkeit besserer Studienbedingungen fanden ihren institutionellen Niederschlag in der Gründung neuer Seminare und Institute. Bis in die sechziger Jahre hinein hatte die Universität neben den Kliniken und den Instituten für theoretische Medizin sowie für Physik und Chemie, dem botanischen Garten und der mineralogischen Sammlung nur über zwei Seminare verfügt, das 1807 von Creuzer gegründete Philologische Seminar und das 1838 aus dem Pädagogischen Seminar hervorgegangene ›Evangelisch-protestantische Prediger-Seminar‹, das eine Zwischenstellung zwischen Staat und Landeskirche einnahm. Nach dem Streit um den Seminardirektor Schenkel wurde es als ›Evangelisch-protestantisch-theologisches Seminar‹ ein reines Universitätsinstitut ohne Verpflichtung für badische Pfarramtskandidaten, es zu besuchen. 1895 löste sich aus diesem Seminar das Wissenschaftlich-theologische Seminar mit fünf Abteilungen, neben dem das Praktisch-theologische in weniger angesehener Stellung zurückblieb. Im Zusammenhang mit der Reform der Gymnasiallehrerausbildung in Baden, durch die eine Teilung in philologische und mathematisch-naturwissenschaftliche Fachlehrer vorgenommen sowie zwischen dem ersten und zweiten Staatsexamen eine pädagogische Ausbildung vorgeschrieben wurde, reorganisierte die Regierung ohne Mitwirkung der Universität 1865 das Philologische Seminar. Hatte es bisher über eine feste Mitgliederzahl verfügt, konnten seither alle Studierenden der Philologie an seinen Veranstaltungen teilnehmen, die ›in der wissenschaftlichen Interpretation je eines griechischen und lateinischen Schriftstellers‹ und ›in Disputationen über eingereichte Abhandlungen philologischen Inhalts‹ (Statut von 1867) bestanden. Am Seminar wurde 1878 der erste Assistent der Philosophischen Fakultät angestellt, der bis 1919 im Amt blieb, obwohl er unterdessen außerordentlicher und dann Honorarprofessor geworden war. Nach seiner Reorganisation wies das Philologische Seminar als erstes die bis heute üblichen Kennzeichen eines Universitätsinstituts auf: eigener Etat, eigene Räume und Bibliotheksbestände.

Im Zusammenhang mit der neuen Aufgabe der Ausbildung von Gymnasiallehrern entstanden das Seminar für neuere Sprachen und das Mathematisch-physikalische Institut; beide verankerten in ihren Statuten den Doppelaspekt von Wissenschaft und Praxis. So sollten ›die Studierenden der Mathematik und Physik zu selbständigen und wissenschaftlichen Arbeiten (angeleitet) und ... im Vortrage sowie in der schulmäßigen Behandlung wissenschaftlicher Gegenstände aus den genannten Disziplinen‹ geübt werden; ähnlich setzte sich das Seminar für neuere Sprachen zum Ziel, ›das wissenschaftliche und praktische Studium derselben zu fördern, insbesondere die künftigen Lehrer der neueren Sprachen an Gymnasien und Realschulen auf ihren Beruf vorzubereiten‹. 1878 in ›Germanisch-romanisches Seminar‹ umbenannt, teilte es sich erst 1923/24 in die drei Seminare für Germanistik, Romanistik und Anglistik auf. Ohne den Bezug zur Praxis herstellen zu wollen, entstanden in der Philosophischen Fakultät als wissenschaftliche Einrichtungen 1866 das Archäologische Institut mit alter Geschichte und neuerer Kunstgeschichte sowie 1889 das Historische Seminar; bis 1914 folgten Gründungen für fast alle Fächer der Fakultät. Mit dem Staatswissenschaftlichen Seminar unter Bluntschli und Knies wurde 1871 ein fakultätsübergreifendes Institut ins Leben gerufen, das einen Ersatz für die in Heidelberg nicht vorhandene Staatswissenschaftliche Fakultät bieten sollte; 1911 wurde dieser Versuch abgebrochen. Die Juristische Fakultät verzichtete wie die Theologische auf die Bildung mehrerer kleiner Institute und bevorzugte die Form des einheitlichen Seminars mit Abteilungen und kollegialer Leitung.

Die zahlreichen Neugründungen im Bereich der Geisteswissenschaften verlangten ebenso wie die steigende Zahl der Studenten nach mehr Räumlichkeiten. Das aus Anlaß des Jubiläums 1886 von der Universität gewünschte neue Zentralgebäude wurde aus Geldmangel

Neue Seminare
und Institute

Räumliche
Ausdehnung der
Universität

nicht gebaut, sondern nur die Domus Wilhelmiana durchgreifend und aufwendig renoviert. 1901 erwarb der Staat das Museumsgebäude (auf dem Platz des Hauptbaus der Neuen Universität) und richtete es als ›Neues Kollegienhaus‹ für Lehrveranstaltungszwecke, Seminare und Fakultäten her. Ein Neubau wurde nur für die Universitätsbibliothek errichtet. Sie war ein wissenschaftliches Institut von eigenständiger Bedeutung geworden, seit sie mit Karl Zangemeister 1873 erstmals einen hauptamtlichen Direktor erhalten hatte. Das bisherige Bibliotheksgebäude, das alte Jesuitengymnasium, erhielt als ›Seminarienhaus‹ eine neue Bestimmung, nachdem bis dahin alle Institute der Geisteswissenschaften im Haus Augustinergasse 7 untergebracht gewesen waren. Der Vorschlag des Archäologen von Duhn 1905, klassische Philologie, alte Geschichte, Archäologie und Kunstgeschichte in einem einheitlichen ›Institut für Altertum und Kunst‹ zusammenzufassen und dafür anstelle des abzureißenden Weinbrennerbaus am Marstallhof einen Neubau aufzuführen, scheiterte dagegen an Finanzierungsschwierigkeiten.

Die Spezialisierung in den Naturwissenschaften führte nicht zu einer Vielzahl von Seminargründungen, sondern nur zur Vergrößerung bestehender Institute. Nach Bunsens Rücktritt wurde das Chemische Institut, das einstmals vorbildlich gewesen, unterdessen aber ziemlich veraltet war, da Bunsen keine Erneuerung gewünscht hatte, modernisiert und erweitert. Botanik und Zoologie erhielten neue Gebäude in der Vorstadt, die allerdings recht bescheidene Ausmaße aufwiesen. Demgegenüber erreichte der 1912 bezogene, am Abhang des Heiligenbergs gelegene Neubau des Physikalischen Instituts eindrucksvolle Dimensionen – die Universität hatte mit ihm erstmals den Neckar überschritten. Freilich zeigte die isolierte Lage, daß über die räumliche Ausdehnung der Universität noch keine eindeutigen Vorstellungen bestanden, ein Generalplan noch nicht vorhanden war. Als neues Seminar wurde 1900 das Mathematische Institut gegründet, als das Mathematisch-physikalische Seminar aufgelöst wurde.

Konzentrierten sich die Geisteswissenschaften im alten Universitätsviertel und die Naturwissenschaften an der westlichen Hauptstraße, so brachte die Verlegung der Kliniken in das Bergheimer Viertel seit 1876 endgültig eine räumliche Dreiteilung der Universität. Der Anstoß zum Neubau des Klinikums war von Chelius' Nachfolger Karl Otto Weber (1827–67) gegeben worden, der mit großem Nachdruck auf die sanitären Mißstände in den bestehenden Bauwerken hingewiesen hatte. Das neue Klinikviertel erforderte beträchtliche Investitionen, 1,84 Mill. Mark betrugen die Baukosten allein für das Akademische Krankenhaus, das 1876 bezogen wurde. Es umfaßte außer der Chirurgischen (158 Betten) und der Medizinischen Klinik (192 Betten) – mit einer Auslastungsquote von 65% im Jahre 1884 – die Medizini-

sche Poliklinik, die den ärztlichen Dienst der drei im Zuge der Reichs-
gesetzgebung in Heidelberg gegründeten Krankenkassen übernahm
und in der 1885 3200 Kranke behandelt wurden, die Augenklinik mit
66 Betten (1878) und das Pathologisch-anatomische Institut (1876).
Auf dem gleichen Areal lagen die Frauenklinik (120 Betten), die 1884
bezogen wurde, die Ohrenklinik (1877) und die Irrenklinik (1878). Andere Spezialeinrichtungen kamen hinzu, so daß das Gelände um die
Jahrhundertwende fast vollständig bebaut war. 1910 betrug die Zahl
der Betten in allen Universitätskliniken des Bergheimer Viertels zusammen fast 1100, und entsprechend nahm das Klinikum in diesem
Jahr nahezu 70% des Sachetats der Universität in Anspruch. Allerdings machten sich die Nachteile der Lage zwischen Bahnhofsviertel
und großen Fabriken mehr und mehr bemerkbar, außerdem waren die
Kliniken um 1900 in ihrer Konzeption bereits vielfach wieder veraltet,
so daß Heidelberg neben den modernen Freiburger Anstalten zunehmend ins Hintertreffen geriet.

Die Zahl der Studenten hatte in Deutschland zwischen 1835 und
1860 stagniert, wenn es auch in Heidelberg um die Mitte der vierziger
Jahre für kurze Zeit zu einem Anwachsen gekommen war, das aber mit
1848 jäh abbrach. Im allgemeinen waren erst 1872 die Zahlen von 1830
wieder erreicht, um dann kontinuierlich anzusteigen. Heidelberg
nahm an dieser Aufwärtsentwicklung teil - einen Rückschlag erlebte
es allerdings zwischen 1873 und 1877. Im Sommersemester 1883 waren
erstmals über 1000 Studenten immatrikuliert, das folgende Wintersemester brachte dann aber einen Rückgang auf 730. Seit 1894 studierten
kontinuierlich mehr als 1000 Studenten in Heidelberg, 1908 war erstmals die Zahl von 2000 überschritten. Heidelberg gehörte damit zu
den mittelgroßen Universitäten. Seit 1884 war es von Freiburg in der
Studentenzahl überholt worden, und der Abstand zwischen beiden badischen Universitäten wurde seither laufend größer. 1864 hatte das
Verhältnis Heidelberger zu Freiburger Studenten noch 792:310 betragen, für 1914 lauteten die entsprechenden Zahlen 2668:3178. Während Freiburgs studentenreichste Fakultät die Medizinische war, bis zu
40% der Immatrikulierten umfassend – daneben übten die modern
ausgestatteten Naturwissenschaften große Anziehungskraft aus –,
blieb Heidelberg vorwiegend eine Juristenuniversität, was mit dem
Nachteil verbunden war, daß es zur ›Sommeruniversität‹ wurde. Besonders stark waren die Schwankungen im Jahrzehnt 1870-80, als im
Sommer die Studentenzahl um fast die Hälfte, bei den Juristen fast um
100% höher lag als im Winter; der größte Abstand betrug 300 Studenten. Diese Diskrepanzen zwischen Sommer- und Wintersemester gingen in den folgenden Jahrzehnten allmählich zurück, in den Jahren
vor dem Ersten Weltkrieg betrug das Verhältnis der Studenten im Wintersemester zu denen im Sommersemester nur noch 100:113.

*Frequenz in der
zweiten Hälfte
des Jahrhunderts*

Sommeruniversität

Die Juristische Fakultät war trotz des allgemeinen Rückgangs des Jurastudiums in den achtziger Jahren bis zum Beginn des 20. Jahrhunderts – wenn auch mit Unterbrechungen – die größte Fakultät, verlor aber 1907 diesen Platz an die Philosophische Fakultät, die durch das vermehrte Gymnasiallehrerstudium und den Ruf der Heidelberger Geisteswissenschaften beträchtlichen Zulauf erhalten hatte. Wenig später verdrängte die Medizinische Fakultät die Juristen auch vom zweiten Platz; seit 1911/12 war sie dann die größte Fakultät. Die Theologen blieben in der zweiten Jahrhunderthälfte beständig die kleinste Fakultät und kamen erst 1911 wieder auf über 100 Studenten.

Für die geographische Herkunft der Heidelberger Studenten blieb der hohe Anteil von Nichtbadenern kennzeichnend; der Anteil der Landeskinder betrug zeitweise unter 25% und überstieg bis 1914 im Durchschnitt niemals ein Drittel aller Immatrikulationen – in Freiburg hatte der Anteil der Badener an der Studentenschaft 1870/71 noch über 80% betragen, war dann aber bis 1914 gleichfalls auf unter ein Drittel abgesunken. Eine Heidelberger Besonderheit blieb der hohe

Ausländeranteil, der in der zweiten Jahrhunderthälfte durchschnittlich 10–15% aller Immatrikulationen ausmachte. Auffallend war die zeitweise große Zahl der polnischen Studenten, daneben die der Russen, die teilweise als Staatsstipendiaten nach Heidelberg kamen, allerdings von ihren deutschen Kommilitonen nicht allgemein akzeptiert wurden. 1901 beschwerte sich die Klinikerschaft beim Senat über das angeblich unstudentische Benehmen der russischen Studenten und über deren mangelhafte Sprachkenntnisse. Studentische Anträge, Ausländer vor Aufnahme des Studiums einer Sprachprüfung zu unterziehen, lehnte die Universität jedoch ab. Ende 1862 wurde eine russische Lesehalle begründet, die bis 1914 bestand.

Bei der Zulassung von Frauen zum Studium hatte Baden eine Vorreiterrolle im Deutschen Reich inne; 1900 erlaubte es als erster deutscher Staat Frauen mit Gymnasialzeugnis die Immatrikulation und räumte ihnen das Promotionsrecht ein. Aber schon 1891 hatte die Heidelberger Naturwissenschaftlich-mathematische Fakultät mit Genehmigung des Ministeriums, wenn auch gegen den Protest des Engeren Senats, der für das Ansehen der Universität fürchtete, Frauen als Hospitanten zugelassen, sofern der Dozent einverstanden war. Mit einem solchen Einverständnis hatten sogar schon seit 1869 für kurze Zeit Frauen an Vorlesungen teilnehmen dürfen, bis der Große Senat ihren generellen Ausschluß verfügte. Als erste Frau wurde 1895 die Tochter des früheren Heidelberger Juristen Windscheid von der Philosophischen Fakultät, die im gleichen Jahr Frauen widerruflich zum Studium zuließ, promoviert. Die Zahl der weiblichen Studenten wuchs nach 1900 verhältnismäßig rasch; 1903 studierten in Heidelberg 30 Frauen (2%), 1910/11 162 (8%, Reichsdurchschnitt 2,5%) und 1914 266 (10%,

116

Reichsdurchschnitt 6–7%). Bevorzugt wurden von ihnen die Medizinische, die Philosophische und die Naturwissenschaftlich-mathematische Fakultät.

An studentischen Organisationen bestanden bis 1854 in Heidelberg nur die Corps, nachdem die Burschenschaften in der Vormärzzeit und nach 1848 unterdrückt worden waren. Auch die Corps waren nicht anerkannt, wurden aber geduldet und vom Senat immer mit Wohlwollen behandelt. Als sie ihren Anspruch auf die Vertretung der Gesamtstudentenschaft durch die Gründung einer neuen Burschenschaft erschüttert sahen, bekämpften sie die Konkurrenz gleich so entschieden, daß sie 1856 vorübergehend aufgelöst und die Hauptschuldigen an den Tumulten von der Universität verwiesen wurden. Für kurze Zeit war sogar Militär in die Stadt verlegt worden, um die Ordnung zu garantieren. Noch im gleichen Jahr hob aber der Senat alle Verbotsbestimmungen auf und ließ studentische Verbindungen jeder Art uneingeschränkt zu. Das Verhältnis zwischen den Corps und den an Mitgliedern rasch anwachsenden Burschenschaften blieb jahrzehntelang gespannt, obwohl ideologisch kaum Differenzen bestanden, da die Burschenschaften ihre politische Tradition nicht wieder aufnahmen. Auch andere studentische Verbindungen entstanden, dazu wissenschaftliche Vereine; 1886 gab es in Heidelberg fünf Corps, zwei Burschenschaften, die christliche Verbindung Wingolf und 15 nichtfarbentragende Vereinigungen – 1910 war die Gesamtzahl der Korporationen auf 34 angestiegen. Das Sozialmilieu der Corps kennzeichnet ihre Festschrift von 1886: ›Die Mitglieder der Corps sind allezeit aus demjenigen Teile der Studenschaft hervorgegangen, welcher in seinem Vermögen nicht zu sehr beschränkt war und sich wohl erlauben durfte, auch gelegentlich einmal nicht allzu genau mit den Einnahmen zu rechnen‹; mit gewissen Abstrichen galt dies auch für die Burschenschaften.

Obwohl sie stets nur etwa ein Drittel der Studenten umfaßten, erhoben die Verbindungen den Anspruch, die gesamte Studentenschaft zu repräsentieren. Die Nichtorganisierten gründeten 1881 einen ›Ausschuß der Studentenschaft der Ruprecht-Karolinischen Universität‹, um ›ihre gemeinsamen Interessen nach außen zu vertreten‹. Nach einer Krise wurden 1885 die Statuten des Ausschusses unter dem Einfluß der Korporationen revidiert. Seither setzte sich der Ausschuß aus je einem Vertreter aller beim Senat gemeldeten Korporationen sowie aus acht, später zehn gewählten Vertretern der Freistudenten, zwei je Fakultät, zusammen – eine krasse Bevorzugung der organisierten Studenten; ebenso waren im geschäftsführenden Komitee die Nichtorganisierten nur mit einem Mitglied vertreten, während drei weitere von den Corps, den Burschenschaften und den übrigen Korporationen gestellt wurden. Der Ausschuß war eine Zwangsorganisation, die einen

Semesterbeitrag erhob. Eine Gesamtvertretung aller Nichtorganisierten wurde als ›Heidelberger freie Studentenschaft‹ 1903 gegründet; da aber der Versuch mißlang, die Monopolstellung des Ausschusses zu brechen, löste sie sich 1913 wieder auf. Eine erste ›Vereinigung studierender Frauen in Heidelberg‹ war bereits im Wintersemester 1901/2 ins Leben getreten; 1904 entstand die ›Organisation der Studentinnen Heidelbergs‹, die alle Rechte einer Korporation in Anspruch nahm und daher auch Sitz und Stimme im Ausschuß erhielt.

Das Ansehen der Universität sicherte in den Jahrzehnten vor dem Ersten Weltkrieg ein in allen Fakultäten mit bedeutenden Wissenschaftlern ausgestatteter Lehrkörper. Die Verluste der siebziger Jahre waren ausgeglichen, die Auffächerung der Wissenschaften verhalf mehr Professoren als in früherer Zeit zu ausgedehnter und anerkannter Wirksamkeit. In der Theologischen Fakultät war Ernst Troeltsch (1865-1923), der seit 1894 systematische Theologie vertrat, die faszinierendste Erscheinung, die Fächer- und Zuständigkeitsgrenzen souverän übersprang. Als Nachfolger des liberalen Kirchenhistorikers Adolf Hausrath (1837-1909) kam 1906 Hans von Schubert (1859-1931) nach Heidelberg und begründete hier eine bis heute weiterwirkende Tradition der Reformationsgeschichtsforschung. Weiterhin bestehen blieb das Mißtrauen des badischen Oberkirchenrats gegen die Fakultät. Seine bei jeder Besetzung wiederholten Versuche, die Phalanx der liberalen und kritischen Theologen zu durchbrechen, hatten erst 1891 Erfolg, als es gelang, Ludwig Lemme (1847-1921) durchzusetzen, nach dem Urteil Troeltschs ein Mann ›von einer unglaublichen Unverschämtheit und Unkollegialität‹, der sich ›für den Retter Gottes in Baden‹ halte. Über die Zusammensetzung der Fakultät kam es sogar im Landtag zu Interpellationen, die 1910 in der Ersten Kammer zu einem scharfen Zusammenstoß zwischen Troeltsch und einem Vertreter der positiven Richtung führten. Im allgemeinen setzte sich die Fakultät auch weiterhin mit ihren Berufungsvorschlägen bei der Regierung gegen den Oberkirchenrat durch.

Glänzend war die Juristische Fakultät besetzt, an der als letzter der großen Heidelberger Pandektisten seit 1874 Ernst Immanuel Bekker (1827-1916) wirkte und seit 1891 Georg Jellinek (1851-1911) als Staatsrechtslehrer das Erbe Mohls und Bluntschlis weiterführte. Nur kurze Zeit hat Otto (von) Gierke (1841-1921) Rechtsgeschichte gelehrt, sein Nachfolger wurde 1888 Richard Schröder (1838-1917), Mitbegründer und erster Leiter des Deutschen Rechtswörterbuch. Aus Berlin kam 1916 Gerhard Anschütz (1867-1948) nach Heidelberg zurück, wo er schon früher einen Lehrstuhl innegehabt hatte. Jurisprudenz und Philologie bei der Erforschung des römischen Rechts verband Otto Gradenwitz (1860-1935).

In der Medizinischen Fakultät fand im ersten Jahrzehnt nach 1900 Medizinische Fakultät in fast allen Fächern ein Wechsel statt. Der Anatom Karl Gegenbaur (1826–1903) trat 1901 in den Ruhestand und wurde von seinem Schüler Max Fürbringer (1846–1920) abgelöst; im gleichen Jahr wurde Albrecht Kossel (1853–1927) Nachfolger von Willy Kühne (1837–1900) auf dem Lehrstuhl für Physiologie – 1910 der erste Heidelberger Professor, der einen Nobelpreis erhielt; Lenard, Nobelpreisträger von 1905, war zur Zeit der Verleihung Professor in Kiel und kam erst zwei Jahre darauf nach Heidelberg. Ferdinand Adolf Kehrer (1837–1914), der die große Tradition Heidelberger Gynäkologie erfolgreich fortgesetzt hatte, ließ sich 1902 pensionieren, ein Jahr später ging Emil Kraepelin (1856–1926), der zehn Jahre die Psychiatrie in Heidelberg vertreten hatte, nach München. Vinzenz Czerny (1842–1916), seit 1877 in Heidelberg Ordinarius für Chirurgie, der wie einst Chelius weltweiten Ruf genoß, verließ seinen Lehrstuhl 1906, in der inneren Medizin vollzog sich 1907 der Wechsel von Wilhelm Erb (1840–1921) zu Ludolf (von) Krehl (1861–1937); im gleichen Jahr übernahm Paul Ernst (1859–1937) das Ordinariat für Pathologische Anatomie von Julius Arnold (1835–1915).

Unbestrittenes Haupt der Philosophischen Fakultät war bis zur Philosophische Fakultät Jahrhundertwende Kuno Fischer (1824–1907), der als Nachfolger Zellers nach Heidelberg gekommen war. Als er 1903 nach fast dreißigjähriger Heidelberger Wirksamkeit in den Ruhestand trat, erhielt sein Schüler Wilhelm Windelband (1848–1915), Begründer der südwestdeutschen Schule des Neukantianismus, das philosophische Ordinariat; ihm folgte 1916 Heinrich Rickert (1863–1936). 1913 habilitierte sich Karl Jaspers (1883–1969) in der Philosophischen Fakultät für Psychologie und erhielt 1921 einen Lehrstuhl. In der klassischen Philologie hatte Erwin Rohde (1845–98) wie auch Albrecht Dieterich (1866–1908) die Grenzen rein philologischer Arbeit weit hinter sich gelassen, während Franz Boll (1867–1924) die Rückkehr auf das eigentliche Fachgebiet vollzog. In der benachbarten Disziplin der Archäologie, die seit 1880 für vierzig Jahre von Friedrich von Duhn (1851–1930) vertreten wurde, errang die alte Geschichte unter Alfred von Domaszewski (1856–1927) ihre Eigenständigkeit, während die neuere Kunstgeschichte ihren ersten Ordinarius mit Henry Thode (1857–1920) erhielt. Anders als sein Nachfolger Carl Neumann (1860–1934) kam Thode in inner- und außeruniversitärer Wirksamkeit fast Kuno Fischer gleich. Die Historiker blieben häufig nur kürzere Zeit in Heidelberg. Dietrich Schäfer (1845–1929) sah sich, obwohl Mediävist, in der politischen Tradition Treitschkes, war Antisemit und einer der Vorkämpfer des Alldeutschen Verbandes. Sein Nachfolger wurde 1903 Karl Hampe (1869–1936), der Heidelberg zu einem Mittelpunkt mittelalterlicher Forschung machte. Auch seine Neuzeitkollegen Erich

Marcks (1861–1938), der sieben Jahre in Heidelberg wirkte, und Hermann Oncken (1869–1945), der 1923 nach München ging, betrieben historische Forschung ohne unmittelbare politische Absicht. Der neuphilologische Lehrstuhl war seit der Berufung von Wilhelm Braune (1850–1926) auf die Germanistik beschränkt, während Anglistik mit Johannes Hoops (1865–1949) und Romanistik mit Fritz Neumann (1854–1934) eigene Vertreter erhielten. Für deutsche Literaturgeschichte habilitierte sich 1911 Friedrich Gundolf (1880–1931), nachdem dieses Fach vorher nur durch Max Freiherr von Waldburg (1858–1938) als Lehrbeauftragten und von den Philosophen versehen worden war. Ein Ordinariat erhielt Gundolf erst 1920, als sein Weggang nach Berlin drohte. Das selbständig gewordene Fach Geographie vertrat Alfred Hettner (1859–1941), dessen Vater Hermann früher in Heidelberg als Privatdozent für Ästhetik und Kunstgeschichte gewirkt hatte. Eine besondere Blüte erlebte um die Jahrhundertwende die Nationalökonomie. Max Weber (1864–1920) übernahm 1897 den Lehrstuhl von Karl Knies, wegen seiner Erkrankung errichtete das Ministerium 1900 den seit längerem von der Universität geforderten zweiten Lehrstuhl, den nach Karl Rathgen (1856–1921) Alfred Weber (1868–1958) erhielt. An die Stelle Max Webers trat 1904 Eberhard Gothein (1853–1923).

In der Naturwissenschaftlich-mathematischen Fakultät übernahm nach der kurzen Wirksamkeit Victor Meyers 1898 Theodor Curtius Bunsens Lehrstuhl und Institut, das er weiter ausbaute. Das physikalische Ordinariat erhielt 1907 der Nobelpreisträger Philipp Lenard (1862–1947), der seine wissenschaftliche Bedeutung später durch rabiaten Nationalismus und Antisemitismus verdunkelte. Wie Lenard kehrte auch der Mathematiker Leo Koenigsberger (1837–1921) nach früherer Heidelberger Lehrtätigkeit hierher zurück. Während der Lehrstuhl für Zoologie seit 1878 mit Otto Bütschli (1848–1920) besetzt war, trat in der Botanik 1907 ein Wechsel ein; auf Ernst Pfitzer (1846–1906) folgte Georg Klebs (1857–1918). Erster Ordinarius für Geologie und Paläontologie wurde 1908 Wilhelm Salomon-Calvi (1868–1941), nachdem Heinrich Rosenbusch (1836–1914) als letzter Mineralogie und Geologie zusammen vertreten hatte. Auf der Sternwarte arbeitete Max Wolf, dem die Fakultät aus Proporzgründen 1901 nur unter Bedenken ein persönliches zweites Ordinariat für Astronomie zuerkannte.

Die Berufungen seit 1890 veränderten allmählich den Charakter der Heidelberger Professorenschaft. Die Geheimratsuniversität, als deren Repräsentant der Jurist Bekker, Prorektor des aufwendigen Jubiläumsjahres 1886, gelten konnte, war nicht mehr die einzige Form gesellschaftlichen Lebens. Um Henry Thode, den Schwiegersohn von Cosima Wagner-Liszt, versammelte sich ein Bayreuther Zirkel, vor allem

120

aber prägten Max Weber und Stefan George mit ihrer Umgebung das,
was Zeitgenossen und Nachlebende den ›Heidelberger Geist‹ genannt
haben. Als Ersatz für akademische Wirksamkeit versammelte Weber
Kollegen und jüngere Gelehrte zu geistigem Austausch um sich, einige
Jahre bestand mit fester Mitgliederzahl der Eranos-Kreis, in dem reli-
gionswissenschaftliche und soziologische Fragen diskutiert wurden.
Zum engsten Freundes- und Gesprächskreis Max Webers gehörten
Troeltsch, Gothein, Jellinek, während Vertreter der Naturwissenschaften nicht einbezogen wurden; nur Krehl gehörte zum Eranos-Kreis.
Aus der Sicht des Abseitsstehenden kritisierte denn auch der Psychologe Hans Driesch den Heidelberger Geist: ›Jedes sich nicht in den
höchsten Regionen bewegende Gespräch war eigentlich verpönt, die
Naturwissenschaften und ihre Vertreter wurden etwas mitleidig von
oben herab betrachtet.‹ Noch viel mehr galt diese Feststellung für den
George-Kreis, der in Heidelberg entstand, seit mit Gundolf der Lieb-
lingsschüler des Dichters hier lehrte. Weber und George blieben sich
letztlich fremd. ›Die Vergottung irdischer Menschen und die Reli-
gionsstiftung auf George .. erscheint uns als Selbsttäuschung von
Menschen, die dem Gegenwartsleben nicht ganz gewachsen sind‹
(Marianne Weber, 1911); George lehnte demgegenüber den Rationalisten Weber ab, der sich der Wirklichkeit stellte, statt sie mit großer Ge-
ste aufzuheben. Über Gothein und Gundolf blieben aber Beziehungen
zwischen beiden Ausprägungen Heidelberger Geistes bestehen.

Der Ruf Heidelbergs als Stätte von Wissenschaft und Forschung
wurde um 1900 auch durch die Gründung von Institutionen gefestigt,
die in mehr oder minder enger Verbindung zur Universität standen.
1898 verlegte das Land die alte Mannheimer Sternwarte von Karlsruhe
auf den Königstuhl; ihre Direktoren übernahmen den akademischen
Unterricht in Astronomie. Ließ sich die Beziehung zur Universität hier
ohne Mühe herstellen, gestaltete sich dies bei dem von Czerny 1906
mit Privatspenden begründeten Institut für experimentelle Krebsfor-
schung sehr viel schwieriger. Obwohl Heidelberg dank der Initiative
Czernys über das erste selbständige Krebsforschungsinstitut Deutschlands mit einer wissenschaftlichen und einer klinischen Abteilung für
inoperable Patienten (Samariterhaus) verfügte, wandte sich die Fakultät zunächst gegen den Plan, vor allem gegen die Krankenabteilung
wegen der möglichen Nachteile für die bestehenden Kliniken. Später
wurde das Samariterhaus in das Klinikum eingegliedert, die wissenschaftliche Abteilung in ein eigenes Institut umgewandelt. Auf der
Grundlage einer Stiftung des Mannheimer Industriellen Lanz ent-
stand 1909 die Heidelberger Akademie der Wissenschaften nach dem
Vorbild der älteren Institutionen in Berlin, München, Göttingen und
Leipzig. Schon zum Universitätsjubiläum hatte Friedrich I. von Baden
Heidelberg eine solche wissenschaftliche Einrichtung zugedacht, die

an die Tradition der humanistischen Sodalitas literaria Rhenana von Celtis sowie an die Kurpfälzische Akademie in Mannheim hätte anknüpfen können. Der Plan war aber damals an sachlichen Einwänden und persönlichen Rivalitäten unter den Heidelberger Professoren gescheitert. ›Leitstern der Akademie‹ sollte, der Eröffnungsrede Koenigsbergers zufolge, der ›Geist der Versöhnung zwischen spekulativem Denken und empirischer Forschung, dieses Streben nach Wahrheit und Fortschritt, gleichviel auf welchem Gebiete menschlicher Tätigkeit‹ sein. Da die finanzielle Ausstattung bescheiden war, konnten zunächst nur wenige Forschungsprojekte gefördert werden.

Universität Frankfurt Die Pläne zur Gründung einer Universität in Frankfurt/Main, die sich ab 1907 verdichteten, haben Heidelberg nicht beunruhigt, im Gegensatz zu Gießen und Marburg. In den nächsten Jahren nutzte die Universität das Frankfurter Projekt jedoch mehrfach in Karlsruhe, um Etaterhöhungen durchzusetzen. Max Weber, von den Frankfurter Stadtverordneten der SPD um ein Gutachten gebeten, kritisierte von denselben Voraussetzungen her, aufgrund deren er 1909 gegen den herkömmlichen Zuschnitt der Heidelberger Akademie polemisiert hatte, die Errichtung einer Universität, die der Kultusverwaltung unterworfen sei, statt die Stiftungsmittel wenigstens teilweise freier Forschung zuzuwenden. Bei der Gründung der Mannheimer Handelshochschule 1907 leisteten Heidelberger Professoren, an ihrer Spitze Gothein, tatkräftige Hilfe; die Heidelberger Professorenschaft stellte in der Folgezeit auch einen Teil des Mannheimer Lehrkörpers.

Handelshoch-
schule Mannheim

Zusammen-
setzung der
Studentenschaft
1914 Im Sommersemester 1914 waren in Heidelberg 2668 Studenten immatrikuliert, davon 1030 ($=38{,}6\%$) in der Medizinischen Fakultät; die Philosophische Fakultät brachte es auf 652 Studenten ($=24{,}4\%$), die Juristische auf 478 ($=18\%$); Naturwissenschaften studierten 304 ($=11{,}4\%$), Theologie 204 ($=7{,}6\%$) Studenten. Heidelberg gehörte damit in die Gruppe der mittelgroßen Universitäten, neben Breslau, Göttingen, Halle, Kiel, Marburg und Tübingen. Im Raumbedarf und in der Modernisierung war die Universität nach den großen Klinikbauten der siebziger Jahre um die Jahrhundertwende allerdings zurückgeblieben, so daß Ernst Troeltsch als Vertreter der Universität in der Ersten Kammer 1910 über den Zustand der Medizinischen Klinik befand: ›Es fehlt an Heizung, Luft und Licht, und ein Teil der Räume ist vollständig veraltet.‹ Bei den Etatberatungen 1912 stellte er allgemeiner fest: ›Es muß rund herausgesagt werden: Die Heidelberger Institute sind zum großen Teil veraltet, abgenützt und der heutigen Frequenz überdies räumlich nicht mehr genügend.‹ Troeltsch verlangte daher: ›Es muß für das Ganze, insbesondere für die Geländeentwicklung ein bestimmter Plan gefaßt werden, der die allmähliche Erneuerung der Universität ermöglicht.‹ Dringlich war nach seinen Angaben der Bau eines neuen Universitätsgebäudes mit den entsprechenden Se-

Raumbedarf

minarienhäusern anstelle des unzureichenden und baufällig werden-
den Museumsgebäudes sowie, noch dringlicher, die Erneuerung vieler
medizinischer und naturwissenschaftlicher Institute und Kliniken. Eine vom Engeren Senat ausgearbeitete ›Denkschrift über den baulichen
Zustand der Universität‹ forderte 1911 die Aufstellung eines General-
bauplans statt bloßer Einzelmaßnahmen. Erstmals wurde jetzt die Verlegung der Naturwissenschaften und der Medizin auf das nördliche
Neckarufer ins Auge gefaßt, um ein Schritthalten mit den modernen
Anforderungen zu gewährleisten. Der Prorektor von Schubert riet,
›daß die Regierung in einem und demselben Moment so viel Terrains
rechts des Neckars kauft wie möglich. . . . Sieht man auf weit hinaus,
so kann es doch kaum einem Zweifel unterliegen, daß später einmal
alles auf das rechte Neckarufer hinübergelegt werden muß, die ganze
Medizin und die ganze Naturwissenschaft, wenn auch vielleicht erst in
fünfzig Jahren. Und Universitäten gründet man doch für Jahrhunder-
te‹ (Riese, 279). Obwohl sich nach Bekanntwerden derartiger Überle- Geländeankauf im
Neuenheimer Feld
gungen die Grundstückspreise angeblich sofort verdoppelten, begann
die Regierung noch 1911 mit dem Geländeankauf. Als erste Einrichtung der Universität wurde der botanische Garten, der schon zweimal
eine Vorreiterrolle bei der räumlichen Ausdehnung gespielt hatte –
1834 auf ein Areal zwischen Sofien- und Rohrbacher Straße, 1879 an
die Bergheimer Straße verlegt –, 1914 ins Neuenheimer Feld verlagert.

Die günstigen Zukunftsperspektiven zerstörte der Erste Weltkrieg, Studentenzahlen
im
Ersten Weltkrieg
der die Periode des großen geistigen und materiellen Reichtums des
bürgerlichen Zeitalters jäh beendete. Die Studentenzahl ging nach
Kriegsausbruch stark zurück, um dann nominell kontinuierlich wieder
anzusteigen, von 2000 im Wintersemester 1914/15 auf 2800 im Sommersemester 1918; der Anteil der Studentinnen erhöhte sich bis zum
Ende des Krieges auf 500 (18%). Der überwiegende Teil der Studenten
stand an der Front, die Totenliste der Universität nannte 1919 473 Studenten, 20 Bedienstete und 4 Dozenten.

Wie der überwiegende Teil der deutschen Hochschullehrer haben Professorenpolitik
sich die Heidelberger Professoren von der Aufbruchsstimmung und
den ›Ideen von 1914‹ mitreißen lassen; den ›Aufruf der Vertreter deutscher Wissenschaft und Kunst an die Kulturwelt‹ vom Oktober 1914
unterzeichneten aus Heidelberg von Duhn, Lenard und Windelband.
Mit Ausnahme von Lenard fanden die akademischen Vertreter eines
ungehemmten Annexionismus und Nationalismus allerdings in Heidelberg kaum Resonanz, Delbrücks Erklärung gegen die berüch-
tigte Seeberg-Adresse 1915 wurde von Anschütz, Bütschli, Driesch,
Troeltsch und den Brüdern Weber unterschrieben. 1917 wandten sich
32 Heidelberger Professoren gegen die Gründung der ›Deutschen Vaterlandspartei‹, an der Gründung des ›Volksbundes für Freiheit und
Vaterland‹, der als Gegengewicht gegen die neue Partei gedacht war,

beteiligten sich Oncken, Troeltsch und Max Weber. Die Bewußtseinslage am Ende des verlorenen Krieges formulierte Hermann Oncken bei der Gedenkfeier der Universität für ihre Toten im Juli 1919, wenige Tage nach der Unterzeichnung des Versailler Friedensvertrags: ›Als Geschlagene denken wir derer, die für uns siegten; als Schuldiggesprochene derer, die im Bewußtsein unseres Rechtes in den Tod gingen; und als die Überlebenden preisen wir diejenigen glücklich, deren Los sie solchem Ausgang für immer entrückt hat.‹

Das zwanzigste Jahrhundert

Die Weimarer Republik

Die Revolution am Ende des Ersten Weltkriegs hat die deutschen Universitäten weder institutionell noch geistig neu geprägt. Bemühungen einzelner Kultusverwaltungen, vor allem der preußischen unter Carl Heinrich Becker, um äußere und innere Reformen blieben im wesentlichen erfolglos. Die während des Krieges vollzogene politische Spaltung der Professorenschaft in Annexionisten und Gemäßigte setzte sich in die Republik hinein fort, wobei auch das numerische Ungleichgewicht zwischen beiden Gruppen erhalten blieb. Die durch den Sturz der Monarchie und den Zusammenbruch des Reiches tief getroffenen Hochschullehrer suchten zum größeren Teil ihre Zukunftsorientierung in der Vergangenheit, ohne bereit zu sein, die eingetretenen Veränderungen zu bejahen und sich am Aufbau der Republik zu beteiligen. Die häufig betont hervorgekehrte überparteilich-unpolitische Haltung bedeutete vor allem eine Distanzierung vom bestehenden Staat, das Selbstverständnis als unparteiisch-objektive Hüter der überlieferten nationalen Werte verband sich zwanglos mit der Hinneigung zu konservativen Parteien, die – jedenfalls ihrer Propaganda nach – eben diese Werte wieder zur Geltung bringen wollten. Da den Universitäten das traditionelle Selbstergänzungsrecht erhalten blieb, konnte auch über den wissenschaftlichen Nachwuchs kaum eine geistige Neuorientierung der Korporation in Gang kommen; von Regierungsseite oktroyierte Professoren blieben zumeist isoliert.

Diesem Bild nahezu ungebrochener Kontinuität vielfach fragwürdig gewordener Traditionen entsprach die Universität Heidelberg in der Weimarer Republik nur sehr teilweise. Die institutionellen Reformen waren allerdings auch hier bescheiden geblieben. Das Privileg der Universität, im Landtag durch einen eigenen Abgeordneten vertreten zu sein, entfiel mit der Beseitigung der Ersten Kammer, das Amt des Rector magnificentissimus wurde mit der Abdankung des Großherzogs vakant. Dementsprechend führte die Universität im Januar 1919 die vor 1803 übliche Bezeichnung Rektor für den bisherigen Prorektor

Kontinuität zwischen Monarchie und Republik

Rektoramt

wieder ein. Beim Fakultätsturnus blieb es trotz mancher Vorstöße zugunsten einer wirklichen Wahl; vergeblich forderten Anschütz, von Schubert, Salomon-Calvi, Herbst und Jost 1925 eine freie Rektorwahl ohne Rücksicht auf Fakultät und Dienstalter, ›da in politisch so bewegten Zeiten der Universität großer Nutzen (dadurch) erwachsen kann, daß die für die Leitung ihrer Geschäfte geeignetste Person jederzeit gewählt und auch beliebig oft wiedergewählt werden kann‹. Erst 1932 beschloß der Engere Senat, die Rektorkandidaten künftig durch *Verfassung* ein Gremium der Altrektoren nominieren zu lassen. Die neue Universi- *von 1919* tätsverfassung, die vom badischen Kultusministerium im März 1919 mit Zustimmung von Heidelberg und Freiburg erlassen wurde, brachte die längst fällige Einbeziehung der Nichtordinarien in die Selbstverwaltung auf Senatsebene, wenn auch nur in recht bescheidenem Ausmaß. Dem Engeren Senat gehörten seither zwei gewählte Vertreter dieser Gruppe an; in den Großen Senat wurden alle Dozenten, die über Sitz und Stimme in den Fakultäten verfügten, sowie alle übrigen planmäßigen außerordentlichen Professoren und die Honorarprofessoren aufgenommen. In den Fakultäten saßen künftig jeweils ein oder zwei gewählte Vertreter der planmäßigen außerordentlichen Professoren sowie der außerplanmäßigen Professoren und Privatdozenten. Damit war die äußere Reform der Universität beendet.

Reform der Nur in der Personalstruktur vollzog sich 1919 eine zurückhaltende *Personalstruktur* Modernisierung insofern, als die Extraordinariate für Spezialfächer in der Medizinischen Fakultät, Hals-Nasen-Ohrenkrankheiten, Orthopädie, Kinderheilkunde, Dermatologie, Zahnheilkunde, in persönliche Ordinariate umgewandelt wurden; zu Planstellen kamen sie allerdings erst 1926. Auf eine Verjüngung des Lehrkörpers zielte die Einführung einer allgemeinen Altersgrenze für Professoren, wahlweise 65 oder 68 Jahre, die Baden nach dem Vorbild der meisten deutschen Hochschulländer 1922 einführte. Da bisher der Eintritt in den Ruhestand ganz vom Belieben der Betroffenen abgehangen hatte, protestierten diese und die Universität gegen die Rechtsminderung und gegen ›den unterschiedslos durchgeführten Abbau aus politischen Gründen‹, wie es im Rektoratsbericht für das Amtsjahr 1924 hieß.

Staatswissen- Am organisatorischen Aufbau der Universität änderte sich nach *schaftliche* 1918 fast nichts. Für die Verleihung des Grades eines ›Dr. der Staats- *Kommission* wissenschaften‹ (Dr. rer. pol.) wurde 1922 aus Vertretern der Nationalökonomie, der Rechts- und Gesellschaftswissenschaften, des Staats- und Völkerrechts sowie der Geschichte eine ›Staatswissenschaftliche Kommission‹ gebildet, deren Vorsitz der Dekan der Philosophischen Fakultät innehatte – Ersatz für die fehlende Staatswissenschaftliche *Ehrensenator* Fakultät. Anpassung an gewandelte Verhältnisse bedeutete die Ein- *und Ehrenbürger* führung der Auszeichnung ›Ehrensenator‹ und ›Ehrenbürger‹ für Gönner und Stifter, auf die die Universität stärker als früher angewiesen war und für die bisher als Entgelt nur die Ehrendoktorwürde zur Verfügung gestanden hatte.

Von der politischen Ausrichtung, die die große Mehrzahl der deutschen Universitäten und ihres Lehrkörpers bestimmte, wich die Heidelberger Universität in bemerkenswerter Weise ab. Sie galt als ›akademische Hochburg des neuen Deutschland‹, als ›Musteruniversität‹ der Republik (Berliner ›Welt am Morgen‹ 1926; zit. nach Kreutzberger, 74). Sicher traf diese Bewertung nur eingeschränkt zu, aber auch Carl Zuckmayer hat rückblickend von Heidelberg als ›der fortschrittlichsten und geistig anspruchvollsten Universität Deutschlands‹ in den zwanziger Jahren gesprochen, und für Jürgen Kuczynski war Heidelberg ›im ersten Viertel dieses Jahrhunderts die bedeutendste gesellschaftswissenschaftliche Universität Deutschlands‹. Offene Parteizugehörigkeit oder -affinität waren im Lehrkörper allerdings nicht sehr verbreitet; dem gemäßigten Flügel der DNVP gehörte Ludwig Curtius an, der DVP Alexander Graf zu Dohna. Mit der DDP sympatisierten Anschütz, der den maßgeblichen Kommentar zur Reichsverfassung schrieb, Dibelius, Gothein, Hellpach, 1925 Reichspräsidentschaftskandidat der Liberalen, Jaspers sowie Alfred und Max Weber, während Radbruch und Lederer Mitglieder der SPD waren. Wie an anderen Universitäten gab es auch in Heidelberg einen ›Politischen Club‹ republikanisch gesinnter Dozenten, der etwa dreißig Mitglieder umfaßte, darunter vor allem junge Wissenschaftler, die öffentlich nicht politisch hervortreten wollten. Von den etwa sechzig Lehrstuhlinhabern hat sich in den zwanziger Jahren fast ein Viertel an Kundgebungen und Manifesten zugunsten der Reichsverfassung und gegen die rechtsextreme Radikalisierung beteiligt oder ist auf andere Weise mit Wort und Schrift für den bestehenden Staat eingetreten. Dabei ist diese Zahl vor allem deshalb beachtlich, weil vermutlich nicht wenige Professoren in überparteilichem Selbstverständnis die Meinung von Willy Andreas geteilt haben dürften, der seinen Namen grundsätzlich nicht für vermeintlich bloß tagespolitisch bedingte Aktionen zur Verfügung stellen wollte. Dennoch unterzeichnete Andreas im Dezember 1924 zusammen mit fünfzehn weiteren Heidelberger Hochschullehrern, darunter den Ordinarien Anschütz, E. R. Curtius, Dibelius, Hampe, Heinsheimer, Herbst, Hoffmann, Jaspers, Jost, Thoma und Weber, einen Wahlaufruf für die DDP.

Mit der politischen Aktivität zahlreicher Hochschullehrer nahm Heidelberg seine liberale Tradition aus der Mitte des 19. Jahrhunderts wieder auf, wenn auch der Anteil überzeugter Republikaner hier wie überall sehr viel kleiner gewesen ist als der Kreis der ›Vernunftrepublikaner‹ (Meinecke), die dem modernen Parteienstaat ohne eindeutige Führung skeptisch und nicht ohne Bedenken gegenüberstanden. Auf der Gegenseite fehlten aber in Heidelberg extrem rechte Professoren von Einfluß – Lenard wurde mit seinen völkischen und antisemitischen Tiraden von seinen Kollegen nicht ernstgenommen und blieb in seiner Fakultät isoliert, der seit 1924 emeritierte Jurist Endemann und der Dozent für klassische Philologie Fehrle traten erst 1932 mit einem Bekenntnis zur NSDAP an die Öffentlichkeit.

Bei Zurückhaltung der Theologen – außer Martin Dibelius, der zum Befremden seiner Fakultätskollegen 1925 für die Wahl von Wilhelm Marx zum Reichspräsidenten eintrat und als Englandkenner vor Hindenburg wegen dessen Belastung im Ausland warnte – und bei nahezu völliger politischer Enthaltsamkeit der Mediziner und Naturwissen- *Juristische Fakultät* schaftler in der Öffentlichkeit stellte die Juristische Fakultät den Kern der demokratischen Professorengruppe Heidelbergs dar. Auch der Wille zur Außenwirkung und das Bewußtsein der öffentlichen Verpflichtung waren hier am weitesten verbreitet. So stand es für Gerhard Anschütz (1867–1948) außer Frage, daß der Staatsrechtslehrer vor allem dazu berufen sei, ›sich als politischer Erzieher zu betätigen‹, und Richard Thoma (1874–1957) ließ sich von der Überzeugung leiten, der Gelehrte sei ›zur Teilnahme am aktiven Leben‹ verpflichtet. In seiner Rektoratsrede, die – erstmals in Heidelberg – von lauten Mißfallensäußerungen begleitet war, hat Anschütz 1922 die Weimarer Verfassung verteidigt: ›Es gilt, dieses Kompromiß (sc. zwischen Bürgertum und Arbeiterschaft) zu ehren in dem allbeherrschenden Interesse der im Innern zu bewahrenden, nach außen zu bewährenden nationalen Einheit.‹ Die 1926 erfolgte Berufung des früheren sozialdemokratischen Reichsjustizministers Gustav Radbruch (1878–1949), der schon vor dem Kriege in Heidelberg als Privatdozent gewirkt hatte, auf den Lehrstuhl für Strafrecht bezeugte gleichfalls den nach vorn gerichteten, offenen Geist der Fakultätsmehrheit, zu der auch Karl Heinsheimer (1869–1929), Max Gutzwiller (geb. 1889), Walter Jellinek (1885–1955) und – etwas zurückhaltender – Alexander Graf zu Dohna (1876–1944) gehörten.

Institut für Sozial- und Staatswissenschaften Einen ebenso starken Mittelpunkt republikanischer Gesinnung bildete das Institut für Sozial- und Staatswissenschaften, dessen Spiritus rector Alfred Weber (1868–1958) war, der das Institut ausdrücklich als Verbindungsglied zwischen Wissenschaft und Öffentlichkeit verstand; Mitdirektor war als Nachfolger von Eberhard Gothein (1853–1923) Emil Lederer (1882–1939), als Lehrkräfte wirkten am ›Insosta‹ unter anderem Arnold Bergsträsser (1896–1964), Hans von Eckardt (1890–1957), Emil Gumbel (1891–1966), Karl Mannheim (1893–1947), Jakob Marschak (1898–1977) und Arthur Salz (1881–1963) sowie als Lehrbeauftragte Marie Baum (1874–1964). Aus der Philosophischen *Philosophische Fakultät* Fakultät bekannte sich eine beachtliche Minderheit offen zum Weimarer Staat und seinen demokratischen Parteien, so Eberhard Gothein, Karl Hampe, Willy Hellpach, Karl Jaspers, Emil Lederer, Carl Neumann, Hermann Oncken, Alfred Weber. Einen Aufruf zur Wiederwahl Hindenburgs 1932 unterzeichneten 24 der 59 Heidelberger Ordinarien, darunter auch Mediziner und Naturwissenschaftler, wenn auch in geringer Zahl.

Am Weimarer Kreis verfassungstreuer Hochschullehrer waren mit Anschütz, Dohna, Radbruch und Weber Heidelberger Professoren führend beteiligt; auf der ersten Tagung 1926 stellte Heidelberg mit acht Teilnehmern hinter Berlin mit dreizehn das größte Kontingent, obwohl die Universität nur zu den mittelgroßen Deutschlands gehörte. Allerdings zeigte sich gerade im Weimarer Kreis, der maßgeblich von den Historikern Friedrich Meinecke und Walther Goetz getragen wurde, die ambivalente Haltung auch der staatsbejahenden Professoren. Sie scheuten zwar nicht das Bekenntnis zur Verfassung, suchten aber durch Entgegenkommen die Integration möglichst vieler konservativer Kollegen zu erreichen und fürchteten den Vorwurf der Politisierung und Gruppenbildung, der von dieser Seite erhoben wurde. Zu Sozialisten und Pazifisten blieben sie in betonter Distanz.

Ein politisches Bekenntnis bedeutete die Entscheidung der Philosophischen und der Juristischen Fakultät 1928, Gustav Stresemann ehrenhalber zum Doktor der Staatswissenschaften zu promovieren. Damit sollte der Dank für fünf Jahre erfolgreicher Außenpolitik ausgedrückt werden; in der von Willy Andreas entworfenen Urkunde wurde Stresemann gewürdigt als ›hochverdient um die Festigung von Staat und Wirtschaft, durchdrungen von Deutschlands Recht auf Leben und Freiheit, ... (der) als Bahnbrecher einer Politik der geistigen Annäherung und friedlichen Verständigung der Völker sich eingesetzt‹ hat. Zusammen mit Stresemann erhielt der amerikanische Botschafter in Berlin, Jacob Gould Schurman, als Dank für die Geldsammlung zum Bau der Neuen Universität die philosophische Doktorwürde.

Die Ehrung Stresemanns war gerade in Heidelberg um so bemerkenswerter, als hier die Grenzlandsituation, der Verlust des Elsaß mit der Universität Straßburg sowie die unmittelbare Nähe des besetzten linksrheinischen Gebiets stark empfunden wurde. Ende 1922 hatte Anschütz – allerdings in einer besonders verhärteten außenpolitischen Krisensituation – in seiner Rektoratsrede erklärt: ›Der Feind steht nicht links und nicht rechts, er steht am Rhein‹, und bei der Feier anläßlich der Rheinlandräumung 1930 zeigte sich Andreas außerordentlich mißtrauisch gegenüber der französischen Politik und gab als Losung aus: ›Räumung Europas von Unrecht und Gewalt‹, wozu vor allem die Wiederherstellung der deutschen Gleichberechtigung und territoriale Rückerstattungen in West und Ost gehörten; ›Weichsel und Oder müssen mit gleicher Inbrunst (sc. wie der Rhein) durch unsere Seelen rauschen.‹ Andererseits war Heidelberg 1922 als einzige deutsche Universität bereit gewesen, dem Wunsch des Auswärtigen Amtes zu folgen und durch eine Abordnung zur 700-Jahrfeier der Universität Padua an der ersten großen internationalen Zusammenkunft von Wissenschaftlern nach dem Kriege teilzunehmen.

Die Heidelberger Studenten, soweit sie sich politisch und hochschulpolitisch äußerten – die AStA-Wahlen fanden im allgemeinen mit einer Beteiligung um 50% statt –, folgten nicht dem Vorbild des staatsbejahenden Teils ihrer akademischen Lehrer, sondern der von Corps und Burschenschaften vorgezeichneten Richtung nach rechts. Wie früh sich dabei mindestens ein Teil der Korporationen auf wesentliche Bestandteile der völkischen Ideologie festgelegt hat, zeigte der Deutsche Burschenschaftertag von 1920, der den ›Rassenstandpunkt‹ proklamierte: ›Nur deutsche Studenten arischer Abstammung, die sich offen zum Deutschtum bekennen‹, durften Mitglied einer Burschenschaft werden; Ausschließungsgrund war die Unterstützung ›internationaler oder separatistischer Parteien‹ sowie die Heirat mit einem ›jüdischen oder farbigen Weib‹. Die Korporationen und ihre hochschulpolitischen Zusammenschlüsse prägten das Bild, das die Öffentlichkeit von der Heidelberger Studentenschaft gewann, auch wenn sie nur eine Minderheit darstellten – 1931 gehörten ihnen etwa 30% aller Heidelberger Studenten an – und Gumbel 1930 wohl zu Recht feststellte, daß die Mehrheit der deutschen Studenten der Republik nicht feindlich gegenüberstehe, sondern ›apolitisch‹ sei. Unter den politisch interessierten Studenten waren jedoch die Gewichte eindeutig zugunsten der rechts und völkisch orientierten Gruppen verteilt, während die demokratischen und sozialistischen Studentenorganisationen niemals über eine größere Mitgliederzahl oder über nennenswerten politischen Einfluß verfügten.

Nach der Revolution wurde der alte, korporativ zusammengesetzte ›Ausschuß der Heidelberger Studentenschaft‹ durch einen ›Allgemeinen Studentenausschuß‹ (AStA) als Studentenparlament abgelöst, der nach dem allgemeinen Wahlrecht zunächst auf ein Semester, seit 1923 jährlich gewählt wurde. Die Studentenschaft stellte eine Zwangsorganisation dar, die von jedem Immatrikulierten einen Semesterbeitrag erhob. Heidelberg wurde Mitglied in der 1919 gegründeten Deutschen Studentenschaft, die die Studentenausschüsse aller deutschen und österreichischen Hochschulen umfaßte. Bei den ersten Wahlen 1919, mit einer Beteiligung von 70%, erreichte die Vereinigung Heidelberger Verbindungen 18 Sitze, die Liste der Freistudenten 16, davon die Sozialisten 4. Für die nächsten Wahlen schlossen sich die politisch aktiven Studenten in zwei neuen Gruppen zusammen, der Arbeitsgemeinschaft Deutscher Studenten, die ›alle nationalgesinnten, auf vaterländischem Boden stehenden Studenten‹ vereinigen wollte und sich vor allem auf die Korporationen stützte – die katholischen und jüdischen Verbindungen traten allerdings 1921 wieder aus –, und der Freien

Hochschulgruppe Heidelberg, deren Ziel die ›zeitgemäße Umgestaltung der Hochschulen und des studentischen Lebens‹ war. Über das größere Wählerpotential verfügte eindeutig die rechtsorientierte Gruppe, die bei den Wahlen im Sommersemester 1920 auf 18 Sitze kam, die Freie Hochschulgruppe nur auf 7. In der Folgezeit bewarben sich auch Fachschaften einzelner Fakultäten oder Disziplinen um Mandate, katholische Freistudenten und Verbindungen organisierten sich in der Katholischen Studentenschaft.

Wie alle Universitäten wurde auch Heidelberg in die Auseinandersetzungen einbezogen, die in der Deutschen Studentenschaft über Staatsbürgerprinzip oder Volksbürgerprinzip (nationalkulturelles Prinzip) als Mitgliedskriterium für Auslandsdeutsche geführt wurden, d.h. ob jüdische ausländische Studenten zur Deutschen Studentenschaft gehören konnten oder ausgeschlossen bleiben sollten, was die österreichischen Studentenvertretungen forderten. Während die Heidelberger Satzung 1919 vom Staatsbürgerprinzip ausging, enthielt eine 1924 vom AStA vorgenommene Änderung eine völkische Klausel. Da der Kultusminister Hellpach der neuen Satzung die Anerkennung verweigerte und auf dem Prinzip beharrte, daß alle Deutsch-Österreicher bzw. Österreicher deutscher Muttersprache ein Wahlrecht zum AStA besäßen, setzten sich die kompromißbereiten Kräfte in der Heidelberger Studentenschaft durch, so daß eine neuformulierte Satzung von der Regierung Ende 1925 gebilligt werden konnte. Mit dieser Genehmigung war zugleich die Heidelberger Studentenschaft als Selbstverwaltungsorganisation erstmals staatlich anerkannt, was in den meisten deutschen Hochschulländern schon früher geschehen war. Sie wurde allerdings wegen der Übernahme des Staatsbürgerprinzips nun aus der Deutschen Studentenschaft ausgeschlossen.

Die Nachgiebigkeit in der Frage der Mitgliedschaft war kein Anzeichen für eine politische Neuorientierung der Heidelberger Studenten. 1924/25 stellten sogar, ohne daß der Stimmenanteil der Völkischen dies gerechtfertigt hätte, die Nationalsozialisten den AStA-Vorsitzenden und den Kassenwart, und auch die Wahlen im Sommersemester 1925 brachten keine Verbesserung in der Position der demokratischen Gruppen: Großdeutsche Studentengruppe (die frühere Arbeitsgemeinschaft) 11, Völkische 3, Freie Hochschulgruppe 6, Katholische Studentenschaft 3 Sitze. Nach den Wahlen im Sommersemester 1930 übernahm wieder ein Nationalsozialist den AStA-Vorsitz, nachdem der 1926 gegründete, mitgliederschwache, aber rührige Nationalsozialistische Deutsche Studentenbund (NSDStB) bei einer Wahlbeteiligung von 70% von 46 Sitzen 17 gewonnen hatte, gegenüber 12 Sitzen für die Großdeutschen, 10 für den Republikanischen Hochschulblock, 6 für die Katholische Studentenschaft und 1 für die Rote Studentenfront. Der NSDStB trat so provozierend auf, daß der Engere Senat den

Rektor Anfang 1930 ermächtigte, politischen Gruppen das Tragen von
Uniformen in Universitätsräumen zu untersagen.

Wehrsport

Von den rechten Verbänden und Verbindungen wurde im Wintersemester 1930/31 ein ›Akademisch-Wissenschaftliches Arbeitsamt‹ eingerichtet, das den Wehrsport koordinieren sollte, nachdem der Deutsche Burschenschaftertag schon 1929 allen seinen Mitgliedern die
Wehrausbildung zur Pflicht gemacht hatte. Gelände- und Schießübungen fanden unter Anleitung des Stahlhelms statt, die Arbeit wurde
durch eine finanzielle Unterstützung des Akademischen Ausschusses
für Leibesübungen, einer Universitätseinrichtung, gefördert. Um die
übrigen Kosten des Wehrsports zu decken, kürzte der AStA die Sozial

Auflösung und
Wiederzulassung
der Studenten-
vertretung

ausgaben. Anfang 1931 entzog Kultusminister Remmele der Heidelberger Studentenschaft die staatliche Anerkennung wegen fortgesetzten Verstoßes gegen ihre Satzung, Ausschlusses der Minderheit von
allen Ämtern, satzungswidriger Verwendung von Geldern sowie einseitiger parteipolitischer Betätigung des AStA, was sich besonders auf
die Krawalle gegen Gumbel bezog. Erst nach Vorlage einer neuen Satzung, die die Auflagen der Regierung berücksichtigte, wurde die Studentenschaft im Juli 1932 wieder als Selbstverwaltungsorganisation
zugelassen. Eine Beruhigung der Lage war jedoch nicht eingetreten;

Letzte freie
Wahlen zum
Studenten-
parlament

als zehn Tage vor der Machtübernahme durch Hitler AStA-Wahlen bei
einer Beteiligung von nicht weniger als 73,5% stattfanden, erhielten
der NSDStB von 39 Sitzen 18, der Nationale Block (bisher Großdeutsche) 8, die Katholische Studentenschaft 7, der Republikanische
Hochschulblock 4, die Rote Studentenfront 2 Sitze. Damit hatten sich
die politisch Interessierten unter den Heidelberger Studenten mit
Zweidrittelmehrheit für Nationalismus und Antisemitismus entschieden.

Zur Kennzeichnung des Ortes der Universität Heidelberg in der politischen Landschaft der Republik gehört auch das Verhalten von Professoren und Studenten in den Auseinandersetzungen um exponierte

Fall Ruge

Angehörige des Lehrkörpers. 1920 entzog das Ministerium auf Antrag
der Philosophischen Fakultät dem Privatdozenten für Philosophie Arnold Ruge die Lehrbefugnis, nachdem er, wegen antisemitischer Ausfälle vor eine Untersuchungskommission der Universität geladen,
Rektor und Professoren beschimpft hatte. Weiterungen hatte dieser

Fall Lenard

Fall nicht. Philipp Lenard, der seinem Gesinnungsgenossen durch einen Aufruf zur materiellen Unterstützung Ruges zu Hilfe gekommen
war, wurde 1922 selbst Urheber eines Skandals. Aus antirepublikanischem und antisemitischem Ressentiment hatte er die Anordnung, am
Tage der Beisetzung Rathenaus das Physikalische Institut zu beflaggen
und zu schließen, nicht ausgeführt, da seiner Meinung nach wegen eines toten Juden die Studenten nicht faulenzen dürften. Sein Verhalten
wirkte um so provozierender, als er schon den 1. Mai als gesetzlichen

132

Feiertag ignoriert hatte. Unter der Leitung Carlo Mierendorffs, eines
Schülers Alfred Webers und Vorsitzenden der Sozialistischen Studentengruppe Heidelberg, drangen Arbeiter und Studenten in das Physikalische Institut ein, um die Durchführung der Anordnung zu erzwin-
gen. Nach Auseinandersetzungen wurde Lenard vorübergehend von
der Polizei in Schutzhaft genommen. Auf Anweisung der Regierung
führte die Universität 1923 ein Disziplinarverfahren gegen ihn durch,
das aber nur mit einem Verweis endete, da Lenard behauptete, nichts
von der Anordnung zur Flaggenhissung gewußt zu haben. Ein Entlas-
sungsgesuch, das er einreichte, zog er zurück, nachdem eine studentische Petition mit über 1000 Unterschriften – bei etwa 2600 Immatrikulierten insgesamt – ihn zum Bleiben aufgefordert hatte. Mierendorff
wurde mit anderen wegen Haus- und Landfriedensbruchs verurteilt,
aber im Disziplinarverfahren der Universität unter dem Vorsitz des
Rektors Anschütz vom Vorwurf, Sitte und Ordnung des akademischen
Lebens gestört zu haben, freigesprochen. Der ganze Fall Lenard figu-
rierte in Rechtszeitungen als ›die Schande von Heidelberg‹.

Die Auseinandersetzungen um Emil Gumbel erschütterten die Universität sehr viel nachhaltiger als der Fall Lenard. Die Behandlung
Gumbels durch seine Kollegen zeigte, wie niedrig die Toleranzschwel-
le lag, wenn der jenseits von parteipolitischen und ideologischen Inter-
essendivergenzen bewahrte Konsens über bestimmte Werte, die Inte-
grationsfunktion besaßen und der Einheitsstiftung dienen sollten, wie
nationale Ehre, Vaterland, Heldentum und Opfertod im Kriege,
grundsätzlich in Frage gestellt wurde. Geschah dies, so überwogen Ir-
rationalität und das durch die Kriegsniederlage tief verletzte patriotische Gefühl. Daher ließen sich auch die verfassungstreuen und staatsbejahenden Mitglieder des Lehrkörpers von dem Strom der Emotio-
nen vorbehaltlos mittragen, als Gumbel, seit 1923 Privatdozent für
Statistik, Jude, Kriegsfreiwilliger von 1914 und Pazifist, 1924 auf einer
Veranstaltung der Deutschen Friedensgesellschaft in Heidelberg von
den Kriegstoten sprach, die, ›ich will nicht sagen, auf dem Felde der
Unehre gefallen sind, aber die doch auf gräßliche Weise ums Leben
kamen.‹ Die Entrüstung war vehement. Vor allem die sogenannten nationalen Studentenorganisationen protestierten, und die Universität
sah offenbar die Gelegenheit gekommen, sich des umstrittenen Dozenten zu entledigen, gegen den wegen seiner Veröffentlichungen über
die Schwarze Reichswehr ein Landesverratsverfahren lief, der die politische Voreingenommenheit der Justiz und die Fememorde aufgedeckt
sowie pazifistische Vorträge im Ausland gehalten hatte. Daß Gumbel
dem Engeren Senat gegenüber seine improvisierte Formulierung als
›unglücklichen Ausdruck‹ bedauerte und versicherte, jede Kränkung
oder Verächtlichmachung irgendeiner Gesinnung habe ihm ferngele-
gen, half ihm wenig. Wenn auch die Philosophische Fakultät nach

mehrmonatiger Untersuchung ihren von Rektor und Senat angeregten Antrag auf Entziehung der venia legendi zurücknahm, um nicht ›auch nur durch den Anschein einer einseitigen weltanschaulichen Stellungnahme der Idee der Universität zuwiderzuhandeln‹, so bescheinigte sie Gumbel doch, er habe ›die nationale Empfindung tief gekränkt, der Idee der nationalen Würde, die die Universität auch zu vertreten hat, ins Gesicht geschlagen‹; seine Zugehörigkeit zu ihr erschien der Fakultät ›als durchaus unerfreulich‹. Dieses Verdikt erging gegen die Stimme Jaspers', der Gumbel als Person allerdings auch nicht sehr günstig beurteilt hatte, und wurde von der Fakultät gedruckt versandt. Aus mißverstandenem Nationalgefühl, fehlgeleitetem Patriotismus und politischer Abneigung gegen einen ungeliebten Kollegen hatten Heidelberger Professoren die Freiheit der politischen Überzeugung eklatant verleugnet.

Fall Gumbel 1932   Gumbel zog die Aufmerksamkeit der Universitätsöffentlichkeit erneut auf sich, als der Kultusminister ihm 1930 gegen den Protest von Fakultät und Senat den Professorentitel verlieh, der ihm nach mehrjähriger Lehrtätigkeit zustand. Diesmal versuchte die Studentenschaft mit einer Unterschriftensammlung, die sich auch auf Heidelberger Bürger erstreckte, Gumbel um sein Amt zu bringen, was der Senat allerdings scharf mißbilligte. Zwei Jahre später kam dann der von den sogenannten nationalen Kräften ersehnte Anlaß, ihr Opfer von der Universität zu vertreiben. Als Gumbel in pointiert-satirischer Zuspitzung in einer Versammlung erklärte, eine riesige Kohlrübe – Anspielung auf die Hungerjahre des Ersten Weltkriegs – sei das geeignete Kriegerdenkmal, setzte die Fakultät wiederum einen Untersuchungsausschuß ein, dem neben dem Anglisten Hoops Anschütz und Bergsträsser angehörten; Radbruch wurde von der Fakultät zum Rechtsbeistand Gumbels bestellt. Da die im Vergleich zu 1924 doch viel harmlosere Äußerung nach Meinung des Ausschusses ›ein Zeichen mangelnder Ehrfurcht vor wesentlichen Gütern der Nation und eines mangelnden Vermögens, auf die Wertordnungen in Denken und Fühlen anderer Rücksicht zu nehmen‹, darstellte, Gumbel mithin erneut über Heldentum und Opfertod ohne den erforderlichen Ernst gesprochen habe – ›was zum Einschreiten Anlaß geboten hat, ist nicht der Inhalt, sondern die Form der Äußerung‹ –, entzog die Fakultät – wiederum gegen die einzige Stimme Jaspers' – ihm die venia legendi. Gumbels Appellation an das Ministerium blieb erfolglos, auf seine Wertordnung nahmen die Staatsbehörden so wenig Rücksicht wie die Universität.

Fall Dehn   War von der Gumbelkrise vor allem die Philosophische Fakultät betroffen, führte die Theologische Fakultät aus Furcht vor einer weiteren antinationalen Affäre einen neuen akademischen Skandal herbei. Auf Vorschlag der Fakultät hatte Ende 1930 der Berliner Pfarrer Günther

134

Dehn (1882-1970) einen Ruf auf das Ordinariat für praktische Theologie erhalten, obwohl er 1928 wegen angeblicher abwertender Äußerungen über Kriegstote und Kriegerdenkmäler in den Kirchen von der Rechtspresse scharf angegriffen und auch von seiner vorgesetzten Behörde getadelt worden war. Als nach Annahme des Rufes die alten Vorwürfe erneuert wurden und bei den rechtsgerichteten Studenten Resonanz fanden, gab die Fakultät der nationalistischen Hetze nach, verweigerte Dehn das von diesem erbetene Vertrauensvotum und zog, ›unbeschadet der Vertrauenswürdigkeit des Herrn Dr. Dehn‹, den Ruf zurück, weil sie erst jetzt Kenntnis von den früheren Vorgängen erhalten habe – was fraglos nicht stimmte. Nur Martin Dibelius lehnte diesen Fakultätsbeschluß ab und warnte davor, ungerechtfertigten Pressionen politischer Natur nachzugeben. In seinem Sondervotum belehrte er seine Kollegen über das Prinzip der freien Meinungsäußerung: ›Ich bin ... nicht in der Lage, Opportunitätsgründen Gehör zu geben, wenn das Recht eines künftigen Professors in Frage gestellt ist, seiner Überzeugung in den Grenzen des Taktes freien Ausdruck zu geben.‹ Der Engere Senat stimmte der Fakultätsentscheidung zwar mehrheitlich zu, 27 Angehörige des Lehrkörpers aus allen Fakultäten, davon ein Drittel aller Lehrstuhlinhaber, unterstützten dagegen Dibelius, erklärten sich nicht für überzeugt, ›daß die Gründe für eine Zurücknahme des Berufungsvorschlages nach angenommener Berufung ausreichend waren‹, und bedauerten die Kampagne gegen Dehn. Wenn 15 Angehörige der Philosophischen Fakultät, darunter 11 der 18 Ordinarien, dieser Erklärung zugunsten eines vielfältig als linksorientiert und pazifistisch-unpatriotischer Gesinnung verdächtigten Pfarrers zustimmten, zeigt dies deutlich, wie persongebunden und affektbeladen ihre Stellungnahme im Falle Gumbel gewesen war bzw. ein Jahr später sein sollte.

Wie an allen deutschen Universitäten ist auch in Heidelberg in den Jahren nach dem Ersten Weltkrieg die Zahl der Studierenden rasch angewachsen. Im Sommersemester 1919 wurde erstmals, wenn auch nur für kurze Zeit, die Grenze von 3000 Studenten überschritten, mit Schwankungen setzte sich der Anstieg bis 1923 fort. Das Ausscheiden der Kriegsjahrgänge, die Verarmung der traditionellen Rekrutierungsschichten in der Inflation und die zunehmende Anziehungskraft nichtakademischer Berufe ließen die Studentenzahl dann jäh absinken, so daß im Wintersemester 1924/25 nur noch 2000 Studenten in Heidelberg immatrikuliert waren. Erst 1928 wurde wieder die Zahl von 3000 erreicht. In den Jahren der Wirtschaftskrise und der Massenarbeitslosigkeit nahm der Zustrom zu; nach dem Urteil Alfred Webers wurden die Hochschulen damals ›durch relativ billige Wohnmöglichkeiten und halbgeschenkte Mensaverpflegung zur vorübergehenden Unterkunft für Leute, die unter anderen Umständen zum großen Teil nie an

Hochschulen gegangen wären und jedenfalls innerlich und äußerlich nicht an sie gehörten.‹ Der Rektoratsbericht Ende 1932 wies eindringlich auf den Ernst der Lage hin und äußerte Bedenken angesichts der großen Zahl von Studenten, für die später kaum entsprechende Arbeitsplätze vorhanden sein würden. Hatten schon 1922–27 in Deutschland für jährlich 20000 Akademiker nur 8000–9000 Stellen zur Verfügung gestanden, so verschlechterte sich dieses Verhältnis in den Krisenjahren um ein Vielfaches – für 1934 wurde im Verhältnis von Arbeitsplätzen zu Hochschulabsolventen mit einer Relation von 1:10 gerechnet. Die ›Zerstörung des Lebensplanes‹ (Karl Mannheim) und die scheinbare Ausweglosigkeit trieb viele der ohnehin für nationale Parolen besonders empfänglichen Studenten in die Arme des Nationalsozialismus.

Der Anteil der Studentinnen an der Zahl der Immatrikulierten sank nach dem Kriege auf 12% (1919), stieg dann bis 1925 auf 15% und erreichte im Sommersemester 1933 21% – Heidelberg lag damit weiterhin über dem Reichsdurchschnitt. Die Frequenzschwankungen zwischen Winter- und Sommersemester setzten sich fort, besonders stark zeigten sie sich im Vergleich von Wintersemester 1927/28 und Sommersemester 1928 mit 100:136 (über 860 Studenten) sowie von Wintersemester 1929/30 und Sommersemester 1930 mit 100:131 (über 930); das übliche Verhältnis betrug in den zwanziger Jahren 100:115–120. Die größte Fakultät war 1919 die Medizinische (34% der Immatrikulationen), gefolgt von der Philosophischen (27%), Juristischen (21%), Naturwissenschaftlich-mathematischen (13%) und Theologischen Fakultät (5%). Ab 1920 war die Philosophische Fakultät die studentenreichste, zwischen 1923 und 1928 nahm die Juristische Fakultät den zweiten Platz ein, bis im Sommersemester 1930 die Medizin wieder vor der Philosophischen und der Juristischen Fakultät rangierte. Im Sommersemester 1933 waren in Heidelberg 3687 Studenten immatrikuliert, von denen 47% Medizin studierten, 19% zur Philosophischen Fakultät gehörten, 15,5% zur Juristischen, 10% zur Naturwissenschaftlich-mathematischen und 8,5% zur Theologischen Fakultät. Der Anteil der ausländischen Studenten war nicht mehr so groß wie vor dem Kriege, aber seit der politischen Konsolidierung doch wieder beträchtlich. Seit 1926 wurden im Sommer ›Ferienkurse für Ausländer‹ abgehalten.

Die Lebenshaltungskosten machten ein Studium in Heidelberg teurer als an manchen anderen deutschen Hochschulen. Die Universitätskalender veranschlagten als monatliche Mindestausgaben – ohne Hörergelder – nach der Inflationszeit eine Summe zwischen 110 RM und 130 RM; für das Sommersemester 1933 sind 90–105 RM als Richtwert angegeben. 30–37 RM waren für Miete anzusetzen, das Wohnen außerhalb der Stadt bedurfte der Genehmigung durch den Rektor. Die soziale Fürsorge für die Studenten wurde nach dem Kriege beträchtlich ausgeweitet und erhielt 1922 einen eigenen Träger in der ›Studentenhilfe‹, einem gemeinnützigen Verein, dem jeder Student beitreten mußte. Zur ›Studentenhilfe‹ gehörten Warenverkaufsstelle, Schreibstube, Büchervermittlung, Lehrbuchsammlung, Arbeitsvermittlung, Kreditvermittlung. Im umgebauten Zeughaus (Marstallhof) wurde 1921 eine Mensa academica eingerichtet, ›die größte soziale Einrichtung unserer Universität‹ (Rektor Hampe, 1925), ›der Stolz unserer Universität, die Glanzleistung, die von keiner anderen deutschen Hochschule erreicht wird‹ (Rektor Liebmann, 1926). Der Essenspreis betrug 0,50 RM. Mit dem Sibley-Haus, einer amerikanischen Schenkung, verfügte die Universität seit 1926 über ihr erstes studentisches Wohnheim. Für besonders Bedürftige gab es im Wintersemester 1931/32 eine studentische Winterhilfe.

Der körperlichen Ertüchtigung dienten der Einbau von Turn- und Fechthalle in das Zeughaus sowie die Umgestaltung der auf dem gleichen Gelände liegenden Reithalle für leichtathletische Übungen. Der Marstallhof wurde als Turnplatz benutzt, daneben gab es seit 1922 an der Jahnstraße einen weiteren Universitätssportplatz. Mit diesen Einrichtungen hatte der Universitätssport in Heidelberg erstmals einen Mittelpunkt gefunden, nachdem bereits 1908 ein Akademischer Ausschuß für Leibesübungen vom Senat gebildet und seit 1910 zweisemestrige (seit 1922 viersemestrige) Kurse zur Ausbildung von Turnlehrern an Höheren Schulen abgehalten worden waren. Da die Philosophische und die Naturwissenschaftlich-mathematische Fakultät die Anerkennung als Nebenfach ablehnten, konnte Turnen aber nur als Zusatzfach belegt werden. Das Sportwesen unterstand Johannes Rissom (1868–1954), ursprünglich Assistent, später Professor am Chemischen Institut und seit 1926 hauptamtlicher Geschäftsführer des Akademischen Ausschusses. Auf Antrag der Universität genehmigte das Ministerium 1931 die Zusammenfassung der verschiedenen Aktivitäten in einem Institut für Leibesübungen, dessen erster Direktor Rissom wurde. Die Genehmigung galt zunächst probeweise für vier Semester und durfte keine Mehraufwendungen für den Staat nach sich ziehen; ›für den Fall des Eintritts einer neuen finanziellen Belastung (gilt sie) ohne weiteres als widerrufen‹, hieß es im Ministerialerlaß. Verschiedene Anläufe der Heidelberger Studentenschaft, den Pflichtsport einzuführen, wobei körperliche Ertüchtigung als nationale Aufgabe galt, führten trotz des Wohlwollens von Senat und Ministerium bis 1933 nicht zum Erfolg.

Außer dem Institut für Leibesübungen entstanden in der Weimarer Republik an neuen Seminaren nur solche für Musikwissenschaft (1921), Gerichtliche Medizin (1927) und Slawistik (1931). Nachdem schon 1916 bzw. 1918 in der Juristischen Fakultät durch Stiftungen das Institut für ausländisches Recht und das Institut für geschichtliche

Rechtswissenschaft begründet worden waren, errichtete eine auf Anregung des Verbandes deutscher Zeitungsverleger ins Leben gerufene Stiftung 1927 das Institut für Zeitungswesen, verbunden mit einem Extraordinariat, das Hans von Eckardt übernahm. Die neue Einrichtung war personell verflochten mit dem 1924 programmatisch in Institut für Sozial- und Staatswissenschaften umbenannten früheren Volkswirtschaftlichen Seminar, das aus Anlaß der Berufung Max Webers begründet worden war. Neben Alfred Weber und Emil Lederer, seit 1931 Carl Brinkmann (1885–1954) wirkten an diesem Institut 1932 zehn Lehrkräfte; auch die 1924 von Schülern und Freunden Gotheins errichtete Gothein-Gedächtnis-Professur für Wirtschafts- und Gesellschaftskunde des Auslandes war ihm zugeordnet – ihr erster Inhaber war Edgar Salin (1892–1974), sein Nachfolger Arnold Bergsträsser.

Baden, repräsentiert durch den tüchtigen Hochschulreferenten Victor Schwoerer, hat trotz vielfältiger finanzieller Belastungen und einer wenig günstigen Wirtschaftsentwicklung seine Hochschulen auch in der Zeit der Republik großzügig gefördert. Auf dem Höhepunkt der Inflation machten 1923 allerdings verschiedene Stellen im Land und in Berlin den Vorschlag, durch umfangreiche Fächerkonzentrationen die Universitäten Heidelberg und Freiburg wenigstens teilweise zusammenzulegen. Der damalige Finanzminister Heinrich Köhler verhinderte die Verwirklichung derartiger Überlegungen, was ihm Heidelberg durch die Verleihung des Dr. med. h. c. dankte – die Universität setzte sich damit über mehrere Vorurteile hinweg: Promotion eines republikanischen Politikers, eines Katholiken und Zentrumsabgeordneten, eines Nichtakademikers. Zur Unterstützung der Universität wurde 1925 die ›Gesellschaft der Freunde der Universität Heidelberg‹ (später: Universitätsgesellschaft) gegründet.

Die Staatsaufwendungen reichten nicht dazu aus, die schon in der Vorkriegszeit bestehende Raumnot zu mildern und den schlechten Zustand zahlreicher Universitätsgebäude zu verbessern. Immerhin konnte 1922 die auf dem bisherigen Gelände des botanischen Gartens errichtete Medizinische Klinik (Ludolf-Krehl-Klinik) eingeweiht werden, als erste wissenschaftliche Einrichtung siedelte sich 1930 das Kaiser-Wilhelm-Institut für medizinische Forschung im Neuenheimer Feld an, gefolgt von der Chirurgischen Klinik, die zwischen 1933 und 1939 gebaut wurde. Die Orthopädische Anstalt mit der 1919 begründeten Orthopädischen Klinik wurde dagegen 1922 in Schlierbach, völlig abgetrennt von der übrigen Universität, eingerichtet. Eine vom Rektor Hampe 1925 veröffentlichte ›Denkschrift über die Mißstände, vornehmlich baulicher Art, an der Universität Heidelberg und ihren einzelnen Instituten‹ wiederholte das düstere Bild, das Troeltsch 1912 in der Ersten badischen Kammer gezeichnet hatte: ›Der größte Teil der klinischen Institute muß als durchaus veraltet bezeichnet werden und

bleibt – weit davon entfernt, als Mustereinrichtungen gelten zu dürfen –
vielfach hinter bescheidensten Anforderungen zurück, die kleine
Landkrankenhäuser erfüllen.‹ Notwendig war aber auch ein Universi-
tätshauptgebäude für Zwecke der Verwaltung und für die Lehrveranstaltungen der Theologischen, Juristischen und Philosophischen Fakultät, da Heidelberg als fast einzige deutsche Universität im
19. Jahrhundert keinen entsprechenden Neubau erhalten hatte. Auch
die Seminare brauchten mehr Räumlichkeiten, denn die Zeiten hatten
sich, wie Hampe hervorhob, grundlegend geändert: ›Je unzulänglicher
für die Mehrzahl der Studierenden die Wohngelegenheit geworden ist,
je schwerer es ihnen fällt, für ihr Studium auch nur die allernotwendig-
sten Bücher anzuschaffen, desto größere Bedeutung haben die Ar-
beitsstätten der Seminare gewonnen, desto mehr werden ihre Bücher-
schätze benützt.‹ Diesen Erfordernissen gegenüber verfügte z. B. das
Philosophische Seminar nur über einen einzigen Raum, der zugleich
als Bibliothek und für Übungen diente, dazu ein nur durch diesen
Raum zugängliches Direktorenzimmer. Eine gewisse Entlastung *Weinbrennerbau*
brachte 1928 der Erwerb des Weinbrennerbaus am Marstallhof, den
die Universität schon in der ersten Hälfte des 19. Jahrhunderts als Klinikum genutzt hatte und in den, Duhns Vorschlag eines Instituts für
Altertum und Kunst aus dem Jahre 1905 aufgreifend, die Seminare für
klassische Philologie, Ägyptologie, Archäologie und alte Geschichte
verlegt wurden.

Für das neue Kollegienhaus hatte Hampe 1925 im Rückgriff auf frü- *Neue Universität*
here Planungen den Anbau eines Seitenflügels an der Grabengasse,
der bis zum Hexenturm zu führen war, die Aufstockung des Seitenflügels an der Augustinergasse und die Verbindung beider Flügel durch
einen Querbau verlangt. Ein Voranschlag der Baukosten nannte 1926
die Summe von 600 000 RM. Wegen der schlechten Finanzlage konnte
sich das Land trotz grundsätzlicher Einsicht in die Notwendigkeit
nicht für eine großzügige Lösung entscheiden, so daß erst der Entschluß des amerikanischen Botschafters Schurman, eines ehemaligen
Heidelberger Studenten, bei seinen Landsleuten 500 000 Dollars für eine ›University Hall‹ zu sammeln, den ersehnten Bau ermöglichte. Zur
allgemeinen Politisierung der damaligen Zeit gehört, daß die amerikanische Spende sofort Gegenstand heftiger Polemiken unter Studenten
und Assistenten wurde. Auf Schurmans Verlangen wurde außer dem
Hexenturm und dem Seminarienhaus keines der auf dem Areal vorhandenen Bauwerke in den Gesamtkomplex integriert, sondern ein
völliger Neubau nach Plänen des Danziger Architekten Karl Gruber
errichtet. Hauptbau und Westflügel waren 1931 fertiggestellt, der Südflügel und das Gebäude am Marsiliusplatz bis Ende 1933. Das Ober-
geschoß des Hexenturms wurde als Gedächtnisstätte für die im Ersten
Weltkrieg gefallenen Angehörigen der Universität hergerichtet. Von

Karl Albiker stammte die Plastik der Pallas Athene über dem Eingang des Hauptbaus, nicht ohne Widerspruch setzte sich Gundolfs Formulierung ›Dem lebendigen Geist‹ als Portalinschrift durch.

Weiterwirken des Heidelberger Geistes

Die Inschrift an der Neuen Universität konnte als sinnfälliger Ausdruck dafür gelten, daß der besondere Heidelberger Geist der Vorkriegszeit weiterwirkte. Stefan George kam, durch seine Schüler Gundolf und Salin angezogen, auch weiterhin hierher, den Max-Weber-Kreis führte in veränderter Zusammensetzung seine Witwe fort, die Erinnerung an den großen Mann war lebendig und wurde vor allem von Jaspers verehrend gepflegt. Max Gutzwiller hat das geistige Fluidum im Heidelberg der zwanziger Jahre aus eigener Anschauung beschrieben: ›Überall spürte man Bewegung und die entsprechende Aufnahmebereitschaft, Elastizität und Vielseitigkeit; aber auch selbstverständliche Phantasie, eine künstlerisch anmutende Weite und ein allgemeines ›artiges‹ Wesen.‹ Allerdings waren nach der Katastrophe des Ersten Weltkriegs auch die Grenzen des Heidelberger Geistes sichtbar geworden. ›War nicht‹, fragte Alfred Weber rückblickend, ›diese gesamte Geistigkeit letztlich ein Mummenschanz, jedenfalls etwas in sich Unwirkliches, wenn sie sich an diesen (sc. der ›dummen und leichtfertigen auswärtigen Politik‹ vor 1914) und ähnlichen Abgründen abspielte und von ihnen keine Notiz nahm?‹ Webers Soziologenabende, bei denen über politische und gesellschaftliche Probleme der Gegenwart diskutiert wurde und wo jeder aus der großen Zahl seiner begabten Schüler ohne Rücksicht auf seine Einstellung zu Wort kam, bildeten in gewisser Weise das realistische Korrektiv zur Spätblüte der Heidelberger Geistigkeit.

Webers Soziologenabende

Umfang des Lehrkörpers

Die wissenschaftliche Ausstrahlung und die Anziehungskraft der Universität waren in der Zeit der Republik ungebrochen. Der Umfang des Lehrkörpers blieb nach dem Pairsschub von 1919 fast konstant, die Zahl der Ordinariate stieg von 56 im Jahre 1919 bis 1933 lediglich auf 59, die der planmäßigen außerordentlichen Professoren blieb mit 9 unverändert. Über 81 nichtbeamtete Professoren und Dozenten hatte die Universität 1919 verfügt, 1933 waren es 115. Nur die Zahl der Honorarprofessoren vermehrte sich zwischen 1919 und 1933 von 18 auf 31; von ihnen übten allerdings am Ende dieses Zeitraums nur noch 18 ihre Lehrtätigkeit aus.

Philosophische Fakultät

Philosophische und Juristische Fakultät bestimmten in den Augen der Öffentlichkeit das Bild der Universität Heidelberg in den zwanziger Jahren, die Philosophische Fakultät durch die von dem Archäologen Ludwig Curtius (1874-1954) rühmend hervorgehobene ›Verbindung von Philosophie, Geschichte und Gesellschaftswissenschaft‹, die Juristische Fakultät durch das politische Engagement und die hervorragende wissenschaftliche Dignität ihrer Mitglieder. Den geistigen Mittelpunkt der Philosophischen Fakultät bildete Friedrich Gundolf

(1880– 1931), seit 1911 Privatdozent und seit 1920 ordentlicher Professor in Heidelberg, dessen außergewöhnliche Persönlichkeit sein Fakultätskollege Otto Regenbogen gewürdigt hat: ›Seinem Genie paarte sich die menschliche Güte, die Fähigkeit, einzugehen auf den anderen, seine immer wache Freude, anzuerkennen und gelten zu lassen, die Heiterkeit und Anmut eines in sich beruhenden Wesens, das Bedürfnis nach Freundschaft und Liebe, und endlich die tiefe und echte Bescheidenheit, die den Abstand von der eigenen Leistung zu nehmen wußte.‹ Sein unerwartet früher Tod 1931 hat allgemeine Bestürzung und Trauer ausgelöst, ihn aber vor den Schrecken der nun folgenden Jahre bewahrt.

Neben Gundolf standen Karl Jaspers (1883-1969) und Alfred Weber, von denen jeder eine besondere Ausprägung des Heidelberger Geistes repräsentierte. Als dritter Ordinarius für Philosophie wirkte neben Heinrich Rickert (1863-1936) und Jaspers Ernst Hoffmann (1880-1952), für alte Geschichte wurde 1925 Eugen Täubler (1879-1953) berufen, für neuere als Nachfolger Hermann Onckens 1923 Willy Andreas (1884-1967). Germanistik vertrat seit 1919 Friedrich Panzer (1870-1956), Romanistik wurde von Leonardo Olschki (1885-1961) und zeitweise von Ernst Robert Curtius (1886-1956) gelehrt. Der Kunsthistoriker August Grisebach (1881-1950) kam 1930 als Nachfolger Carl Neumanns nach Heidelberg, die klassische Philologie vertraten Karl Meister (1880-1963) und Otto Regenbogen (1891-1966), ein Schwiegersohn von Fritz Schöll (1850-1919), der bis 1918 dasselbe Fach in Heidelberg gelehrt hatte. Nach seinem Rückzug aus der aktiven Politik übernahm Willy Hellpach (1877-1955) eine ordentliche Honorarprofessur für Psychologie, außerplanmäßiger Professor für indische Philologie war seit 1924 Heinrich Zimmer (1890-1943).

In der Juristischen Fakultät wirkten neben Anschütz, Graf zu Dohna und seinem Nachfolger Radbruch, Gutzwiller, Heinsheimer, Jellinek und Thoma die politisch weniger hervortretenden Ernst Levy (1881-1968), der 1928 Nachfolger von Otto Gradenwitz (1860-1935) geworden war, Heinrich Mitteis (1889-1952), Eugen Ulmer (geb. 1903) und Wilhelm Groh (1890-1964). Aus dem Lehrkörper der Theologischen Fakultät ragte neben Martin Dibelius (1883-1947) vor allem der Kirchenhistoriker Walter Köhler (1870-1946), Nachfolger Hans von Schuberts (1859-1931), heraus.

Die Medizinische Fakultät bewahrte mit den Neubesetzungen in der Zeit der Republik ihren traditionell großen wissenschaftlichen Ruf. Nachfolger von Ludolf Krehl (1861-1937) wurde 1931 Richard Siebeck (1883-1965), Victor von Weizsäcker (1886-1957) vertrat Neurologie. Den Lehrstuhl für Chirurgie übernahm Eugen Enderlen (1863-1940), die 1919 neu eingerichteten Ordinariate für Pädiatrie,

Juristische
Fakultät

Medizinische
Fakultät

HNO-Krankheiten, Dermatologie, Zahnmedizin und Orthopädie erhielten Ernst Moro (1874-1951), Werner Kümmel (1866-1930), Siegfried Bettmann (1869-1939), Georg Blessing (1882-1941) und Hans Ritter von Baeyer (1875-1941). Direktor der Psychiatrischen Klinik war Karl Wilmanns (1873-1945), während Erich Kallius (1867-1935) Anatomie und Alexander Schmincke (1877-1953) Pathologische Anatomie vertrat. Die wissenschaftliche Abteilung des Czerny-Instituts übernahm 1920 Hans Sachs (1877-1945), Richard Werner (1875-1943) stand seit 1916 dem Samariterhaus vor. Mit Otto Meyerhof (1884-1951) gewann das Kaiser-Wilhelm-Institut für medizinische Forschung einen Nobelpreisträger für sein physiologisches Teilinstitut, während das Teilinstitut für Chemie 1929 Richard Kuhn (1900-1967) übernahm, der 1938 den Nobelpreis erhielt; Meyerhof und Kuhn waren der Universität als ordentliche Honorarprofessoren verbunden.

In der Naturwissenschaftlich-mathematischen Fakultät führte Karl Freudenberg (1886-1983) die bedeutende Tradition der Heidelberger Chemie fort; 1928 erhielt die Physikalische Chemie ein eigenes Institut mit Max Trautz (1880-1960) als erstem Direktor. Mathematik lehrten Heinrich Liebmann (1874-1939) und Arthur Rosenthal (1887-1960). Die Regelung der Nachfolge des 1931 emeritierten Philipp Lenard (1862-1947) gestaltete sich schwierig, da dieser die moderne Physik und ihre Vertreter völlig ablehnte. Gegen Lenards erklärten Willen erhielt Walther Bothe (1891-1957) 1932 das Ordinariat, wechselte aber schon zwei Jahre später, durch Intrigen seines Vorgängers vertrieben, an das Kaiser-Wilhelm-Institut über; er erhielt 1954 den Nobelpreis. Sein Nachfolger wurde Lenards Schüler August Becker (1879-1953). Botanik lehrte Ludwig Jost (1865-1947), Zoologie Curt Herbst (1866-1946); beide waren 1919 nach Heidelberg berufen worden. Otto Heinrich Erdmannsdörffer (1876-1955), der Sohn des Heidelberger Historikers, erhielt 1926 den Lehrstuhl für Geologie und Paläontologie.

Das Dritte Reich

Die Machtübernahme durch den Nationalsozialismus hat die Universität Heidelberg mit der Wucht eines Erdbebens erschüttert und verwüstet. Ludwig Curtius zufolge besaß Heidelberg seit 1933 zwei Ruinen, das Schloß und die Universität. An Warnungen vor dem freiheits-

und wissenschaftsfeindlichen Extremismus hatte es nicht gefehlt. Während Jaspers über ›Die geistige Situation der Zeit‹ Ende 1931 eine distanzierte kritisch-analytische Bestandsaufnahme vorlegte, kämpfte Ernst Robert Curtius, seit 1929 in Bonn, sehr viel unmittelbarer gegen

142

die wachsende Bedrohung mit seinem 1932 erschienenen Buch ›Deutscher Geist in Gefahr‹. Schon im November 1930 hatten Anschütz und Radbruch mit einer neuen Tagung des Weimarer Kreises ein Zeichen setzen wollen: ›Es muß der einem hemmungslosen Radikalismus immer mehr verfallenden Studentenschaft gezeigt werden, daß ihre Lehrer dem Sturme standhalten und zur Verfassung stehen, es muß besonders auch den zaghafteren Kollegen ein Beispiel dafür gegeben werden, daß jetzt nicht die Zeit zu vorsichtiger Zurückhaltung ist, und es muß vor der öffentlichen Meinung bekundet werden, daß der Gedanke des Volksstaates trotz aller Angriffe noch lebendig und mächtig ist und daß die Verfassung dieses Staates, mag sie auch in Einzelheiten verbesserungsbedürftig sein, in ihrer Geltung und Autorität mit aller Kraft gestützt werden muß‹ (Döring, 102). Aber dieser Appell an die Zivilcourage fand nicht mehr genügend Unterstützung, und die Initiatoren mußten eine ›immer mehr um sich greifende politische Apathie‹ bei ihren Kollegen beklagen. Die Mehrzahl auch der Heidelberger Professoren verhielt sich passiv, entweder grundsätzlich uninteressiert an allen politischen Vorgängen oder resignierend gegenüber der wachsenden Radikalisierung gerade auch unter den Studenten oder in Erwartung einer endgültigen Durchsetzung der konservativ-nationalen Kräfte, die Deutschlands frühere politische und wirtschaftliche Weltgeltung zurückzubringen versprachen, ohne aber dabei zu bemerken, daß der Nationalsozialismus diese Kräfte sich längst dienstbar gemacht und sie überflügelt hatte.

Apathie der Professoren

Die Übernahme der politischen Macht durch die NSDAP vollzog sich in Baden am 8. März 1933 mit der Ernennung des Gauleiters Robert Wagner zum Reichskommissar; am 11. März wurde die Landesregierung abgesetzt. Die Absicht der neuen Machthaber war offensichtlich, den bisherigen Ruf Badens als liberalen Musterlandes möglichst gründlich in sein Gegenteil zu verkehren und in diesem Zusammenhang die Universität Heidelberg zur nationalsozialistischen Hochschule schlechthin zu machen. Unter dem Stichwort ›Aufrechterhaltung der Sicherheit und Ordnung‹ verfügte der Innenminister am 5. April 1933 die Beurlaubung aller im öffentlichen Dienst beschäftigten ›Angehörigen der jüdischen Rasse‹ – dabei genügte es nach der politbiologischen Definition, wenn ›ein Großelternteil nicht arisch‹ war. Zwei Tage später erging durch das Reich das Gesetz zur Wiederherstellung des Berufsbeamtentums; unabhängig von dessen Bestimmungen hielt Baden allerdings bis Ende April an dem eigenen Beurlaubungserlaß, der keine Ausnahmen vorsah, fest.

Machtübernahme durch die NSDAP

Beurlaubung aller ›Nichtarier‹

Die Universität wurde von der antisemitischen Gesetzgebung schwer getroffen, denn, anders als etwa in Tübingen, hatte bisher Antisemitismus bei Berufungen und Habilitationen in Heidelberg kaum eine Rolle gespielt. Diskriminierungen gab es erkennbar nicht – die

Bisherige Haltung zum Antisemitismus

Festrede bei der letzten Reichsgründungsfeier der Republik am 18. Januar 1933 hielt Wilhelm Salomon-Calvi (1868–1941).

Die durch das Berufsbeamtengesetz und die antisemitischen Gesetze der Folgezeit herbeigeführte Ausschaltung rassisch oder politisch mißliebiger Mitglieder des Heidelberger Lehrkörpers zog sich in drei Phasen bis 1940 hin.

1933   *Erste Phase:* Gesetz zur Wiederherstellung des Berufsbeamtentums vom 7. April 1933, dem zufolge Beamte nichtarischer Abstammung in den Ruhestand versetzt wurden, sofern sie nicht bereits vor dem 1. August 1914 zum Beamten ernannt oder Frontkämpfer gewesen oder Sohn oder Vater eines im Weltkrieg Gefallenen waren (§ 3). Außerdem konnten Beamte, ›die nach ihrer bisherigen politischen Betätigung nicht die Gewähr dafür bieten, daß sie jederzeit rückhaltlos für den nationalen Staat eintreten‹, entlassen werden (§ 4).

Aus rassischen Gründen (§ 3) wurden in Heidelberg 1933 in den Ruhestand versetzt oder verloren – für nichtbeamtete Mitglieder des Lehrkörpers geltend – ihre Lehrbefugnis:

Ordinarien: H. v. Baeyer (Med.), L. Olschki (Phil.); planmäßiger außerordentlicher (künftig: p. a. o.) Professor R. Alewyn (Phil.); Honorarprofessoren: W. Lenel (Phil.), S. Loewe (Med.), L. Perels (Jur.);
außerordentliche (= außerplanmäßige, künftig: apl.) Professoren: M. Neu (Med.), A. Salz (Phil.), L. Schreiber (Med.); Privatdozenten: R. Klibansky (Phil.), H. Laser (Med.), J. Marschak (Phil.), W. Pagel (Med.), F. Stern (Med.), E. Witebsky (Med.).

Unter dem Eindruck der Rassenpolitik des Staates, wie sie im Berufsbeamtengesetz zum Ausdruck kam, verzichteten auf ihr Amt und ihre Lehrbefugnis der Ordinarius E. Täubler (Phil.), die Honorarprofessoren A. Fraenkel (Med.) und M. Frhr. v. Waldberg (Phil.) sowie die apl. Professoren H. Ehrenberg (Phil.), P. György (Med.), R. Werner (Med.; 1934).

Aus politischen Gründen (§ 4) entlassen wurden bzw. verloren ihre Lehrbefugnis:

Ordinarien: G. Blessing (Med.), G. Radbruch (Jur.), K. Wilmanns (Med.); p. a. o. Prof. H. v. Eckardt (Phil.) sowie Privatdozent R. Lemberg (Nat.).
Emeritieren ließen sich G. Anschütz (Jur.) und A. Weber (Phil.).

1935   *Zweite Phase:* Reichsbürgergesetz vom 15. September 1935 mit Durchführungsbestimmungen (Wegfall der Beamten- und Frontkämpferklausel von 1933), mittels deren zu Ende des Jahres 1935 in den Ruhestand versetzt wurden bzw. ihre Lehrerlaubnis verloren:

Ordinarien: S. Bettmann (Med.; April 1935 auf Antrag emeritiert, Entzug der Lehrbefugnis Dez. 1935), M. Gutzwiller (Jur.; 1936 auf erzwungenen Antrag hin in den Ruhestand versetzt), E. Hoffmann (Phil.; 1935 auf erzwungenen Antrag hin in den Ruhestand versetzt), W. Jellinek (Jur.), E. Levy (Jur.), H. Liebmann (Nat.), A. Rosenthal (Nat.), H. Sachs (Med.), W. Salomon-Calvi (Nat.; 1934 auf Antrag emeritiert, Entzug der Lehrbefugnis Dez. 1935); p. a. o. Professoren A. Bergsträsser (Phil.; 1936), H. Hatzfeld (Phil.); Honorarprofessor O. Meyerhof (Med.);
apl. Professoren: A. Klopstock (Med.), W. Mayer-Groß (Med.), H. Merton (Nat.), G. Steiner (Med.), A. Strauß (Med.), G. v. Ubisch (Nat.), M. Zade (Med.); Privatdozenten: F. Darmstaedter (Jur.), H. Sultan (Phil.).

Dritte Phase: Deutsches Beamtengesetz vom 26. Januar 1937, aufgrund dessen als ›nichtarisch versippte‹ Beamte entlassen wurden: *1937–1940*

Ordinarien: A. Grisebach, K. Jaspers, H. Ranke, O. Regenbogen (alle Phil.); Honorarprofessor K. Geiler (Jur.; 1939); apl. Professoren H. Zimmer (Phil.; 1938) und H. Hoepke (Med.; 1940).

Nach dem Personalverzeichnis der Universität Heidelberg gab es im Wintersemester 1932/33 im aktiven Dienst 59 Ordinarien, 9 p. a. o. Professoren, 18 Honorarprofessoren (dazu 13, die aus Altersgründen nicht mehr lasen und die bei den folgenden Berechnungen ebenso wie V. Goldschmidt, der im Mai 1933 starb, nicht berücksichtigt sind), 55 außerordentliche (= außerplanmäßige) Professoren und 60 Privatdozenten. Davon fielen der Gesetzgebung des Dritten Reiches zum Opfer: 21 Ordinarien (= 35,6% dieser Gruppe), 4 p. a. o. Professoren (= 44,4%), 7 Honorarprofessoren (= 38,9%), 24 apl. Professoren und Privatdozenten (= 20,9%), d. h. von insgesamt 201 habilitierten und im aktiven Dienst stehenden Mitgliedern des Lehrkörpers 56 (= 27,9%). Auf die Fakultäten verteilt, ergab sich bei den Ordinarien folgendes Verhältnis: Juristische Fakultät: 8, davon 5 ausgeschieden; Medizinische Fakultät: 18, davon 5 ausgeschieden; Philosophische Fakultät: 18, davon 8 ausgeschieden; Naturwissenschaftlich-mathematische Fakultät: 9, davon 3 ausgeschieden. Die Theologische Fakultät war von den Säuberungen nicht betroffen.

Von den Lehrbeauftragten war Marie Baum (Phil.) 1933 entlassen worden, ebenso mußten die jüdischen Assistenten und Angestellten bis Mitte des Jahres 1933 ausscheiden. Zu gewaltsamen Auftritten ist es 1933 nur gegen den Zahnmediziner Blessing gekommen, einen nach Meinung der örtlichen NSDAP-Zeitung ›äußerst systemfesten Zentrumsmann‹, der von aufgehetzten Studenten an der Abhaltung seiner

Vorlesung gehindert und daraufhin für einige Tage in Schutzhaft genommen wurde. Den Zwangsemeritierungen von 1935 ging zu Beginn des Sommersemesters ein vom NSDStB organisierter Boykott der Vorlesungen jüdischer Dozenten voraus. Die Abhaltung von Prüfungen war Nichtariern bereits 1934 verboten worden.

Die meisten der aus dem Lehrkörper ausgeschlossenen Dozenten (34 von 56) gingen in die Emigration, einige weniger gefährdete überdauerten die Schreckenszeit zurückgezogen in Deutschland. Maximilian Neu (1877–1940), apl. Professor für Gynäkologie, nahm sich vor der Deportation das Leben, Czernys Schüler und Mitarbeiter Richard Werner, der 1934 nach Brünn ausgewichen war, wurde von dort 1942 nach Theresienstadt deportiert, wo er im folgenden Jahre umkam. Der Jurist Leopold Perels (1875–1954) den Eugen Ulmer bis dahin heimlich aus Mitteln seines Instituts materiell versorgt hatte, wurde mit den badischen Juden 1940 nach Gurs verschleppt, überlebte aber. Der Althistoriker Täubler, der die Frontkämpfervergünstigung 1933 abgelehnt hatte und sich in den folgenden Jahren immer wieder bemühte, im Ausland Verständnis für die Situation der verfolgten Juden zu wecken und Unterstützung für sie zu finden, ging 1938 an die Berliner Hochschule für Wissenschaft des Judentums und konnte noch 1941 in die USA entkommen. Salomon-Calvi folgte einem Angebot aus Ankara; wegen seiner Verdienste um die Erbohrung der Radium-Sol-Quelle war er Heidelberger Ehrenbürger, wurde aber nach Mitteilung des Oberbürgermeisters Neinhaus an die Kreisleitung der NSDAP aus deren Liste ›stillschweigend gestrichen‹.

Wie schwer sich die Vertriebenen von Deutschland trennten, bezeugt Salomon-Calvis Gesuch um vorzeitige Emeritierung zwecks Wahrnehmung des Rufes in die Türkei, in dem er erklärte, seine Tätigkeit im Ausland als ein Mittel zu betrachten, ›für unser Vaterland kulturell zu wirken und, soweit es in meinen Kräften steht, dem deutschen Namen Ehre zu machen‹. Ähnlich versicherte der als Quäker und SPD-Sympathisant entlassene Privatdozent für Chemie Rudolf Lemberg dem Rektor, daß er sich im Ausland ›stets loyal gegen Deutschland‹ verhalten werde; ›ich (liebe) mein Land und meine Landsleute trotz alledem noch mit derselben Liebe, mit der ich für Deutschland im Kriege gefochten, in der Deutschen Jugendbewegung und ganz ebenso später als religiöser Sozialist gedacht und gestrebt und als Forscher und Lehrer an der Heidelberger Universität gewirkt habe.‹

In der ersten Säuberungsphase fehlte den Betroffenen die kollegiale Solidarität noch nicht ganz. Schon am 5. April 1933 formulierte die Medizinische Fakultät gegen den staatlichen Antisemitismus mit Zustimmung des Rektors einen Protest in Form eines Memorandums an die badische Regierung, unterzeichnet vom Dekan Siebeck, in dem es hieß: ›Wir können nicht übersehen, daß das deutsche Judentum teilhat an großen Leistungen der Wissenschaft und daß aus ihm große ärztliche Persönlichkeiten hervorgegangen sind. Gerade als Ärzte fühlen wir uns verpflichtet, innerhalb aller Erfordernisse von Volk und Staat den Standpunkt wahrer Menschlichkeit zu vertreten und unsere Bedenken geltend zu machen, wo die Gefahr droht, daß verantwortungsbewußte Gesinnung durch rein gefühlsmäßige oder triebhafte Gewalten verdrängt werde und dadurch die große deutsche Aufgabe Schaden leide. Wir müssen darauf hinweisen, wie dringend es ist, daß das Rechtsbewußtsein erhalten bleibe und die Stellung des Beamtentums geschützt werde.‹ Die Naturwissenschaftlich-mathematische Fakultät erklärte sich mit einer gegen die Säuberung gerichteten Stellungnahme der Universität einverstanden und regte darüber hinaus einen Protest namhafter deutscher Gelehrter gegen den nationalsozialistischen Rassenbegriff an, da, wie der Dekan Freudenberg den Rektor wissen ließ, es ›eine einheitliche arische oder deutsche Rasse nicht (gibt), ebensowenig gibt es eine einheitliche jüdische Rasse‹. Der Botaniker Jost setzte sich für seine beiden nichtarischen Mitarbeiter ein – allerdings vergeblich.

Eher hilflos reagierten Philosophische und Juristische Fakultät auf ihren ersten Sitzungen im Sommersemester 1933. Der Dekan der Philosophischen Fakultät Arnold von Salis (1881–1958) versicherte ›die von den Zeitereignissen besonders betroffenen Mitglieder der Teilnahme und Unterstützung‹; die Juristische Fakultät unter ihrem neuen Dekan Groh sprach den ausgeschiedenen Mitgliedern Anschütz und Radbruch ihren Dank aus – beide wurden auch bei der Regelung ihrer Nachfolge konsultiert. Ebenso dankte Andreas als Rektor verschiedenen Professoren, darunter Radbruch, für ihre Dienste. Dagegen verweigerte der Direktor der Universitätsbibliothek Radbruch das Betreten des Magazins, da dies nur aktiven und emeritierten Dozenten gestattet sei – Radbruch war entlassen worden.

Ein Schreiben des Engeren Senats verdeutlichte dem Ministerium, daß die Universität den badischen Beurlaubungserlaß ablehnte: ›Eine zwangsläufige Beurlaubung von Kollegen, für deren Anstellung die Universität selbst die Mitverantwortung trägt, widerstreitet unserem Rechtsempfinden. Weiterhin muß ausgesprochen werden, daß eine solche Beurlaubung der Universität unabsehbaren Schaden zufügen würde.‹ Zwar ist die Absendung des Schriftstücks offenbar unterblieben, aber in dem kurz darauf weisungsgemäß in Karlsruhe eingereichten Verzeichnis der nichtarischen Angehörigen des Lehrkörpers bemühte sich die Universität bei nahezu jedem, eine Ausnahme vom Gesetz zu begründen. Sie glaubte, mit Taktieren, Ausweichen und Hinhalten Zeit gewinnen zu können und auf diese Weise den Befehlen und Gesetzen die Spitze zu nehmen – ein eindeutiger und offener Protest unterblieb daher, so daß insgesamt die bittere Kritik Gumbels zutraf: ›Gegenüber diesem gewaltsamen Einbruch in ihr geistiges und materielles Leben haben die deutschen Professoren im Ganzen keinen Charakter gezeigt. ... Die Würde der akademischen Korporation zerflatterte. Die Idee der Universität zerging vor der Frage nach der Pensionsberechtigung‹ (Freie Wissenschaft, 1938, 27).

Die Säuberungen erstreckten sich auch auf die Studentenschaft. Baden ging hier gleichfalls besonders radikal vor, indem schon im April 1933 ein absolutes Immatrikulationsverbot für Juden erlassen wurde. Außerdem sollten Studenten, die sich in den letzten Jahren ›volks- und staatsfeindlich‹ verhalten hatten, auf vier Jahre exmatrikuliert werden, wobei allerdings bloße Parteimitgliedschaft, außer bei der KPD, nicht als Beweis genügte. Die badische Sonderregelung wurde abgelöst durch das Gesetz gegen die Überfüllung der deutschen Schulen und Hochschulen vom 25. April 1933, das den Anteil der zuzulassenden Nichtarier in jeder Fakultät vom Anteil der Juden an der Reichsbevölkerung abhängig machte. Im November 1938 wurde dann jede Immatrikulation deutscher Juden verboten. Die Verfolgung sollte selbst die Toten noch erreichen; so regte 1938 der Rektor Schmitthenner an, die Namen jüdischer Gefallener von den Gedenktafeln zu entfernen, und forderte als ersten Schritt dazu die Institutsdirektoren auf, entsprechende Tafeln in ihren Gebäuden zu überprüfen. Erfolgt ist aber nichts – die Tafeln im Hexenturm blieben unverändert.

Gleichschaltung und äußere Anpassung der Universität und ihres Lehrkörpers an die neuen politischen Gegebenheiten erfolgten schnell, zumal – wenigstens in der ersten Zeit – für die patriotisch-konservativ gesinnten Professoren die Magie der nationalen Parole eine Brücke zum neuen Regime bilden konnte. Gegen das Aufziehen der Hakenkreuzfahne auf der Alten Universität wie auf verschiedenen Institutsgebäuden am 9./10. März hatten der Rektor Andreas sowie die Institutsdirektoren Weber und v. Eckardt noch protestiert, wenn auch vergeblich, das Geleitwort des Rektors zum ›Universitätskalender‹ für das Sommersemester 1933 zeigte dann aber, wie rasch die veränderte politische Lage hingenommen wurde: Angesichts ›der mächtigen Staatsumwälzung‹ wurde von den Studenten ›die vorbehaltlose Einordnung ins Ganze der Volksgemeinschaft‹ gefordert, um ›an dem Werk der nationalen Erneuerung entschlossen mitzuarbeiten‹. Allerdings war damit noch die Mahnung verknüpft: ›Verbinden Sie die hochgespannte Kühnheit Ihres nationalen Erneuerungswillens mit jener Mäßigung und dem Gefühl für das Erreichbare, die stets Zeichen

echter Staatsmannschaft waren.‹ Ende April unterstützten Rektor und Senat ausdrücklich die Bitte der Heidelberger Studentenschaft, ›daß der Herr Reichskanzler über dieses älteste Bollwerk deutscher Kultur und Gesinnung (sc. die Universität Heidelberg) an der schwer gefährdeten Westfront unseres deutschen Reiches seine schirmende Hand

halten möge.‹ Hitler ließ dieses Angebot einer Schirmherrschaft, die
von der Universität mit der früheren Würde des Landesherrn als Rector magnificentissimus gleichgesetzt wurde, ›aus grundsätzlichen Erwägungen‹ ablehnen.

Immatrikulationsfeier für das Sommersemester 1933 und Feierstun-
de zum 1. Mai als Tag der Nationalen Arbeit waren die ersten reprä-
sentativen Veranstaltungen der Universität im Dritten Reich. Mit na-
tionalem Pathos und voller Unterwerfungsbereitschaft wurde bei
diesen Anlässen in zahlreichen Ansprachen die ›deutsche Revolution
vom März und April 1933‹ (so Schmitthenner am 1. Mai 1933) gefeiert
und mahnend auf die Verpflichtungen, die sich für die Universität aus
der neuen politischen Situation ergäben, hingewiesen. Auch die traditionelle Reichsgründungsfeier änderte ihren Stil: An die Stelle von
klassischer Musik und wissenschaftlichem Vortrag traten seit 1934
Marschmusik und Propagandareden. Ab 1935 wurde die Feier auf den
30. Januar als den ›Tag der Machtergreifung‹ verlegt. Die von der
Deutschen Studentenschaft durchgeführte vierwöchige ›Aktion wider
den undeutschen Geist‹ fand in Heidelberg am 17. Mai 1933 mit einer
Bücherverbrennung ihr Ende; im Gegensatz zu anderen Universitäten
beteiligte sich hier aber kein Hochschullehrer als Redner. Den Austritt
Deutschlands aus dem Völkerbund nahmen Universität und Studentenschaft im Oktober 1933 zum Anlaß, Hitler zu versichern, sie stün-
den ›für immer‹ an seiner Seite; sie begrüßten ›die Entscheidung des
Führers als befreiende Tat, die der Erkenntnis der Wahrheit dient und
allen Völkern den Weg zu einem natürlichen und gerechten Frieden
weist‹. Die äußere Konformität stellte dann im Oktober 1933 die Einführung des Hitlergrußes an den Hochschulen her, die von der deutschen Rektorenkonferenz beschlossen wurde. Die Begeisterung über
diese Vorschrift hielt sich offensichtlich in engen Grenzen; 1937 mußte
das Karlsruher Kultusministerium seinen Beamten einschärfen lassen,
den Gruß ›in einer seiner Bedeutung entsprechenden Weise, also würdig und formgerecht und nicht etwa oberflächlich oder lässig‹, zu er-
statten.

Zur äußeren Gleichschaltung in Heidelberg gehörte schließlich die
Auswechslung des Fassadenschmucks der Neuen Universität. Die von
Gundolf formulierte Inschrift und die Athene-Skulptur wurden unter
den neuen Bedingungen sofort angefochten – heldische Plastik und eine Losung von ›vaterländischem Klang‹ (Friedrich Panzer) sollten sie
ersetzen. Aber erst zur Jubiläumsfeier 1936 erhielt die Fassade eine
neue Gestaltung: ›Dem deutschen Geist‹ hieß die Inschrift jetzt, die
Pallas Athene, auf die Rückseite des Gebäudes versetzt, wich einem
Adler, allerdings ohne Hakenkreuz. Der Bildersturm in den Universitätsgebäuden ging, wo er überhaupt notwendig wurde, schon 1934 vor
sich, als die badische Regierung anordnete, Bilder und Büsten ›von

149

Persönlichkeiten, die an dem Novemberumsturz 1918 beteiligt waren‹, zu entfernen; dasselbe galt für die ›Hoheitszeichen des Novembersystems, insbesondere auch für die Fahnen schwarz-rot-gelb‹.

Die institutionelle Gleichschaltung zerstörte 1933 die seit Gründung der Universität bestehende Korporativverfassung mit Selbstverwaltungsrechten und Wahlprinzip. Auch auf diesem Gebiet preschte Baden vor, indem es auf Betreiben des Freiburger Rektors Heidegger als erstes deutsches Hochschulland im August 1933 seinen Universitäten zum Wintersemester 1933/34 eine neue Verfassung, aufgebaut auf dem Führerprinzip, verordnete, deren Kernsatz lautete: ›Der Rektor ist der Führer der Hochschule. Ihm stehen alle Befugnisse des seitherigen (engeren und großen) Senates zu. Er wird vom Minister des Kultus, des Unterrichts und der Justiz aus der Zahl der ordentlichen Professoren ernannt und von ihm vereidigt.‹ Der Senat bestand nur noch als Beratungskörperschaft weiter. Als seinen Stellvertreter ernannte der Rektor einen Kanzler. Die Dekane, gleichfalls vom Rektor ernannt, führten die Geschäfte mit alleinigem Entscheidungsrecht; der Fakultät kam nur noch beratende Funktion zu, allerdings war sie in wichtigen Fragen anzuhören. Seit 1934 gehörten der Fakultät sämtliche Dozenten, die Emeriti sowie andere ›der Lehre und Forschung Dienende‹ an, d. h. Assistenten, deren Person und Zahl der Rektor auf Vorschlag des Dekans bestimmte. 1935 wurde die Hochschulverfassung reichseinheitlich geregelt, wobei am Führerprinzip festgehalten wurde. Die Hochschule gliederte sich nun in die Dozentenschaft, d. h. alle Lehrkräfte einschließlich der Assistenten, und die Studentenschaft. Rektor, Prorektor – das Kanzleramt fiel wieder fort –, Dekane, Leiter der Dozenten- und Studentenschaft wurden vom Reichswissenschaftsminister ernannt. Senat und Fakultäten blieben Beratungskörperschaften, wurden aber im Umfang verkleinert; so bestand der Senat neben Rektor, Prorektor und Dekanen aus den Leitern von Dozenten- und Studentenschaft sowie zwei Mitgliedern der Dozentenschaft, von denen einer aus dem NS-Dozentenbund genommen werden mußte. Der Fakultätsausschuß umfaßte alle beamteten Professoren sowie zwei vom Leiter der Dozentenschaft zu bestimmende nichtbeamtete Professoren.

Schon vor Erlaß ihrer Hochschulverfassung hatte die badische Regierung die Selbstverwaltungsrechte der Universität verletzt, als sie im April 1933 verlangte, die akademischen Behörden, insbesondere den Engeren Senat, neu zusammenzusetzen. Da mit Levy und Rosenthal die Dekane der Juristischen und der Naturwissenschaftlich-mathematischen Fakultät vom Beurlaubungserlaß betroffen waren, mußten hier Neuwahlen stattfinden. Auch der Rektor Andreas stellte sein Amt zur Verfügung, erhielt aber vom Großen Senat ein Vertrauensvotum; anders als in Freiburg wurde sein Rücktritt weder von der Partei noch von plötzlich zu Einfluß gekommenen Kollegen erzwungen. Aus dem Senat schieden die Wahlsenatoren Anschütz und Jellinek aus; bei den Nichtordinarienvertretern wurden mit Johannes Stein und Hans Himmel profilierte Vertreter des neuen Systems gewählt. Nichtordinarien und Assistenten nutzten die Gunst der Stunde und erreichten die Schaffung einer dritten Senatorenstelle für ihre Gruppe bzw. die Teilnahme eines Assistenten mit beratender Stimme an den Sitzungen des Senats – diese Errungenschaften nahm die badische Hochschulverfassung dann allerdings teilweise wieder zurück.

Kurz vor Ende seiner Amtszeit hat Andreas im September 1933 als ›unerbetener freimütiger Ratgeber‹ in einer für Ministerium und Kollegen bestimmten Denkschrift zahlreiche Einwände gegen die neue Verfassung vorgebracht. Mit Infragestellen des Führerprinzips bestritt er die tragende Säule dieser Verfassung: ›Die Führung in wissenschaftlichen Dingen (hat) Grenzen.‹ Es sei überflüssig und schädlich, die Selbstbestimmungsrechte der Universität zu vernichten; Andreas forderte daher, den Ordinarien das Mitwirkungsrecht an Beschlüssen, insbesondere bei Berufungen, zurückzugeben, ebenso die Wahl der Dekane. Hinsichtlich des Rektors war dem Senat wenigstens ein Vorschlagsrecht einzuräumen. Die Amtszeit des Rektors sollte auf drei Jahre befristet sein, die der Dekane auf zwei Jahre. Eine Antwort auf diesen Vorstoß erhielt Andreas nicht, stattdessen leitete das Ministerium eine Untersuchung über den Empfängerkreis des Memorandums ein.

Obwohl zum nächsten Rektor Walter Jellinek designiert gewesen war, wählte der Große Senat im Juli 1933 für das Amtsjahr 1933/34 Wilhelm Groh (1890–1964), seit 1927 in Heidelberg Extraordinarius für Arbeitsrecht mit der Amtsbezeichnung und den Rechten eines ordentlichen Professors, zum Rektor. Groh trat sein Amt dann aber nicht aufgrund dieser Wahl, sondern nach der neuen Hochschulverfassung kraft Ernennung durch den Minister an. Als die Heidelberger Zeitungen beim Amtswechsel dem scheidenden Rektor das Verdienst zuschrieben, die Universität vor Erschütterungen bewahrt zu haben, polemisierte sein Nachfolger gegen diese Anerkennung, mißbilligte Andreas' Denkschrift und machte die Zäsur deutlich: Das vorige Rektorat war das letzte der liberal-demokratischen Ära, jetzt begann die nationalsozialistische Zeit der Universität Heidelberg, obwohl Groh selbst gar kein Mitglied der herrschenden Partei war – noch 1937 war er lediglich Parteianwärter. Als einziger deutscher Rektor umgab er sich mit einem ›Führerstab‹, der ›die Brücke von der Universität zur Bewegung‹ (sc. der NSDAP) schlagen sollte; zu ihm gehörten der Landesführer der Junglehrerschaft, die auch die Assistenten und die nichtbeamteten Dozenten umfaßte, und der Führer der Heidelberger Studentenschaft, außer Krieck aber kein ordentlicher Professor. Führer-

Warnung des
Rektors Andreas

Rektorat Groh

stab und Fakultätsbeiräte sollten nach Groh ›Stoßtrupps sein im Kampf um die neue Hochschule, in den Flanken gedeckt von Junglehrerschaft und Dozentenschaft und betreut vom Senat und allen denen, die zur Mitarbeit in diesem Sinne gewillt und fähig sind.‹ Wie Groh sein Amt verstand, hat er in demselben Zusammenhang verdeutlicht: ›Es ist nicht Sinn der (Universitäts-)Verfassung, auf ihren Wortlaut festgelegt zu werden. Wenn es notwendig erscheint, ist der Rektor durchaus in der Lage, Anordnungen zu treffen, die der ängstliche Jurist als Kompetenzüberschreitung oder gar Verfassungsbruch bezeichnen würde‹ (Deutsches Recht 5/1935, 5).

Nach Grohs Berufung ins Reichserziehungsministerium folgte 1937 der NS-Pädagoge Ernst Krieck (1882–1947) als Rektor, der den Führerstab abschaffte und sich wieder stärker auf den Senat als ›Führungskreis‹ stützte. Aus Gesundheitsrücksichten und aus Enttäuschung darüber, daß sich seine Vorstellungen von einer Führung durch Autoritätsbildung statt durch Ernennung nicht durchsetzen ließen, gab

Krieck sein Amt bereits 1938 an den Kriegshistoriker Paul Schmitthenner (1884–1963) ab, der bis 1945 Rektor blieb und seit 1940 als badischer Kultusminister zugleich sein eigener Vorgesetzter war.

Viel Spielraum für Eigeninitiative besaßen die Führer-Rektoren und Führer-Dekane nicht, da binnen kurzem alle Bereiche des Hochschullebens staatlicher Reglementierung unterworfen wurden. Die Errichtung des Reichsministeriums für Wissenschaft, Erziehung und Volksbildung hatte eine verstärkte Zentralisierung der Universitätsangelegenheiten zur Folge; vor allem zog das Ministerium die Kompetenz für alle Personalfragen an sich. Jede freiwerdende Professorenstelle mußte nach Berlin gemeldet werden, über die eingereichten Berufungsvorschläge entschied das Ministerium nach Konsultation der Parteidienststellen und nach wissenschaftspolitischen Erwägungen. Das Recht der Selbstergänzung durch Pflege des wissenschaftlichen Nachwuchses wurde der Universität insofern beschnitten, als die

Reichshabilitationsordnung vom 13. Dezember 1934 Habilitation und Lehrbefugnis trennte; der Titel eines Dr. habil. war Ausweis wissenschaftlicher Leistung, während die Erteilung der venia legendi – wenigstens der Vorschrift nach – von Lehrprobe sowie mehrwöchiger Schulung in einem Dozentenlager abhängig gemacht wurde. Politische Zuverlässigkeit und Nachwuchsbedarf sollten in Zukunft bei der Ernennung zum Privatdozenten, die sich das Ministerium vorbehielt, den Ausschlag geben.

Die innere Gleichschaltung der Universität ließ sich nicht so leicht durchführen wie die äußere. Die Resultate waren auf diesem Gebiet denn auch eher bescheiden, obwohl der Rektor Groh im Vorwort zum Studentenführer 1934/35 daran erinnerte: ›Die deutsche Hochschule hat die letzte Gelegenheit, ihre Lebensberechtigung innerhalb der

152

deutschen Volksgemeinschaft zu beweisen. ... Daß in diesem Ringen um die innere Neugestaltung Heidelberg, so wie es im Kampf um die äußere Neuordnung geschehen, die Spitze einnimmt, ist unser Ziel‹ (S. 5 f.). Der Kern verläßlicher und aktiver Nationalsozialisten unter den Professoren war zur Zeit der Machtübernahme durch die NSDAP offensichtlich überaus klein. Alte Parteimitglieder gab es nur wenige und keine unter den beamteten Professoren – Lenard war überraschenderweise nicht Mitglied der NSDAP, Schmitthenner gehörte zur DNVP. Der ›Heidelberger Student‹, Organ des nationalsozialistisch geführten AStA, sagte vor 1933 Wohlwollen für sogenannte nationale Aktivitäten der Studenten und Bereitschaft, auf Versammlungen des NSDStB zu reden, den Theologen Odenwald, Hupfeld und Jelke sowie den Emeriti Krehl (Medizin) und Endemann (Jurisprudenz) nach. Den Wahlaufruf deutscher Hochschullehrer für Hitler vom 3. März 1933 hatten aus Heidelberg wiederum wie 1932 nur Endemann, Fehrle und Lenard unterzeichnet. Führer des Heidelberger NS-Studentenbundes war der Medizinstudent Gustav Adolf Scheel, zugleich Führer der Heidelberger Studentenschaft, 1936 in Personalunion Reichsführer der Deutschen Studentenschaft und Führer des NSDStB sowie später Gauleiter von Salzburg; 1945 bestimmte ihn Hitler in seinem Politischen Testament zum Kultusminister. Die Universität machte Scheel, vor 1933 Hauptorganisator der Anti-Gumbel-Kampagnen, im Wintersemester 1935/36 zu ihrem Ehrensenator.

Eine wirkliche Durchdringung mit dem gewünschten Geist blieb bei den Professoren weithin aus. Noch im Sommersemester 1936 beklagte der Hauptamtsleiter für Wissenschaft der Heidelberger Studentenschaft und stellvertretende Gaustudentenbundführer öffentlich: ›Auch heute noch ist es nur ein kleiner Teil der Dozentenschaft, der mit der um den Sieg und Durchbruch der nationalsozialistischen Idee an der Hochschule und auf dem Gebiete der Wissenschaft kämpfenden aktiven Gemeinschaft der Studenten in Kameradschaft zusammensteht‹; nur an Einzelnen fände die Studentenschaft ›vollen Rückhalt und Unterstützung in jeder Beziehung‹ (Studentenführer, S. 11). Selbst 1939 war das Ergebnis noch nicht befriedigend, wie der Rektor Schmitthenner feststellte: ›Noch viel blieb und bleibt zu tun übrig, bis die Universität als eine makellose Trägerin, Erzeugerin und Gestalterin der Bewegung gelten könnte‹ (Hochschulführer 1939, 42). Für die Medizinische Fakultät mußte Carl Schneider 1935 feststellen: ›Über Ansätze zur Verwirklichung einer nationalsozialistisch ausgerichteten Medizin ist die Fakultät noch nicht hinausgekommen.‹

Lehraufträge sollten dem Mangel an nationalsozialistischer Wissenschaft abhelfen. Der Mannheimer Kreisleiter wurde im Sommersemester 1934 in der Philosophischen Fakultät Lehrbeauftragter für ›Nationalsozialistische Weltanschauung‹ und hielt mehrere Semester hindurch Vorlesungen zum Thema ›Der Nationalsozialismus als Grundlage unserer Lebensanschauung‹. Weitere Lehraufträge ergingen für Geopolitik und politische Propaganda. Die Medizinische Fakultät erhielt 1934 eine ordentliche Honorarprofessur für Fragen der Rassenpolitik, Erbgesundheitslehre u. ä., die ein Karlsruher Ministerialbeamter bekleidete. Allzu groß scheint die Nachfrage nach ideologischen Lehrveranstaltungen nicht gewesen zu sein, denn ein im Wintersemester 1935/36 mit einem Lehrauftrag für ›Völkische Weltanschauung‹ bedachter pensionierter Professor, der nicht zum Heidelberger Lehrkörper gehörte, gab bereits 1937 seinen Auftrag zurück, da er keine Hörer hatte.

Das Verhalten der Gegner des Regimes unter den Professoren hat Karl Jaspers rückerinnernd prägnant formuliert: ›In dieser Situation fand zwölf Jahre lang, bei steigender Gefahr, dieses Zusehen in der Ohnmacht statt, gegründet auf durchdachte Vorsicht, behutsam mit der Gestapo und den Nazibehörden, entschlossen, keine Handlung zu tun und kein Wort zu sagen, die nicht zu verantworten wären, aber bereit zur schuldvollen Passivität‹ (Philosophie und Welt, 354).

Der Lehrkörper veränderte sich nach 1933 in den einzelnen Fakultäten unterschiedlich. Die Gesamtzahl der habilitierten Lehrkräfte blieb zwischen Wintersemester 1932/33 und Wintersemester 1944/45 fast gleich; zwar kam es Mitte der dreißiger Jahre zu einem deutlichen Rückgang, der aber wieder ausgeglichen wurde. 1932/33 gab es einschließlich inaktiver Professoren 214 Dozenten, 1935/36 waren es 163, 1944/45 dann 220. Die Zahl der Lehrstühle vermehrte sich nicht, nur wurden verschiedene umgewidmet. Bei Neuberufungen ist gelegentlich schwer zu entscheiden, ob vorwiegend wissenschaftliche Leistung oder aber Parteimitgliedschaft und Anpassungswilligkeit ausschlaggebend für die Ruferteilung gewesen sind. Gutachten des NS-Dozentenbundes waren in jedem Fall erforderlich, denn der politische Gesichtspunkt mußte bei jeder Berufung berücksichtigt werden, selbst wenn er nur formal mit Phrasen wie ›bewährter Nationalsozialist‹ Berücksichtigung fand.

Zunächst sorgten die Aktivisten der ersten Stunde, fast ausnahmslos überalterte und sitzengebliebene Privatdozenten, für sich. Eugen Fehrle (1880–1957), außerplanmäßiger Professor für klassische Philologie und Lehrbeauftragter für Volkskunde, erreichte 1934 ein persönliches Ordinariat für Volkskunde, nachdem er schon 1933 Ministerialrat und Leiter der Hochschulabteilung in Karlsruhe geworden war und auf diesem Posten die Direktiven ausgab für Säuberung und Gleichschaltung der Universität, zu deren Lehrkörper er gehörte. 1944 wurde er auch noch Prorektor. Paul Schmitthenner, Major a. D. und bisher Privatdozent für Geschichte, wurde persönlicher Ordinarius für Geschichte mit besonderer Berücksichtigung der Kriegsgeschichte und

Wehrkunde und 1937 Nachfolger Jaspers' auf dessen umgewidmetem Lehrstuhl; seit 1933 war er zugleich Staatsrat in der badischen Regierung und seit 1940 Kultusminister. Für den Privatdozenten der Mineralogie Hans Himmel (geb. 1897) fiel 1934 nur der Professorentitel ab, da es für sein Fach bereits einen Lehrstuhlinhaber gab, der nicht verdrängt werden konnte; immerhin wurde Himmel in demselben Jahr Vizekanzler der Universität. Das schnellste Avancement erreichte der Mediziner Johannes Stein (1896–1967), der 1934, obwohl auf der Fakultätsliste an letzter Stelle genannt, vom außerplanmäßigen Professor zum Ordinarius für Innere Medizin und Leiter der Ludolf-Krehl-Klinik aufstieg; zugleich war er Kanzler bzw. Prorektor der Universität, bis er 1941 an die Reichsuniversität Straßburg ging. Für den an ihn angelegten Maßstab ist das Votum des Rektors Groh von 1934 bezeichnend: ›Der Einwand, daß er noch zu jung ist, spricht heute nur für ihn, ebenso der Umstand, daß er kein wissenschaftlicher Vielschreiber ist. ... Er ist von der Bewegung und ihren Aufgaben zu innerst erfaßt‹ (Vezina, 159). Wilhelm Groh selbst, bisher persönlicher Ordinarius, erhielt 1933 das für Arbeitsrecht umgewidmete Ordinariat Anschütz', verbunden mit einer beträchtlichen Erhöhung seiner Bezüge.

Die durch die ersten Entlassungen 1933 freigewordenen Stellen sind überwiegend mit Parteigenossen und Regimeanhängern besetzt worden, die sich nicht scheuten, ihren unter Bruch von Herkommen und bisherigem Recht aus dem Amt gejagten Kollegen zu folgen. Zu diesen Neuberufungen gehörte vor allem der von Lenard empfohlene Psychiater Carl Schneider (1891–1947), ein alter Kämpfer, der nach seiner Ernennung 1934 zusätzlich hohe Parteiämter im Gau Baden übernahm und sich im Zweiten Weltkrieg aktiv an den Euthanasieaktionen beteiligte. Prototyp des nationalsozialistischen Professors und Aushängeschild der braunen Universität Heidelberg war Ernst Krieck, ein Volksschullehrer ohne Studium, der 1923 auf Vorschlag Ernst Hoffmanns mit dem philosophischen Ehrendoktor in Heidelberg ausgezeichnet worden war, um seine pädagogischen Arbeiten zu würdigen und in ihm den badischen Volksschullehrerstand zu ehren. Unterdessen als nationalsozialistischer Rektor in Frankfurt/Main gescheitert, wünschte Krieck 1934, den Lehrstuhl des emeritierten Philosophen Rickert zu besteigen, wobei der Schwerpunkt auf Pädagogik verlagert werden sollte. Bei der Beratung in der Philosophischen Fakultät über die Neubesetzung stimmten Hoffmann und selbst Jaspers der Berufung von Krieck zu, der sich, obwohl höchst bescheidenen geistigen Zuschnitts, als Theoretiker einer neuen Pädagogik und Philosophie verstand und den sein Rektornachfolger Schmitthenner später als ›zu den bedeutendsten geistigen Führern unseres Volkes in der Gegenwart‹ gehörend pries. Nachdem Jaspers in den Ruhestand versetzt und Hoffmann zur Emeritierung gezwungen worden war, verfügte die Phi-

National-
sozialistische
Professoren

losophie, die in Heidelberg seit Jahrzehnten eine große Tradition besaß, über keinen Fachvertreter mehr.

Durch Rückgabe von Berufungsvorschlägen solange, bis eine genehme Liste zustandekam, oder gleich ganz aus ministerieller Initiative und gegen den Willen der Fachkollegen wurde nach 1933 dafür gesorgt, daß viele Lehrstühle, vor allem in der Medizinischen und der Naturwissenschaftlich-mathematischen Fakultät, im Sinne der herrschenden Doktrin besetzt wurden. Gerade das Gesicht der Naturwissenschaftlich-mathematischen Fakultät änderte sich durch Emeritierungen, Wegberufungen und Entlassungen beträchtlich – schon 1936 waren von der alten Fakultät nur noch Freudenberg und Erdmannsdörffer übriggeblieben; bei den Berufungslisten, die in der Anfangszeit ohne Fakultätsvotum von einem kleinen Beirat vorbereitet wurden, übte zumeist Lenard einen beherrschenden Einfluß aus, so daß profilierte Nationalsozialisten die vakant gewordenen Lehrstühle erhielten. Durch Lenards Verwendung erreichte auch der gerade 28-jährige Assistent und bedingungslose Lenard-Anhänger Leonhard Wesch, der keine wissenschaftlichen Verdienste aufzuweisen hatte, aber ein alter Kämpfer und SS-Mann war, 1937 ein Extraordinariat für theoretische Physik und 1943 sogar ein Ordinariat. Mehrfach sind Heidelberger Privatdozenten am Ort aufgestiegen, indem sie über die Parteileiter auf Lehrstühle kletterten.

Trotz der Einmischung von Parteidienststellen und einer oft bewiesenen Nachgiebigkeit von Rektoren, Dekanen, Beiräten und Fakultäten gegenüber politischen Anmaßungen sind – vor allem seit der Mitte der dreißiger Jahre – immer wieder auch bedeutende Gelehrte ohne Parteiverdienste, wenn auch gelegentlich im Besitz eines Parteibuchs, berufen worden. So wurde 1935 in die Theologische Fakultät der Alttestamentler Gustav Hölscher (1877–1955) versetzt, der im Jahre zuvor in Bonn seines Amtes enthoben worden war; der Lehrstuhl für Kirchengeschichte blieb dagegen nach der Emeritierung Walter Köhlers 1935 bis zum Ende des Dritten Reiches vakant. Für die Juristische Fakultät wurden 1941 Eduard Wahl (1903–85) und 1943 Wolfgang Kunkel (1902–81) gewonnen, für die Naturwissenschaftlich-mathematische Fakultät 1937 der Mathematiker Herbert Seifert (geb. 1907). In die Medizinische Fakultät kamen 1934 der Chirurg Martin Kirschner (1879–1942) und der Gynäkologe Hans Runge (1892–1964), 1935 der Ophthalmologe Ernst Engelking (1886–1975) und der Dermatologe Walther Schönfeld (1888–1977), 1942 der Laryngologe Alfred Seiffert (1883–1960), 1943 der Chirurg Karl Heinrich Bauer (1890–1978). Als untadelige Persönlichkeiten gehörten der Philosophischen Fakultät seit 1937 Fritz Ernst (1905–63) als Ordinarius für mittelalterliche Geschichte und seit 1941 Hans Schaefer (1906–61) als Althistoriker an, ferner die Germanisten Richard Kienast (1892–1976), seit 1938 Ordinarius, und Paul Böckmann (geb. 1899), im gleichen Jahr planmäßiger außerordentlicher Professor geworden, sowie Reinhard Herbig (1898–1961), der seit 1941 Archäologie vertrat, und Walter Paatz (1902–78), seit 1942 Kunsthistoriker in Heidelberg.

Eine institutionelle Erweiterung erfuhr die Universität 1933 durch die Eingliederung der Mannheimer Handelshochschule. Die Philosophische Fakultät, der sie zunächst zugeordnet wurde, wehrte sich gegen die Aufnahme, da sie ein Übergewicht der ›angewandten Wissenschaften‹ vor allem in Gestalt der betriebswirtschaftlichen und volkswirtschaftlichen Lehrstühle fürchtete. Im Mai 1934 wurde daher eine gesonderte Staats- und Wirtschaftswissenschaftliche Fakultät errichtet, die rasch den Ruf besonderer Parteihörigkeit erlangte. Philosophische und Juristische Fakultät gaben ihre entsprechenden Lehrstühle ab, damit ging auch das berühmte Institut für Sozial- und Staatswissenschaften mit Alfred Weber als Emeritus sowie das Zeitungswissenschaftliche Institut an die neue Fakultät über. Aus Mannheimer Beständen erhielt die Fakultät Institute für Betriebswirtschaft, für Volkswirtschaft und Statistik sowie für Rohstoff- und Warenkunde; auch das 1930 ins Leben gerufene Dolmetscherinstitut, gleichfalls bisher Bestandteil der Mannheimer Hochschule, fiel an die Fakultät. Später kamen Institute für Betriebswirtschaft des Fremdenverkehrs und für Großraumwirtschaft hinzu. Dagegen übernahm die Philosophische Fakultät aus dem Mannheimer Erbe ein Psychologisches Institut.

In der Philosophischen Fakultät entstanden bis zum Kriege mehrere Institute, die vor allem ideologisch wichtigen Disziplinen zur Aufwertung verhelfen sollten. Der Lehrapparat für Vorgeschichte, zuvor Bestandteil des Archäologischen Instituts, erhielt schon 1933 seine Selbständigkeit, seit 1942 als Frühgeschichtliches Seminar bezeichnet; für seinen Leiter Ernst Wahle (1889–1981), bisher außerplanmäßiger Professor, wurde 1934 eine Planstelle geschaffen. Eine Lehrstätte für Deutsche Volkskunde richtete 1934 Eugen Fehrle ein; für die Prioritäten der neuen Wissenschaftspolitik war es bezeichnend, daß Fehrles volkskundliche Sammlung die wertvollen Abgüsse des Archäologischen Instituts in ein Kellermagazin verdrängte. Für die kriegsgeschichtliche Professur konnte wegen ›einengender Bestimmungen des Versailler Diktats‹ zunächst nur eine eigene Abteilung innerhalb des Historischen Seminars eingerichtet werden, die dann nach Einführung der allgemeinen Wehrpflicht als Kriegsgeschichtliches Seminar selbständig wurde. Aufgabe des neuen Seminars sollte seinem Direktor Schmitthenner zufolge sein, ›den Einfluß des Kriegs- und Wehrwesens auf die Kultur, insbesondere auf die Staaten und Völker, ihre Politik und ihr Schicksal zu erforschen. ... Zugleich erstrebt das Seminar mit der Förderung des Wissens und Forschens auf diesem bisher noch kaum bearbeiteten Gebiet eine innere soldatisch-friedhafte Haltung und Gesinnung seiner Schüler. So ist das kriegsgeschichtliche Seminar wissenschaftlich und pädagogisch eine völlig neue Einrichtung, wie sie bisher nirgends bestanden hat‹ (Wegweiser 1936, 44f.). In enger Verbindung mit dem Historischen Seminar stand auch das 1938 gegründete Institut für Fränkisch-Pfälzische Landes- und Volksforschung (später: Institut für Fränkisch-Pfälzische Geschichte und Landeskunde), das auf Anregung von Günther Franz (geb. 1902), für zwei Jahre als Nachfolger Hampes in Heidelberg tätig, ins Leben gerufen wurde. Den Lehrstühlen für mittelalterliche Geschichte und für Geographie zugeordnet, sollte es ›vertiefte wissenschaftliche Heimatkunde‹ betreiben im Raum zwischen Tauber und Pfalz, unterem Main und alemannischem Sprachbereich; außerdem waren die ›Grenzlandschaften gegen Lothringen‹ zu betreuen.

Das seit mehreren Jahren von Krieck beantragte Volks- und Kulturpolitische Institut entstand im Sommersemester 1939, kam aber durch den Krieg kaum mehr zu eigentlicher Wirksamkeit. Krieck stellte ihm die Aufgabe, ›das arteigene völkische Welt- und Menschenbild in der Wissenschaft festzustellen‹, wobei die Durchführung einer ›neuen, weltanschaulich bedingten Fragestellung unserer gesamten Geistesgeschichte gegenüber‹ Richtschnur der Forschung sein sollte. Als erste, interdisziplinär zu bearbeitende Themen waren ›die deutsche Naturanschauung‹ und ›das deutsche Geschichtsbild‹ vorgesehen. Einen Vorläufer dieses Instituts stellte die Heidelberger Dozentenakademie dar, die – wie an anderen Universitäten auch – im Sommersemester 1937 begründet wurde. Ihr Ziel war es, wie Krieck, der die Erfindung dieser Einrichtung für sich beanspruchte, formulierte, mit Vorträgen und Diskussionen ›die weltanschaulich-wissenschaftliche Sinnmitte, die gemeinsame Grundlage sämtlicher Fachwissenschaften, Fakultäten und gelehrten Berufe herzustellen‹ (Hochschulführer 1938, 33). Sie sollte Professoren mit Dozentennachwuchs, Habilitanden und ›Jungdozenten‹ vereinigen.

Die Zahl der Studenten ging, wie überall im Reich, seit 1933 auch in Heidelberg kontinuierlich zurück. Gesetzliche Zulassungserschwerungen und politische Gängelung, grundsätzliche Wissenschaftsfeindlichkeit der Partei und vermehrte Anziehungskraft nichtakademischer Berufe, besonders bei der Wehrmacht, waren Ursachen für die nachlassende Frequenz der Hochschulen. Abiturienten, die studieren wollten, erhielten ab 1934 einen besonderen Zeugnisvermerk über ihre Hochschulreife, die nur denen zuerkannt werden sollte, die ›nach ihrer geistigen und körperlichen Reife, nach ihrem Charakterwert und ihrer nationalen Zuverlässigkeit‹ besonderen Anforderungen genügten. ››Nurwissenschaftliche‹ Studenten haben auf den Universitäten keine Berechtigung mehr‹, proklamierte der Rektor Schmitthenner 1939 (Hochschulführer, 45).

158

Die Folgen zeigten sich bald. Im Reich waren 1932/33 117000 Studenten immatrikuliert gewesen (18 auf je 10000 Einwohner); im Studienjahr 1938/39 betrug die Zahl nur noch 58300 (8 auf je 10000 Einwohner); damit war etwa der Stand von 1900 erreicht. In Heidelberg waren im Sommersemester 1933 3687 Studenten eingeschrieben, danach ging ihre Zahl bis auf 1841 im Sommersemester 1939 (Wintersemester 1938/39 sogar nur 1723) zurück. Der Anteil der Studentinnen sank von 21% (1933) kurzfristig auf 17,5% (1934/35), um dann wieder anzusteigen – im Sommersemester 1939 betrug er 25,4%.

Verteilung auf
die Fakultäten

Vom Rückgang der Studentenzahlen waren besonders die Theologische und die Juristische Fakultät betroffen. Studierten in Heidelberg im Sommersemester 1933 8,5% der Immatrikulierten Theologie, so betrug ihr Anteil im Sommersemester 1939 nur noch 3,6%; bei den Juristen war der Anteil in diesem Zeitraum von 15,5% auf 8,7% gesunken. Medizin behauptete sich ungefähr (47% zu 42,7%), ebenso die Naturwissenschaften (10% zu 8,6%). In der Philosophischen Fakultät waren 1933 19% der Studenten eingeschrieben, 1939 nur noch 9,2%; vermutlich war der Rückgang hier, der bereits 1936 zu einem Anteil von nur noch 10,8% an der Gesamtstudentenschaft geführt hatte, mindestens zum Teil auch verursacht durch die Warnungen des Kultusministeriums, so etwa 1934, ein Studium mit dem Ziel des Schuldienstes zu ergreifen, da der Bedarf an Lehrern gering, die Zahl der nichteingestellten Bewerber groß sei. Außerdem entfiel ein Teil der bisher in dieser Fakultät Immatrikulierten durch Verlegung der Volkswirtschaft an die 1934 gegründete Staats- und Wirtschaftswissenschaftliche Fakultät. Diese Fakultät nahm einschließlich des gut besuchten (13,2%) Dolmetscherinstituts 1939 27,2% der Studenten auf.

Zugangs-
bedingungen

Der Zugang zur Universität wurde 1934 dadurch erschwert, daß alle Abiturienten vor Aufnahme ihres Studiums einen halbjährigen Arbeitsdiensteinsatz abzuleisten hatten. Schon im Juni 1933 hatte der damalige preußische Kultusminister Rust als Norm für den erstrebten neuen Typus des deutschen Studenten festgesetzt: ›Wer im Arbeitslager versagt, der hat das Recht verwirkt, Deutschland als Akademiker zu führen‹, denn im Arbeitsdienstlager ›hören die Belehrungen und das Wort auf und die Tat beginnt.‹ Der Nationalsozialistische Deutsche Studentenbund erhielt ein Monopol, da die übrigen politischen Studentenorganisationen wie ihre Trägerparteien noch im Sommersemester 1933 verschwanden. Die Deutsche Studentenschaft wurde neu organisiert und vom Staat gesetzlich als ›alleinige Gesamtvertretung der an den reichsdeutschen Hochschulen immatrikulierten Studenten deutscher Abstammung und Muttersprache‹ anerkannt. Den AStA löste ein Studentenführer ab, der jeweils von seinem Vorgänger mit Zustimmung der Deutschen Studentenschaft berufen wurde. Vertreter der Studentenschaft nahmen in Heidelberg seit 1934 zeitweise an den

Neuorganisation
der Studenten-
schaft

Fakultätssitzungen teil, insbesondere forderten sie Mitspracherecht bei Berufungen und erhielten es in gewissen Grenzen auch. Besonders stark war ihr Einfluß in der Philosophischen und in der Naturwissenschaftlich-mathematischen Fakultät.

SA-Dienst Über die Zwangsmitgliedschaft in der Deutschen Studentenschaft waren auch die Nichtparteigenossen unter den Studenten dem Zugriff der NSDAP und ihrer Studentenorganisation ausgeliefert. ›So wie es keine Freistudenten mehr gibt, so gibt es im Staate Adolf Hitlers auch keine unpolitischen Studenten mehr‹ (Hochschulführer 1941, 13). Seit Wintersemester 1933/34 galt für alle männlichen Studierenden der SA-Dienst als Pflicht, ein eigens dafür gegründetes SA-Hochschulamt wurde im Gefolge des Röhm-Putsches allerdings wieder aufgelöst. Erst nach Einführung der allgemeinen Wehrpflicht 1935 schrumpfte der sehr ausgedehnte und zeitraubende SA-Dienst auf ein geringes Maß zusammen. Im Sommer 1934 mußten alle gesunden männlichen Studierenden des 1.-4. Semesters zwei Kurse in einer Geländesportschule in Adelsheim ableisten, und zwar während des Semesters eine Woche, in den Semesterferien drei Wochen. Weiter wurde verlangt, daß sich die gleichen Studenten vom 1. April bis 30. Oktober 1935 ei-

Arbeitsdienst nem sogenannten freiwilligen Arbeitsdienst unterzogen; das Studium konnte erst fortgesetzt werden, wenn der Student bei der Rückmeldung zum Wintersemester 1935/36 die Bescheinigung über die Ableistung dieses ›freiwilligen‹ Arbeitsdienstes vorlegte (frdl. Mitteilung W. Doerr). Das Reichsarbeitsdienstgesetz von Juni 1935 hob dann diese Sonderregelung für Studenten auf und schrieb allgemein eine sechs-

Pflichtsport monatige Dienstzeit vor. Für alle Studenten wurde 1934 der Pflichtsport eingeführt, der die ersten drei Semester hindurch mit wöchentlich bis zu drei oder vier Stunden betrieben werden mußte. Die dort erworbenen Scheine waren Voraussetzung für das weitere Studium.

Pflicht- Andere Pflichtveranstaltungen kamen hinzu; so waren z. B. 1933 der
veranstaltungen Besuch einer zweistündigen Vorlesung über Wehrwissenschaften und einer einstündigen über Rassenkunde vorgeschrieben. 1937 mußten alle Studenten in den Sommerferien einen Fabrik- und Landdienst ableisten, obwohl die nicht mit dem Studium zusammenhängenden Belastungen schon 1934 ein solches Ausmaß erreicht hatten, daß der Reichswissenschaftsminister verfügte: ›Um eine Beunruhigung zu vermeiden, bestimme ich, daß die Studierenden, die im laufenden Semester infolge stärkerer Beanspruchung durch Leibesübungen, SA-Sport, Arbeitsdienst und nationalpolitische Schulung verhindert waren, Vorlesungen und Übungen in der erforderlichen Regelmäßigkeit zu besuchen, bezüglich der Erteilung der Testate nicht schlechter gestellt werden dürfen als die übrigen Studierenden‹ (Adam, 92).

Fachschaften Jeder Student mußte Mitglied einer der nach Fakultäten und Wissenschaftsdisziplinen gegliederten Fachschaften sein und in ihr vom 4.

160

bis 7.Semester aktiv mitarbeiten; dies vollzog sich in Arbeitsgemeinschaften, Vorträgen, Kameradschafts- und Schulungslagern sowie Fachschaftsversammlungen. Um diesen Anordnungen den nötigen Nachdruck zu verleihen, waren seit 1936 zwei Scheine über die Teilnahme an der Fachschaftsarbeit bei der Meldung zur Prüfung einzureichen. Der besseren Erfassung der Anfangssemester dienten die Kameradschaften. Nach mancherlei Experimenten wurden 1937 solche Kameradschaften als Einheiten des NSDStB gegründet, in denen auf freiwilliger Basis – vorher war es zeitweise mit Zwang versucht worden – Studenten der ersten drei Semester zusammenlebten; für weibliche Studierende bestand eine Arbeitsgemeinschaft Nationalsozialistischer Studentinnen mit wöchentlichen Heimabenden und Sozialeinsätzen. Niemand durfte während der ersten drei Semester die Universität wechseln. Auf dem Dienstplan der Kameradschaften standen tägliches gemeinsames Mittagessen, zweimal wöchentlich Sport und einmal wöchentlich Erziehungsstunde bzw. politischer Abend. Bis 1939 bildeten sich in Heidelberg zwölf Kameradschaften. Wer sich keiner Kameradschaft des NSDStB anschloß, gehörte zu einer Dienstgemeinschaft der Deutschen Studentenschaft, die 30–40 Teilnehmer umfaßte und einer Kameradschaft zugewiesen wurde.

Die Kameradschaften lösten die Korporationen ab. 1934 gab es in Heidelberg 36 farbentragende Verbindungen, die mehr oder weniger zum Sieg der sogenannten nationalen Bewegung beigetragen hatten, danach aber bald den Omnipotenzanspruch der Partei und ihres Studentenbundes störten. Bei der Aufhebung des Mensurverbots waren sich allerdings beide Seiten noch einig, wie ein Artikel in der ›Volksgemeinschaft‹, der Heidelberger Parteizeitung, im April 1933 zeigte: Das von ›pazifistischen Weichlingen‹ erlassene Verbot habe ›Heidelberg um eine starke Zugkraft im Zustrom der Studenten ärmer‹ gemacht, während die Unterdrückung des ›Wehrwillens‹ jetzt aufhöre. Mit groteskem Pathos wurde gejubelt: ›Schläger werden schwirren, und damit wird Heidelberg das zurückgegeben, was ruchlose Verbrecherhand ihm raubte.‹ In der Folgezeit beugten sich die Verbindungen nahezu allen Zumutungen, um ihre Organisationen zu retten, so der Einführung des Führerprinzips, vor allem aber der Forderung nach Durchsetzung des Arierparagraphen. Eine Heidelberger Burschenschaft forderte beispielsweise, wenn auch mit Bedauern, ›mit Rücksicht auf die aus vaterländischem Interesse notwendige Erhaltung des Bundes mit seinen Traditionswerten‹ von ihren ›jüdischen oder jüdisch versippten alten Herren‹ den Austritt. Eine rühmliche Ausnahme stellte das Corps Vandalia dar, das sich als einzige Heidelberger Verbindung weigerte, den Arierparagraphen anzuwenden, und deswegen vom Rektor verboten und auch von seinem Korporationsverband fallengelassen wurde. Nach einem von Angehörigen des Heidelberger Corps Saxo-Borussia verursachten Eklat wurde 1935 allen Angehörigen der Hitlerjugend die Zugehörigkeit zu Verbindungen verboten und diesen damit der Nachwuchs abgeschnitten. Nach weiteren Bedrängungen und verschiedenen mißglückten Rettungsversuchen lösten sich 1935 zunächst die Korporationsverbände auf, kurze Zeit später die Einzelverbindungen; die christlichen Verbände folgten bis 1938. Ihre Fortsetzung fanden die Korporationen in gewisser Weise in den Kameradschaften, die die Verbindungshäuser nutzten und sich in der äußeren Organisation und im Brauchtum – außer Mensuren und Farben – in der Folgezeit mehr und mehr an den früheren Burschenschaften orientierten; die Altherrenschaften übernahmen teilweise die Patenschaft über Kameradschaften.

Wachsendes politisches Desinteresse der Studenten

Das Streben der Staatspartei nach lückenloser Erfassung, körperlicher Ertüchtigung und ausgedehnter politischer Schulung ließ die Studenten vielfach nach Auswegen aus dem Zwangssystem suchen, zumal die zahlreichen Belastungen vom eigentlichen Zweck des Aufenthalts an der Hochschule abführten. Immer wieder wurde daher von den Verantwortlichen das Desinteresse an SA-Dienst und Pflichtsport beklagt, politische Veranstaltungen litten unter geringem Besuch. Wieweit die Reglementierung ging und wie tief sie in das Leben des Einzelnen eingriff, hing von dessen Geschicklichkeit ab, die Überorganisation und die unübersichtliche Kompetenzverteilung auszunutzen, und natürlich auch vom Eifer des jeweils zuständigen Amtsträgers. Insgesamt scheint es, als ob der Typus des nationalsozialistischen Studenten fast eher vor 1933 ausgeprägt gewesen ist als in den Jahren der Ernüchterung nach der Euphorie des vermeintlichen Aufbruchs von 1933/34.

Jubiläumsfeier 1936

Der deutschen und internationalen Öffentlichkeit präsentierte sich Heidelberg als nationalsozialistische Universität bei der 550-Jahrfeier vom 27. bis 30. Juni 1936. Die Selbstdarstellung der braunen Hochschule wurde auch von den Reichsbehörden so ernst genommen, daß das Ministerium für Volksaufklärung und Propaganda die Gestaltung der Feier als ›reichswichtig‹ an sich zog. Die Regierung war durch Goebbels und Rust vertreten, während Hitler entgegen der ursprünglichen Planung ausblieb. Die ausländischen Universitäten beteiligten sich in großer Zahl an den Festlichkeiten, nur die britischen Universitäten hatte der Rektor wieder ausgeladen, nachdem es in der englischen Presse zu Diskussionen über die Zweckmäßigkeit der Teilnahme gekommen war. So hatte der Bischof von Durham in der ›Times‹ erklärt: ›The appearance of British representatives at the Heidelberg celebration ... could not but be understood everywhere as a public and deliberate condonation of the intolerance which has emptied the German universities of many of their most eminent teachers and which is filling Europe with victims of cynical and heartless oppression.‹

Bei dem Festakt rechtfertigte Reichserziehungsminister Rust die
Säuberung der vergangenen Jahre; sie habe diejenigen ausgeschieden,
die sich ›dem Umsturz aller Ordnungen‹ verschrieben gehabt hätten,
sowie solche, ›die uns nach Blut und Artung nicht zugehören und denen darum die Fähigkeit abgeht, nach deutschem Geist die Wissenschaft zu gestalten.‹ Rust proklamierte eine neue Objektivität, bei der
›ein durch Blut und Geschichte gebundener Mensch zum Subjekt des
Erkennens‹ gemacht werde; Voraussetzungslosigkeit und Wertfreiheit
seien nicht Merkmale der Wissenschaft. Ernst Kriecks Rede über ›Die
Objektivität der Wissenschaft als Problem‹, die er anmaßend als ›Antwort der deutschen Wissenschaft auf den Anruf des Herrn Minister‹
ausgab, übertraf die Ansprache Rusts noch an hohlem Pathos und in-
tellektueller Armseligkeit. 1886 hatte Kuno Fischer die Festrede aus
dem Geiste des späten Neuhumanismus heraus gehalten – fünfzig Jahre später erklärte der Nachfolger auf seinem Lehrstuhl: ›Wir erkennen
und anerkennen keine Wahrheit um der Wahrheit, keine Wissenschaft
um der Wissenschaft willen. Wahrheit bleibt zwar Weg und Gestal-
tungsgesetz der Wissenschaft. Ihr Ziel aber ist Gestaltung des Men-
schentums und der völkischen Lebensordnung gemäß dem Charakter
und Naturgesetz der Gemeinschaft. Wissenschaft hat also ihren Wur-
zelgrund in der Weltanschauung.‹ Die Idee der Humanität war nach
Krieck zeitbedingt und für die Gegenwart ›in keiner Weise verpflich-
tend‹. Deutlicher konnte, wenn auch ungewollt, der Abfall der Universität von ihrer Tradition nicht gekennzeichnet werden.

Bei Kriegsausbruch wurde die Universität wie alle deutschen Hochschulen geschlossen; die Forschungsarbeit sollte aber weitergehen, so
daß die Institute offengehalten wurden, wegen mangelnder Verdunk-
lungsmöglichkeiten allerdings nur bei Tageslicht. Auch der Unterricht
im Dolmetscherinstitut fand ohne Unterbrechung statt. Für die Zeit
seiner kriegsbedingten Abwesenheit ernannte der Rektor den Juristen
Karl Bilfinger zum Stellvertretenden Rektor, von 1942–44 war er Prorektor. Wegen seiner Grenznähe zählte Heidelberg zu der letzten
Gruppe von Universitäten, die erst im Januar 1940 wieder geöffnet
wurden. Vorübergehend lösten Trimester die bisherige Einteilung des
Studienjahres ab, bis 1941 die Semesterabfolge wiederhergestellt wurde. Die Kriegssituation schlug sich im internen Betrieb zunächst nur in
häufig wiederholten Anordnungen zu äußerster Sparsamkeit im Ver-
brauch von Material aller Art nieder. Im Januar 1940 ließ der Rektor
die Institutsdirektoren wissen, er habe den Dekan der Staats- und
Wirtschaftswissenschaftlichen Fakultät Walter Thoms zum Kohlen-
kommissar für die Universität ernannt und ihn ›zur Regelung der
Brennstoffversorgung ... mit diktatorischen Vollmachten‹ ausgestattet. Die üblichen Restriktionen galten auch für die Universität; bereits
im Oktober 1939 teilte der Kultusminister mit, daß ›kein Beamter, An-

gestellter oder Arbeiter meiner Verwaltung ausländische Sender abhören‹ dürfe.

Die Immatrikulationen stiegen im Krieg stark an – 1940 war die Zahl von 2000 überschritten, im Wintersemester 1941/42 wurde der Stand von 1933 wieder erreicht. Bezogen auf die Studentenzahl im Sommersemester 1939, ist der Zuwachs 1941/42 mit 192:100 zu bestimmen, für 1944 bei etwa 4950 Studenten sogar mit 269:100, um dann jäh wieder abzusinken; im Wintersemester 1944/45 waren noch etwa 2540 Studenten immatrikuliert. Bis zu einem Drittel der Immatri-

kulierten stand im Felde. Der Anteil der Studentinnen steigerte sich von 25,4% (1939) über 46,3% (1942/43) bis auf 57,3% (1943); im Wintersemester 1944/45 betrug er fast 50%. Im Wintersemester 1942/43 waren 1789 Frauen eingeschrieben, was die Gesamtzahl aller Studenten im letzten Wintersemester vor dem Kriege übertraf. Kriegsbedingt durften sie auch in die untersten Ränge der Universitätshierarchie vordringen; 1943 waren die Assistenten- und Hilfskraftstellen in allen Fakultäten durchweg mit Frauen besetzt.

Unter den Fakultäten dominierte eindeutig die Medizinische; nach den letztmalig für 1943 überlieferten Zahlen waren 51,7% aller Studenten in dieser Fakultät eingeschrieben, gegenüber 13,3% in der Philosophischen und 6,2% in der Naturwissenschaftlich-mathematischen Fakultät – die Anweisung des Reichserziehungsministeriums von Oktober 1939, die naturwissenschaftlichen Fächer in Zukunft besonders zu fördern, hatte also wenig Wirkung gezeigt. Die Staats- und Wirtschaftswissenschaftliche Fakultät brachte es auf einen Anteil von 25,7%, davon entfielen 16% auf das Dolmetscherinstitut. Theologie und Jurisprudenz waren weiter zurückgegangen auf weniger als 0,1% (4 Studenten) bzw. 3% (121 Studenten). Dem Zuwachs an Studenten entsprach keine Vermehrung des Lehrpersonals, das sich im Gegenteil durch Einberufungen zur Wehrmacht stark verminderte; 1939 waren von 59 Ordinarien 20 nicht an der Universität tätig, 1943 betrug die Zahl der eingezogenen Professoren und Dozenten 117 bei einem Gesamtlehrkörper von 220.

Der Aufforderung des Rektors zufolge hatten sich die Studenten als ›Soldaten des Großdeutschen Reiches‹ zu fühlen und ihr Studium als soldatischen Dienst aufzufassen. ›Jedes akademische Kriegsgewinnlertum muß ausgeschlossen sein‹ (Hochschulführer 1940, 9). Auf Befehl des Reichsstudentenführers unterlagen die Studenten einer besonderen Dienstpflicht mit einer Arbeitszeit von mindestens acht Stunden im Monat. Der Arbeitseinsatz mußte ›stets geeignet sein, die Wehr- und Wirtschaftskraft unseres Volkes zu stärken‹; er erfolgte entweder ›bei Stoßarbeiten, für die die notwendigen Arbeitskräfte fehlen‹, in der Landwirtschaft, bei Lebensmitteltransporten, beim Abladen von Kohlenzügen, zur Schadensverhütung und Freimachung wichtiger Verkehrswege oder als Einsatz in Reichsluftschutzbund und Nationalsozialistischer Volkswohlfahrt, in Wirtschafts- und Ernährungsämtern, für Wachen in kriegswichtigen Instituten sowie schließlich auch für kriegswichtige wissenschaftliche und statistische Arbeiten. Offensichtlich wurden die Studenten weithin lediglich als Manövriermasse bei Engpässen auf dem Arbeitsmarkt angesehen. 1941 wurde reichseinheitlich ein achtwöchiger Arbeitseinsatz in den Semesterferien vorgeschrieben, der in der Landwirtschaft oder in Rüstungsbetrieben abzuleisten war.

Beurlaubungen zum Studium wurden vor allem in den ersten Studienurlaub Kriegsjahren gewährt; die militärische Krise im Winter 1942/43 spiegelt ein Runderlaß des Ministeriums vom Dezember 1942 wider: ›Der Studienurlaub für das gesamte Ostheer ist gesperrt.‹ Ab März 1943 gab es Beurlaubungen zum Studium oder zur Ablegung von Prüfungen nur noch für ›Soldaten der Versehrtenstufe II–IV‹, andererseits bestand für verdiente Soldaten aber noch im Herbst 1943 die Möglichkeit, dienstlich zum Studium kriegswichtiger Disziplinen wie Medizin, Veterinärmedizin, Pharmazie und technischer Fächer abkommandiert zu werden. Im Sommersemester 1944 wurden in Heidelberg für Medizin nur 150 Erstsemester, im Wintersemester 1944/45 sogar nur 100 Erstsemester angenommen, der Zugang für höhere Semester war ganz gesperrt außer für Wehrmachtsangehörige, Kriegsversehrte, Kriegerwitwen und Bombengeschädigte, die deswegen die Universität hatten wechseln müssen. Sie mußten aber vor der Immatrikulation bereits über eine Unterkunft in Heidelberg oder der näheren Umgebung verfügen. Dieser Wohnungsnachweis war auch in anderen Fächern als Voraussetzung für die Immatrikulation erforderlich. Im Wintersemester 1944/45 durfte die Studentenzahl des vergangenen Semesters in keiner Fakultät überschritten werden.

Unter dem Eindruck der Kriegserfahrungen wich die bisherige Bil- Goebbels-Rede
1943 dungs- und Geistfeindlichkeit des Nationalsozialismus, die eine Vernachlässigung des wissenschaftlichen Potentials zur Folge gehabt hatte, einer neuen Einsicht. In einer Ansprache, die sich ausdrücklich an das ›geistige Deutschland‹ wandte, proklamierte Goebbels, der 1922 bei Max von Waldberg seinen Doktorgrad erworben hatte – aus Anlaß seines Besuchs erneuerte die Universität ihm ganz ungewöhnlicherweise feierlich das Doktordiplom, obwohl eine solche Ehrung erst nach fünfzig Jahren üblich war –, im Juli 1943 auf einer Sondertagung der Reichsstudentenführung in der Heidelberger Stadthalle den Wert des ›geistigen Arbeiters‹ für die Kriegführung. ›Dieser Krieg in den Instituten und Laboratorien ... ist oft und oft von entscheidendster Bedeutung für den Sieg.‹ Allerdings beschränkte Goebbels die Entdeckung des Wertes geistiger Arbeit auf bestimmte Sektoren, wenn er ein Jahr später vor seinen Gauleiterkollegen erklärte: ›Ich will auch nicht

die Universitäten schließen, will die technischen Fächer weiter bestehen lassen. Aber ich sehe nicht ein, daß in Heidelberg sieben- bis achthundert junge Mädchen besserer Stände auf Dolmetscher studieren
und sich damit den Kriegsbedürfnissen entziehen.‹ Entsprechend ließ
der Reichsforschungsrat den Heidelberger Rektor telegraphisch im
September 1943 wissen: ›Kriegswichtige Forschung und Entwicklung
weiter geschützt. Sofern Einberufungen erfolgen, unter Angabe der
Wehrnummer des Instituts Einspruch erheben bei der Ersatzinspektion.‹ Vor allem Professoren der Naturwissenschaftlich-mathematischen Fakultät waren mit derartigen kriegswichtigen Forschungsaufträgen für Reichs- und Wehrmachtsstellen beschäftigt oder gaben an,
wie der Astronom Heinrich Vogt, einen Rüstungsbetrieb zu leiten.

Kriegswichtigen Forschungen waren auch die 1941 neugegründeten
Institute gewidmet. Das Institut für Großraumwirtschaft sollte der ›Erforschung der Gründlagen der künftigen europäischen Großraumwirtschaft‹, vor allem ›Fragen der Wirtschaftspolitik‹ dienen; als ›Außeninstitut der Universität‹ – finanziell von der Reichspost getragen –
entstand das Institut für Weltpost- und Weltnachrichtenwesen, das mit
Forschungen zur Nachrichtenübermittlung beschäftigt war. Von Heidelberger Professoren geleitet wurde das nicht unmittelbar der Universität angeschlossene Luftfahrtforschungs-Institut (Luftfahrtforschung
Heidelberg), dessen Arbeiten gleichfalls eindeutig militärischen Zwekken gedient haben dürften.

Die kriegsbedingte Reduzierung der Dozentenschaft führte in den
einzelnen Fakultäten zu unterschiedlichen Situationen im Lehrbetrieb.
Während auf eine vom Rektor im Januar 1943 veranstaltete Umfrage
hin Theologische, Juristische und Medizinische Fakultät erklärten, die
Lehre sei ganz oder in allen Hauptfächern gesichert, waren in der Philosophischen Fakultät alte Geschichte, Kunstgeschichte, Musikwissenschaft und Anglistik wegen Personalmangels bedroht – dennoch
stellte der Dekansvertreter Fehrle fest: ›Sämtliche besonders wichtigen
Fächer wären vorhanden.‹ In der Naturwissenschaftlich-mathematischen Fakultät war dagegen mit Mathematik, technischer und theoretischer Physik, Chemie und Botanik eine ›Reihe wichtigster Fächer‹
gefährdet. Die Staats- und Wirtschaftswissenschaftliche Fakultät klagte, die Ausbildung der Diplomvolkswirte und Diplomhandelslehrer
›sei aufs äußerste gefährdet‹, während im Dolmetscherinstitut alle
Sprachen hinreichend besetzt waren.

Im Oktober 1944 verfügte das Reichserziehungsministerium die
Verlagerung der Staats- und Wirtschaftswissenschaftlichen Fakultät
mit dem Dolmetscherinstitut nach Tübingen. 570 Studierende, darunter über 400 Kriegsverletzte und Kriegerwitwen – also keineswegs die
von Goebbels demagogisch genannten 700 jungen Mädchen besserer
Stände – wären davon betroffen gewesen. Der Rektor und auch die

166

Studierenden selbst protestierten, so daß die Verlegung unterblieb.
Das Kriegsende fand die Universität Heidelberg daher äußerlich un-
versehrt vor, innerlich war sie durch die zwölf Jahre der Diktatur fast
ganz zerstört worden. Die Zahl ihrer Kriegstoten ist nie festgestellt
worden.

Die Universität seit 1945

Die Zeit der nationalsozialistischen Universität Heidelberg war been- *Schließung*
det, als am 30. März 1945 amerikanische Truppen die Stadt besetzten. *der Universität*
Wie es die Proklamation Nr. 1 des Obersten Befehlshabers der Alliier-
ten Streitkräfte für ›alle deutschen … Unterrichts- und Erziehungsan-
stalten‹ vorschrieb, wurde die Universität am 31. März geschlossen.
Die Bemühungen um ihre innere und äußere Erneuerung begannen
sofort. Das Verdienst, den ersten Anstoß dazu gegeben zu haben,
kommt nach Jaspers' Zeugnis dem Gundolfschüler, Sozialdemokraten
und Widerstandskämpfer Emil Henk zu, der, auf der amerikanischen
Weißen Liste der unbelasteten Persönlichkeiten stehend, Beamte des
CIC für eine Zusammenkunft vertrauenswürdiger Universitätsange-
höriger gewann. Bei diesem Treffen in den ersten Apriltagen waren Jaspers, Weber, Regenbogen und Mitscherlich – nach anderer Lesart
statt Regenbogens Dibelius und Radbruch – anwesend; auf Henks
Anregung wurde ein Ausschuß zum Wiederaufbau der Universität ge- *Dreizehner-*
wählt, der erstmals am 5. April zusammentrat. Zu ihm gehörten außer *ausschuß*
den im Dritten Reich entlassenen Professoren Karl Jaspers, Walter Jellinek, Gustav Radbruch, Otto Regenbogen und Alfred Weber die
nichtbelasteten Professoren Karl Heinrich Bauer, Martin Dibelius,
Ernst Engelking, Fritz Ernst, Karl Freudenberg, Renatus Hupfeld und
Curt Oehme, ferner Wolfgang Gentner, als Dozent für Physik Vertreter
der Nichtordinarien, und der im Dritten Reich verfolgte Mediziner
Alexander Mitscherlich, offenbar als Vertreter der Nichthabilitierten;
den Vorsitz führte Dibelius, später Freudenberg. Dieser Dreizehnerausschuß setzte sich zur Aufgabe, nicht nur organisatorisch die Wiedereröffnung der Universität vorzubereiten, sondern auch das Funda-
ment für einen geistigen Neuanfang zu legen und eine Reinigung des
Lehrkörpers vorzunehmen.

Die offizielle Vertretung der Universität gegenüber der Besatzungs- *Rektorat Hoops*
macht nahm der längst emeritierte Anglist Johannes Hoops wahr, den
der letzte NS-Rektor Schmitthenner vor seiner Flucht für diesen
Zweck eingesetzt hatte und der diese Funktion mit Hilfe eines Arbeits-
ausschusses von geschäftsführenden Dekanen – Dibelius, Radbruch,
Bauer, Regenbogen, Freudenberg – ausübte; von wem die Dekane gewählt oder ernannt worden sind, ist nicht klar. Hoops beschränkte sich

im wesentlichen auf die Abwicklung der laufenden Geschäfte und auf die Weitergabe der Anordnungen der Besatzungsmacht; vorwärtsführende Initiativen gingen nicht von ihm, sondern von Karl Heinrich Bauer aus, der als Dekan der Medizinischen Fakultät bei seinen Kollegen bekannt geworden war, als er mit Erfolg mehrfach die drohende Beschlagnahme seiner Klinik durch amerikanische Truppen verhindert hatte. ›Strahlend, voller praktischer Einfälle, unverwüstlicher Energie, schneller Entschlußfähigkeit, begabt im Umgang mit Menschen‹ (Jaspers), setzte sich Bauer mit großer Beharrlichkeit und fast missionarischem Überzeugungseifer für die Wiedereröffnung der Universität ein, deren Bedeutung für die geistige Neuorientierung der deutschen Jugend er hoch veranschlagte. Unablässig bemühte er sich daher, diese Bedeutung den Besatzungs- und den deutschen Behörden nahezubringen. So richtete er bereits am 26. August 1945 an die Militärregierung in Mannheim das Gesuch: ›Die Universität Heidelberg, im Gefühle ihrer Verpflichtung, die geistige Führung des deutschen Volkes mit in die Hand zu nehmen, gewillt, der Wahrheit, Gerechtigkeit und dem Fortschritt zu dienen, bestrebt, die deutsche Kriegsjugend aus ihrer geistigen Not zu befreien und sie im Geiste neuerstehender Humanität zu erziehen, bittet um ihre Wiedereröffnung in allen Fakultäten‹ (Neuer Geist, 4).

Nachdem eine erste Senatssitzung von der Besatzungsmacht nicht genehmigt worden war, wurde Bauer am 8. August 1945 von 22 nichtbelasteten Professoren zum Rektor gewählt, Fritz Ernst zum Prorektor, Jaspers zum Ersten Senator. Zusammen mit den bereits amtierenden Dekanen – an Bauers Stelle trat Engelking, der erkrankte Dibelius wurde von Hölscher abgelöst – bestand damit wieder ein Engerer Senat als Selbstverwaltungsgremium der Universität. Für die Erörterung grundsätzlicher Probleme und als Personalgutachtergremium blieb der Dreizehnerausschuß noch mehrere Jahre neben dem Senat bestehen. Die Rektoratsübergabe wurde am 15. August bei der Eröffnung eines zweimonatigen Fortbildungskurses für kriegsapprobierte Jungärzte vorgenommen. Dieser Kursus galt als Beginn der Lehrtätigkeit in der Medizinischen Fakultät, so daß die Universität in einem wichtigen Teil wiedereröffnet war. Die übrige Medizinische und die Theologische Fakultät folgten zum Wintersemester 1945/46, nachdem zahlreiche Schwierigkeiten, Anfeindungen und Widerstände bei amerikanischen und deutschen Stellen überwunden worden waren. Die Juristische, die Philosophische und die Naturwissenschaftlich-mathematische Fakultät nahmen den Lehrbetrieb im Januar 1946 wieder auf, das Dolmetscherinstitut zu Ende des Wintersemesters 1945/46. Am 7. Januar 1946 fand die erste Immatrikulationsfeier der Gesamtuniversität nach dem Kriege statt, nachdem die Teilimmatrikulation für die Theologie- und Medizinstudenten schon im November 1945 vorangegangen war.

Die äußeren Verhältnisse und die Arbeitsbedingungen waren für die wiedereröffnete Universität außerordentlich schwierig. Die Besatzungsbehörden hatten zunächst den größten Teil der Universitätsgebäude beschlagnahmt, so daß neben den Kliniken nur die Alte Universität für den Neuanfang zur Verfügung stand. Zwar wurde die Beschlagnahme der meisten Gebäude bald aufgehoben, die Neue Universität war dagegen erst 1952 vollständig geräumt, das Max-Planck-Institut für medizinische Forschung sogar erst 1953. Auch das Gebäude der Universitätsbibliothek war geraume Zeit nicht zugänglich; die Bücherbestände, die verlagert gewesen waren, konnten erst 1946 zurückgeführt werden.

Der neue Anfang der Universität – symbolisch sichtbar gemacht durch den Austausch der Inschrift über dem Portal der Neuen Universität und die Entfernung des Adlers – stand im Zeichen der praktischen Energie Bauers und der moralischen Autorität Jaspers'. Nach innen gerichtet, wirkte neben ihnen die juristische Autorität Jellineks, der in den schwierigen Wiedergutmachungs- und Entschädigungsfällen sowie bei der Behandlung der nach dem Zusammenbruch des Dritten Reiches entlassenen Mitglieder des Lehrkörpers von der Universität wie von allen Fakultäten immer wieder um Rat und gutachterliche Äußerung gebeten wurde. Zusammen mit Jaspers repräsentierten Radbruch und Alfred Weber eine neue Art Heidelberger Geistes, die in ihrem sozialen Ethos auch stark nach außen strahlte. Wie kaum einem seiner Kollegen war es vor allem Jaspers um einen wirklichen Neuanfang zu tun, auf dessen Notwendigkeit er immer wieder unerbittlich hinwies. Ein bloßes Anknüpfen an die Zeit vor 1933 verwarf er: ›Zuviel ist geschehen, zu eingreifend ist die Katastrophe‹ (Neuer Geist, 19). Alle hatten versagt: ›Wir sind nicht, als unsere jüdischen Freunde abgeführt wurden, auf die Straße gegangen, haben nicht geschrien, bis man auch uns vernichtete. Wir haben es vorgezogen, am Leben zu bleiben mit dem schwachen, wenn auch richtigen Grund, unser Tod hätte doch nichts helfen können. Daß wir leben, ist unsere Schuld.‹ Diese Einsicht war die Voraussetzung für die geistige Erneuerung: ›Unsere in dieser Würdelosigkeit einzig noch bleibende Würde ist die Wahrhaftigkeit, und dann die unendlich geduldige Arbeit trotz aller Hemmungen, trotz allen Mißlingens – solange es uns vergönnt ist. Wir wollen uns unser Leben, das uns gerettet wurde, verdienen‹ (ebd., 20).

Der tiefdringenden Nüchternheit Jaspers' stand die pathetische Bewegtheit Bauers gegenüber, der schon im Juni 1945 davon überzeugt war: ›An noch intakten geschlossenen Organisationen zum Wiederaufbau einer neuen Führungsschicht besitzt Deutschland nur noch die Kirchen und die Universitäten‹ (ebd., 3). Daraus folgte für ihn: ›Die Gesamtheit, die Öffentlichkeit erwartet von der Universität die aus-

169

schlaggebende Mitarbeit am Aufbau einer neuen Führungsschicht für den späteren deutschen demokratischen Staat und für das kulturelle Leben der Zukunft‹ (ebd., 6). Dieses ungebrochene Selbstbewußtsein der Korporation setzte sich durch gegen Jaspers' Feststellung: ›Auch als Universität haben wir 1933 unsere Würde verloren‹ (ebd., 123). Jaspers' Forderung, die Schuld zu erkennen, anzunehmen und aus geläuterter Gesinnung heraus einen geistigen Neuanfang zu wagen, Leben und Wissenschaft neu zu gestalten, stieß an eine ›anthropologische Grenze‹ (Sellin), einen reaktiven psychischen Selbstschutz, der sich der personalen Belastung mit den alles normale Vorstellungsvermögen übersteigenden Verbrechen des eigenen Volkes und Staates ebenso entzog wie der Einsicht in das eigene Versagen durch Passivität oder Mitläufertum. Andere Abwehrmomente gegen die hohe moralische Anforderung, die Jaspers stellte, traten hinzu: Zunächst der Kampf um das physische Überleben und die Belastungen des mühevollen Alltags, dann der Eifer des Wiederaufbaus, der rasch wirksam werdende Wille zur Wiederherstellung vertrauter und gewohnter Zustände sowie das Streben nach ungestörter Routine. So entsprach den Ehrungen seitens der Universität immer weniger ein wirklicher Einfluß, auch wenn Jaspers ›in Würdigung seiner einzigartigen Stellung innerhalb des Lehrkörpers‹ 1946 zum Ehrensenator mit Sitz und Stimme auf Lebenszeit gemacht wurde. In der Einsicht, gescheitert zu sein, folgte er daher 1948 enttäuscht und resigniert einem Ruf nach Basel. Wenn er auch öffentlich dementierte, daß sein Entschluß aus der Unzufriedenheit mit der Entwicklung im Nachkriegsdeutschland hervorgegangen sei, bezeugen spätere Aufzeichnungen doch das Gegenteil: ›Schon bald war keine Rede mehr von einer geistigen Neugründung der Universität. ... Die Jahre von 1945 bis 1948 waren vertan‹ (Schicksal und Wille, 1967, 169).

Im nahezu staatlosen Zustand von 1945 hatte die Universität zum erstenmal seit dem Mittelalter die Gelegenheit, sich aus eigener Vollmacht eine Satzung zu geben. Sie wurde vom Dreizehnerausschuß nach einem Entwurf von Jaspers und Jellinek ausgearbeitet und im November 1945 vom Senat verabschiedet sowie von der Regierung gebilligt. Ihr tragender Gedanke war in der Präambel und in den ersten zwei Paragraphen enthalten: ›Die Universität Heidelberg, im Gefühle der Verpflichtung, nach den umwälzenden Ereignissen des Frühjahrs 1945 ihre Geschicke wieder selbst in die Hand zu nehmen, entschlossen, hinfort die Rechte der Wissenschaft gegen jeden Angriff zu verteidigen, gewillt, wie in ihren besten Zeiten dem lebendigen Geist der Wahrheit, Gerechtigkeit und Humanität zu dienen, ... soll in Erinnerung an die Höhepunkte ihres geistigen Lebens unter neuen Bedingungen wieder frei ihrer unvergänglichen Aufgabe dienen. Aufgabe der Universität ist es, die Gesamtheit der Wissenschaft in Forschung und

Lehre zu fördern. Die Aufgabe soll sie in der Offenheit und Weltweite erfüllen, die der Überlieferung Heidelbergs entspricht.‹ In den organisatorischen Festlegungen wurde in hohem Maße Jaspers' Postulat der ›konservativen Revolution‹ Rechnung getragen, wenn diese auch nicht so weit ging wie Jaspers wünschte, der um des Gedankens der Einheit der Wissenschaft willen die 1890 vollzogene Trennung von Philosophischer und Naturwissenschaftlich-mathematischer Fakultät gern rückgängig gemacht hätte.

Dagegen setzte sich Alfred Weber gegen vielfältige Kritik mit seiner Forderung durch, die Staats- und Wirtschaftswissenschaftliche Fakultät aufzulösen. Dementsprechend wurden Soziologie und Volkswirtschaft im September 1945 in die Philosophische Fakultät zurückgegliedert, die übrigen Disziplinen als Staatliche Wirtschaftshochschule 1946 wieder nach Mannheim verlagert, das betriebswirtschaftliche Studium in Heidelberg eingestellt. Aus dem ehemaligen Mannheimer Bestand behielt die Universität lediglich das Dolmetscherinstitut, das in die Philosophische Fakultät überführt wurde.

Das institutionelle Leben der Universität regelte die Satzung nach dem Muster der Verfassung von 1919: Jährlich wechselnder, vom Großen Senat gewählter Rektor mit Engerem Senat, bei dessen Zusammensetzung die Nichtordinarien im Vergleich zu 1919 insofern benachteiligt wurden, als sie nur noch einen Vertreter statt wie früher zwei entsenden durften; allerdings verfügten auch die Ordinarien nur noch über einen Wahlsenator. Erst 1952 wurde die Repräsentation neu geregelt und die Hierarchie vorsichtig aufgelockert: Je ein Wahlsenator für die planmäßigen, d.h. die ordentlichen und außerordentlichen Professoren zusammen, und für die nicht planmäßigen Lehrkräfte. In den Fakultäten saßen wie früher nur die Lehrstuhlinhaber sowie je ein Vertreter der Extraordinarien und der übrigen Nichtordinarien – auch hier trat 1952 eine gewisse Änderung ein: alle planmäßigen sowie ein Vertreter der außerplanmäßigen Professoren. Insgesamt enthielt die Satzung von 1945 keinen Ansatz für eine institutionelle Reform der Universität.

Die Satzung behielt die Studentenschaft als Zwangsorganisation aller Immatrikulierten bei; fakultätsweise hatten sie sich zu Fachschaften zusammenzuschließen. An der Spitze stand wie früher ein Allgemeiner Studentenausschuß. Die ersten Wahlen fanden im Mai 1946 statt. Obwohl nach Kriegsende mehrere Jahrgänge zugleich an die Universität drängten, reglementierte die Militärregierung den Zugang durch Festsetzung von Höchstzahlen. Die Gründe für den strikten Numerus clausus entsprangen neben praktischen Erwägungen der Unterbringungs- und Versorgungsmöglichkeit vor allem der Furcht vor einer zu großen Konzentration junger Deutscher an einem Ort, von denen nicht sicher war, ob und wieweit sie noch der Vergangenheit verhaftet waren. Daher wurde eine politische Durchleuchtung aller Studienbewerber gefordert und, da die Studenten häufig Offiziere gewesen waren, gelegentlich der Vorwurf gegen die Universitätsbehörden erhoben, den Militarismus zu begünstigen. Die Abiturienten der Jahrgänge 1943–45 mußten einjährige Vorsemesterkurse besuchen, um ihr dürftiges Notabitur zur Hochschulreife aufzuwerten, wenn sie diese nicht durch eine Sonderprüfung nachweisen konnten. Diese Kurse wurden

bis 1947 abgehalten. Im Wintersemester 1945/46 waren in Heidelberg 2648 Studenten eingeschrieben, davon 26,5% Frauen. An der Spitze stand die Medizinische Fakultät mit 41,7% aller Immatrikulierten, gefolgt von der Philosophischen Fakultät, deren große Zahl von 26,8% vor allem durch das Dolmetscherinstitut verursacht wurde, der Juristischen mit 15,5%, der Naturwissenschaftlich-mathematischen mit 11,7% und der Theologischen Fakultät mit 4,3%. Im Sommersemester 1946 durften nach Vorgabe der Militärregierung insgesamt 3000 Studenten aufgenommen werden, in die Theologische Fakultät 150, bei den Juristen 525, den Medizinern 1100, den Philosophen 875 und in der Naturwissenschaftlich-mathematischen Fakultät 350 Studenten. Für Medizin durften Erstsemester bis zum Wintersemester 1947/48 überhaupt nicht immatrikuliert werden.

Der Andrang übertraf die Zulassungsquoten beträchtlich; so kamen noch im Wintersemester 1948/49 auf 3400 Bewerber 635 aufgenommene Studenten, im Wintersemester 1949/50 betrug das Verhältnis der Aufgenommenen zu den Bewerbern 850:2850, obwohl die Zulassungszahlen allmählich anstiegen. Der Numerus clausus wurde erst in den fünfziger Jahren aufgehoben, zuletzt 1957/58 für die Naturwissenschaftlich-mathematische Fakultät. Im Sommersemester 1948 war die Zahl von 4800 Studenten erreicht; dann folgte allerdings, bedingt durch die Währungsreform und das Ausscheiden der Kriegsjahrgänge, ein jäher Abfall und nur langsamer Wiederanstieg – im Wintersemester 1954/55 waren knapp über 5000 Studenten in Heidelberg einge

schrieben. Die Ausländer stellten in den ersten Jahren nach dem Krieg einen recht hohen Anteil an den Studierenden, allerdings handelte es sich vorwiegend um Displaced Persons, d.h. Verschleppte oder Flüchtlinge aus Osteuropa, die nicht in ihre Heimat zurückkehren wollten; so waren im Wintersemester 1948/49 unter den 370 ausländischen Studenten 50 Letten, 32 Esten, 24 Litauer, 29 Polen und 124 Staatenlose. Die Tradition der Internationalen Ferienkurse konnte be

reits im Sommer 1947 wieder aufgenommen werden. Um die Studenten mit wissenschaftlichen Fragen außerhalb ihres Fachstudiums vertraut zu machen, wurde im Wintersemester 1947/48 ein monatlicher dies academicus eingeführt, an dem alle Lehrveranstaltungen zugunsten ›allgemeiner Vorlesungen aus dem Gesamtgebiet der Wissenschaften‹ ausfielen. An seine Stelle trat 1953 das Studium generale.

Ein großes Problem war der Mangel an ausreichendem Wohnraum, *Wohnungsnot*
da Heidelberg als unzerstörte Stadt mit Flüchtlingen überfüllt war und
die Besatzungsmacht zahlreiche Häuser sowie alle großen Hotels beschlagnahmt hatte. 1946 einigten sich Universität und Stadtverwaltung
darauf, zwangsweise je zwei Studenten in einem Zimmer unterbrin-
gen, da die Stadt sonst die Aufenthaltsgenehmigungen mit Ablauf
des Sommersemesters 1946 widerrufen hätte. Zum Wintersemester
1948/49 trat eine neue Regelung für die Erteilung der Aufenthaltsge-
nehmigung in Kraft: Jeder Student mußte eine Bescheinigung vorlegen, daß er nach Erlöschen der Heidelberger Genehmigung wieder an
seinen Wohnort zurückkehren könne – für Vertriebene und Flüchtlinge ein schwer zu überwindendes Hindernis.

Mit Eröffnung der Universität wurde auch die Studentenhilfe, spä- *Sozialfürsorge*
ter Studentenwerk genannt, wieder aufgebaut. Auch hier waren die
Anfänge bescheiden und mühevoll. Die Mensa erhielt jahrelang Le-
bensmittelhilfen aller Art aus dem Ausland, 1948 schenkten Amerikaner der Studentenhilfe sogar sieben Kühe, deren Milch für kranke Studenten und für die Kinderklinik bestimmt war. Zur Verdeutlichung der
Notsituation kann auch der Vermerk in einem Senatsprotokoll von
1948 dienen: ›Das erste Fettpaket für die Professoren ist angekommen.‹ Die Währungsreform verschlechterte die materielle Lage der
Studenten zunächst noch mehr – die Abwertung vernichtete auch die
Stiftungsmittel, auf die mehrere Institute fundiert waren. Zur Unterstützung der Studierenden wurde auf Initiative des Rektors Geiler im
Oktober 1948 die ›Vereinigung der Freunde der Studentenschaft der
Universität Heidelberg‹ begründet, die als Mitteilungsblatt die Zeitschrift ›Ruperto Carola‹ ins Leben rief.

Um eine neue Form studentischen Zusammenlebens zu schaffen, *Collegium*
richtete der erste Nachkriegsrektor Bauer Ende 1945 im ehemaligen *Academicum*
Wehrbezirkskommando (Alte Kaserne) in der Seminarstraße nach
dem Vorbild des englischen College das Collegium Academicum ein,
der Satzung von 1946 zufolge ›eine studentische Lebens-, Arbeits- und
Erziehungsgemeinschaft‹. Unter der Leitung eines Mitglieds des Lehrkörpers verwalteten die Bewohner ihr Haus weitgehend selbst, um sich
in demokratischen Verfahrensweisen zu üben. Arbeitsgemeinschaften,
Vorträge und Diskussionen, gesellige und künstlerische Veranstaltungen prägten nach außen das Bild dieses ersten deutschen Colleges, das
als spezifischer Heidelberger Beitrag zur Universitätsreform gedacht
war. Das Konzept scheiterte, als sich in den siebziger Jahren hier eine
politische Gesinnungsgemeinschaft mit Exklusivanspruch etablierte.
1977 wurde das Collegium Academicum aufgelöst, das Gebäude von
der Zentralen Universitätsverwaltung bezogen.

Wie das Beispiel des Collegium Academicum zeigt, suchten die
nach dem Krieg in Heidelberg Studierenden nach neuen Formen des

Gemeinschaftslebens. Der Gegensatz zu den früheren Verbindungen wurde dabei bewußt herausgestellt; als neue Ziele galten die Öffnung nach außen, das soziale Verantwortungsgefühl, die Internationalität. Verschiedene Vereinigungen entstanden, als Diskussionsgruppen oder zur Pflege von gemeinsamen Interessen. Im Wintersemester 1948/49 waren 25 derartiger Zusammenschlüsse vom Senat zugelassen. Größere Breitenwirkung übten vor allem die Studentengemeinden der beiden christlichen Konfessionen aus, während die meisten Vereine unter starker Fluktuation litten, so daß sich viele bald nach ihrer Gründung wieder auflösten. Parteipolitische Gruppierungen blieben von der Besatzungsmacht noch jahrelang untersagt.

Zeichen des Vorwärtsdrängens restaurativer Tendenzen war die Erneuerung des Verbindungswesens seit etwa 1948, trotz der wenig rühmlichen politischen Haltung der meisten Korporationen in der Weimarer Republik. Vorreiter einer Wiederbelebung in ihrer alten Form waren in Heidelberg die Burschenschaften, während die Altherrenschaft der Heidelberger Corps noch Ende 1949 Zurückhaltung gegenüber der Erneuerung der alten Bräuche übte und absolute Satisfaktion und Bestimmungsmensur als ›kastenbildende Formen‹ ablehnte. Erst zwei Jahre nach den Burschenschaften konstituierten sich dann 1951 auch die Corps neu. Senat und AStA verhielten sich gegenüber dieser Entwicklung ablehnend und folgten dem Beschluß der Westdeutschen Rektorenkonferenz von 1949: Verbot des Farbentragens im Bereich der Universität und in der Öffentlichkeit sowie Verbot der Bestimmungsmensuren. Zwar hob die Universität 1950 den Zulassungszwang auf, um das Recht der Vereinsfreiheit nicht zu beschneiden, aber noch 1954 erklärte es der Rektor Schlink zur Aufgabe der Universität, ›dem Aufkommen überlebter Formen aus naheliegenden sozialen und politischen Gründen zu wehren‹. Länger als andere Universitäten hat Heidelberg an der Ablehnung des Verbindungswesens in seiner alten Form festgehalten, ohne doch die Konsolidierung der Korporationen verhindern zu können. Andererseits haben diese niemals wieder die zahlenmäßige, hochschulpolitische oder gesellschaftliche Bedeutung zurückgewonnen, die sie vor 1933 besessen haben.

Wie alle anderen Institutionen mußte auch die Universität nach dem Zusammenbruch ihre Angehörigen auf deren Verhalten im Dritten Reich hin überprüfen. Da die Militärregierung unterschiedslos alle ehemaligen NSDAP-Mitglieder entließ, verlor die Universität zunächst über 70% ihres Lehrkörpers. Von den Lehrstuhlinhabern des Wintersemesters 1944/45 mußten zeitweise oder auf Dauer ausscheiden: Theologen: 1 von 5, Juristen: 6 von 8, Mediziner: 9 von 16, Philosophen: 11 von 15, Naturwissenschaftler: 8 von 11, außerdem die zwei Ordinarien der Staats- und Wirtschaftswissenschaftlichen Fakultät. In seinem Rechenschaftsbericht von November 1946 machte Bauer fol-

174

gende Angaben über den damaligen Stand der Entlassungen: 153
Lehrkräfte, davon 38 Ordinarien, 9 Extraordinarien, 77 Honorarprofessoren, Emeriti und Dozenten, 29 Lehrbeauftragte. Auch wenn diese
Zahlen nicht die Ausbreitung und den Einfluß der nationalsozialistischen Ideologie auf die Universität Heidelberg genau widerspiegeln,
da die Entlassung Würdenträger und Aktivisten wie nominelle Mitglieder gleichermaßen traf, zeigen sie doch, wie wenige Dozenten äußerlich und innerlich gleich integer durch die schlimmen Jahre gekommen waren und für den Wiederaufbau zur Verfügung standen.

Die Neubesetzung der freigewordenen Stellen vollzog sich außerordentlich schleppend, da die Universität in vielen Fällen erst die Verfahren vor den Spruchkammern, auf die die Besatzungsmacht 1946 die
Entnazifizierung übertragen hatte, abwarten wollte und bis zu deren
Entscheidungen die Stellen offenhielt. Die Entlassungen wurden also
zunächst nur als Suspensionen aufgefaßt. Die Solidarität, die die akademische Korporation nach 1933 den Opfern des nationalsozialistischen Regimes gegenüber so sehr hatte vermissen lassen, bewährte sie
gegenüber den 1945 von der Entlassung Betroffenen in hohem Maße –
ein angemessenes Verhalten, das jede Pauschalverurteilung vermied,
das aber das ganz andere Verhalten im Dritten Reich nur um so
schmerzlicher deutlich machte. Da die Spruchkammerurteile, die zumeist auf Grund formaler Kriterien ergingen, im Laufe der Jahre immer milder wurden und das Gesetz zur Ausführung des Artikels
131 GG von 1951 die Amtsverdrängten ebenso begünstigte wie Vertriebene und Flüchtlinge, sah sich die Universität genötigt, schließlich
auch ehemals aktive Nationalsozialisten wieder in ihre Reihen aufzunehmen oder als emeritierte Mitglieder ihres Lehrkörpers zu führen.
Selbst ein Nationalsozialist der ersten Stunde wie Fehrle, von der
Spruchkammer als ›Aktivist und Nutznießer‹ eingestuft, wurde von
der Landesregierung 1950 formell emeritiert, von der Universität allerdings nicht wieder in das Personalverzeichnis aufgenommen.

Gegenüber den Amtsverdrängten, deren Wiedereingliederung der
Staat aus fiskalischen Gründen betrieb, hatten es die nach 1933 Verjagten zumeist sehr viel schwerer. Zwar kehrten die in Deutschland Verbliebenen auf ihre Lehrstühle zurück, so Jellinek und Radbruch in der
Juristischen, v. Eckardt, Grisebach, Hoffmann, Jaspers, Ranke und
Regenbogen in der Philosophischen Fakultät, dazu die Emeriti Anschütz und Weber, aber die Emigranten konnten durchaus das Gefühl
haben, daß die nach 1945 Entlassenen zuvorkommender behandelt
würden als sie. Die Stellungnahme von Jaspers in einer Fakultätssitzung 1946: ›Das frühere Recht geht vor, jede Besetzung nach 1933
trägt das Risiko minderen Rechts in sich‹, fand bezeichnenderweise
bei seinen Kollegen keine einhellige Zustimmung; der Althistoriker
Schaefer und der Archäologe Herbig äußerten Bedenken. Wenn auch

der Engere Senat schon im November 1945 beschlossen hatte, grundsätzlich ›die Rehabilitierung auch für im Ausland befindliche, aber erreichbare Kollegen auszusprechen‹, so wurde im Einzelfall doch gezögert und vor allem ganz formal lediglich die Wiedereinsetzung in den Status vor der Verjagung vollzogen, ohne die dazwischenliegende Zeitspanne zu werten. So mußte der 1935 aus rassischen Gründen entlassene Privatdozent für Nationalökonomie Herbert Sultan (1894–1954), der 1946 aus England zurückkam, wieder als Privatdozent anfangen, erhielt 1947 den Professorentitel, aber erst 1952 eine Diätendozentur.

Die Wiedergutmachung setzte erst in den fünfziger Jahren ein und zog sich beschämend lange hin; die Betroffenen hatten oft zeitraubende, mühevolle und unwürdige Entschädigungsverfahren durchzukämpfen, vor allem, wenn sie 1933 keinen Beamtenstatus besessen hatten und die nachträgliche Beförderung einklagen mußten. Allerdings war nicht die Universität für diese unrühmlichen Prozeduren verantwortlich, sondern der Staat; 1951 mußte der Rektor mitteilen, daß die Unterrichtsverwaltung Wiedergutmachungsanträge ›emigrierter Dozenten, die im Ausland tätig sind, zudem eine neue Staatsbürgerschaft erworben haben, mit einem entschiedenen Nein beantwortet hat‹. Offenbar hat aber auch die Universität keinem der Emigrierten die Rückkehr angeboten, selbst frühere Ordinarien wie Gutzwiller, Levy, Olschki und Rosenthal erhielten erst in den fünfziger Jahren die Stellung eines Emeritus zuerkannt und wurden wieder ins Personalverzeichnis aufgenommen.

Bei der Vervollständigung des Lehrkörpers kamen zur Rücksicht auf die Entlassenen auch sachliche Schwierigkeiten, so vor allem die Wohnungsnot und die Unsicherheit über die Anerkennung von Spruchkammerbescheiden aus anderen Zonen. 1948 verfügte die Universität daher erst über die Hälfte des Lehrpersonals vom Wintersemester 1932/33. Zwei Jahre später konnte der Rektor Hess dann allerdings feststellen, daß alle wichtigen Lehrstühle wieder besetzt seien – damit war Heidelberg unterdessen aber weit hinter der Entwicklung anderer Hochschulen zurückgeblieben und nahm hinsichtlich der Zahl der Professorenstellen den viertletzten Platz unter den westdeutschen Universitäten ein.

Schon seit den ersten Bemühungen um die Wiedereröffnung hatte die Universität in einem Doppelgefecht gestanden, gegen das Mißtrauen der Amerikaner und gegen das Übelwollen deutscher Stellen. Dabei war die Hilfe der Besatzungsmacht schließlich leichter zu gewinnen gewesen als die Unterstützung durch die Landesverwaltung Nordbaden, obwohl mit Franz Schnabel ein früherer Kollege der Karlsruher Hochschule als Landesdirektor des Kultus und Unterrichts amtierte. Die Beziehungen zwischen Verwaltungsspitze und Universität waren häufig gespannt oder, wie es der Abgeordnete Theodor

Heuss im Landtag von Württemberg-Baden schonend umschrieb, >nicht sehr vertrauensstark<. Zum Eklat kam es 1947, als die Landesdirektion mit einer massiven Intervention versuchte, ihrem Mitglied Schnabel den Lehrstuhl für neuere Geschichte, der von der Universität für den von der Militärregierung entlassenen und noch nicht durch die Spruchkammer rehabilitierten Andreas freigehalten wurde, zu verschaffen. Philosophische Fakultät und Senat setzten sowohl aus prinzipieller Ablehnung eines derartigen Eingriffs in die Selbstverwaltung als auch wegen der Person des Vorgeschlagenen dem >satzungswidrigen Ansinnen< Widerstand entgegen. Daraufhin wurde die Universität im Landtag vom Finanzminister und Landesbezirksdirektor Köhler scharf angegriffen, der den Eindruck zu erwecken suchte, als habe die Universität Schnabel aus politischen Gründen nicht gewollt. Gegenüber der politischen Integrität seines Landesdirektors hob er >die Geschäftigkeit und die Lautstärke, mit der verschiedene Dozenten in Heidelberg ihre mehr oder minder herausgestellte Betätigung im Dritten Reich vergessen machen wollen<, hervor. >Der Staat wird die Pflicht haben, hier energisch nach dem Rechten zu sehen, und es ablehnen müssen, lediglich die Rolle des großmütigen oder, wenn Sie wollen, subalternen Zahlmeisters zu spielen und auf die Führung auch auf diesem Zweig des öffentlichen Unterrichts zu verzichten.< Die Selbstverwaltung dürfe nicht in eine >Diktatur der Professoren< ausarten. Hinter diesen starken Worten steckte der Anspruch auf eine umfassende Kontrolle der Universität durch Regierung und Bürokratie. Einen offenen Oktroi vermied die Landesverwaltung jedoch; Schnabel ging nach München, und der Lehrstuhl wurde anders besetzt.

Die fünfziger und sechziger Jahre standen im Zeichen zunächst der Konsolidierung, dann der Expansion. Hatte sich die Zahl der Immatrikulationen bis 1954 nur allmählich auf 5000 gehoben, so stieg sie in der Folgezeit sehr viel rascher und überschritt im Sommersemester 1962 die Grenze von 10000; sie hielt sich dann bis Anfang der siebziger Jahre etwa auf dieser Höhe, um dann erneut sprunghaft und kontinuierlich anzusteigen – im Wintersemester 1972/73 wurden erstmals mehr als 15000 Studenten in Heidelberg gezählt. Im Rektoratsbericht 1961/62 sprach Fritz Ernst zum erstenmal öffentlich davon, daß die Studentenzahlen zu hoch seien, da so viele Akademiker nicht benötigt würden – wenige Jahre später wurde die >deutsche Bildungskatastrophe< entdeckt. *Konsolidierung und Expansion*

Der Anteil ausländischer Studenten lag durchschnittlich bei über 8%, Heidelberg zog damit unter den Hochschulen des Landes nach wie vor die meisten Ausländer an. Für unzureichend vorgebildete Ausländer wurde 1960 das Studienkolleg eingerichtet. *Ausländische Studenten*

Im Zeichen wachsenden Wohlstands und unter dem Druck der zunehmenden Studentenzahlen wurde auch der Lehrkörper vergrößert.

 Hatte Heidelberg 1950 über 59 Lehrstühle verfügt und damit den Stand von 1932/33 wieder erreicht, waren es zehn Jahre später bereits 92 Lehrstühle und 28 Extraordinariate. Damals setzte auch eine gezielte Bildungsplanung ein, deren Prognosen allerdings fast immer falsch waren. Die Empfehlungen des Wissenschaftsrats von 1960 sahen für Heidelberg bei einer Richtzahl von 7800 Studenten bis 1980 die Schaffung von 40 neuen Lehrstühlen sowie 14 Extraordinariaten vor – eine Planung, die von der Wirklichkeit rasch überholt wurde. 1969 verfügte Heidelberg über 242 ordentliche Professoren (Theologische Fakultät: 21, Juristische: 20, Medizinische: 68, Philosophische: 74, Naturwissenschaftlich-mathematische: 59), die Gesamtzahl des Lehrkörpers ohne Assistenten betrug 573. Wie überall wurden auch in Heidelberg neue Gruppen von Lehrkräften eingeführt, auf der Ebene der Habilitierten der Abteilungsvorsteher sowie der Wissenschaftliche Rat und Professor – die bisherigen Extraordinarien wurden zumeist zu ordentlichen Professoren befördert –, neben den Assistenten standen in Zukunft als Laufbahnbeamte Akademische Räte. Bei der Erweiterung des Lehrkörpers wurde neben der Schaffung von Parallellehrstühlen in besonders überlasteten Disziplinen auch der weiter fortschreitenden Differenzierung in den einzelnen Wissenschaftsbereichen Rechnung getragen. Ein besonders markantes Beispiel bietet die Entwicklung in den Chemischen Instituten: 1959 gab es hier zwei Lehrstuhlinhaber, drei Extraordinarien und vier Dozenten, zehn Jahre später waren es elf Lehrstuhlinhaber, ein Abteilungsvorsteher, fünf Wissenschaftliche Räte und neun Dozenten. Auch Gebiete, die bisher eher praktisch orientiert waren, verwissenschaftlichten sich, so Dolmetschen und Sport.

 In allen Fakultäten entstanden seit den fünfziger Jahren in rascher Folge weitere Institute, um neuen Forschungsrichtungen zu organisatorischer Anerkennung zu verhelfen oder zu groß gewordene Einrichtungen durch Teilung überschaubarer zu machen. Nachdem als erste Nachkriegsgründung 1947 in der Theologischen Fakultät das Ökumenische Institut entstanden war, folgte 1954 das Diakoniewissenschaftliche Institut. Interfakultativ angelegt war zunächst das Institut für Politische Wissenschaft, von dessen Direktoren je einer der Philosophischen und der Juristischen Fakultät angehörte. Gleichfalls als interdisziplinäre Einrichtung entstand 1963 das Südasien-Institut mit heute acht Abteilungen sowie 1957 das Institut für Sozial- und Wirtschaftsgeschichte. In der Juristischen Fakultät wurden neue Institute für Kriminologie, für Finanz- und Steuerrecht sowie für Gesellschafts-, Wirtschafts- und Sozialrecht errichtet. In der Philosophischen Fakultät entstanden Seminare für Lateinische Philologie des Mittelalters und der Neuzeit, für Pädagogik, Sinologie, international vergleichende Sozialstatistik und osteuropäische Geschichte. Das Dolmetscherinstitut löste sich in mehrere selbständige Abteilungen auf.

Die Naturwissenschaftlich-mathematische Fakultät teilte ihre großen Institute für Chemie und Physik und errichtete neben dem Botanischen und dem Zoologischen Institut Sonderinstitute für Biologische
Chemie, für systematische Botanik und Pflanzengeographie, für Mi-
krobiologie, für Molekulare Genetik, für Neurobiologie und Zellen-
lehre. Aus dem Mathematischen Institut wurde das Institut für Angewandte Mathematik ausgegliedert, den Geowissenschaften das Institut für Sedimentforschung und das Laboratorium für Geochronologie
hinzugefügt. 1973 wurde die Pharmazie von Karlsruhe nach Heidelberg verlegt und erhielt eine eigene Fakultät mit drei Instituten. Neugründungen in der Medizinischen Fakultät waren die Psychosomati-
sche Klinik und die Institute für Allgemeine Klinische Medizin, für
Immunologie und Serologie, für Sozial- und Arbeitsmedizin, für An-
thropologie und Humangenetik, für Geschichte der Medizin, für Neu-
ropathologie, für Allgemeine Physiologie, für Physiologische Chemie,
für Versuchstierkunde, für Biochemie, für Rechtsmedizin sowie für
medizinische Dokumentation, Statistik und Datenverarbeitung. Eine
zweite medizinische Fakultät entstand 1964 mit der Fakultät für Klinische Medizin Mannheim, die 1960 als Akademisches Klinikum begründet worden war; schon Krehl hatte eine solche Lösung ins Auge
gefaßt.

Vielfältig der Universität verbunden sind andere wissenschaftliche *Außeruniversitäre*
Einrichtungen, die seit dem Zweiten Weltkrieg sich in Heidelberg nie- *Forschungs-*
derließen oder hier neu gegründet wurden. Den wissenschaftlichen *einrichtungen*
Ansatz Czernys aufgreifend, betrieb Karl Heinrich Bauer die Errichtung eines Deutschen Krebsforschungszentrums als Stiftung öffentlichen Rechts, dessen erste Baustufe 1964 in Betrieb genommen werden
konnte – heute umfaßt es acht Teilinstitute. Das Astronomische Re-
chen-Institut war schon 1946 von Berlin nach Heidelberg verlegt worden, zu dem von Krehl begründeten Max-Planck-Institut für medizinische Forschung mit heute fünf Abteilungen kamen vier weitere
Institute der Max-Planck-Gesellschaft hinzu, für Astronomie, für
Kernphysik, für Zellbiologie und für ausländisches öffentliches Recht
und Privatrecht.

Dem inneren Ausbau der Universität entsprach die äußere Expan- *Neubauten*
sion, die sich vor allem auf das Neuenheimer Feld erstreckte, so daß
die Westwanderung der Universität jetzt nach Norden umgelenkt wur-
de. Die seit 1876 bestehende Dreiteilung Altstadt – Vorstadt (westliche
Hauptstraße) – Bergheimer Viertel wurde abgelöst durch eine neue
Dreiteilung: Innenstadt – Bergheimer Viertel – Neuenheimer Feld.
Das Klinikum Mannheim erweiterte diese Teilung dann sogar auf vier
Standorte von Heidelberger Universitätsgebäuden. Der Generalbau-
plan von 1950 hatte die Verlagerung der gesamten Universität in das
Neuenheimer Feld vorgesehen, während dann nur naturwissenschaft-

liche und medizinische Institute hierher verlegt wurden – als erster
Neubau nach dem Krieg wurde 1951 das Chemische Institut in Angriff genommen. Mehrfach durch finanzielle Engpässe verzögert, war
die Verlagerung des naturwissenschaftlichen Teils der Universität Mitte der siebziger Jahre im wesentlichen abgeschlossen, während das
große Projekt des Klinikums bis heute nicht fertiggestellt ist. Auch das
Deutsche Krebsforschungszentrum siedelte sich im Neuenheimer
Feld an.

Die Geisteswissenschaften blieben in der Altstadt, nachdem der
Große Senat 1956 einen entsprechenden Beschluß gefaßt hatte. Sie erhielten die von den Naturwissenschaften geräumten Gebäude sowie
aufgegebene Behördenbauten (Schulen, Gerichtsgebäude, Landrats-
amt) zugewiesen, die für ihre Zwecke umgebaut wurden. Neubauten
entstanden dagegen in der Innenstadt nur spärlich; die Heuscheuer
wurde seit 1965 als Hörsaalgebäude genutzt, für das Theologische Seminar ein Häuserkomplex umgebaut. Der Weinbrennerbau am Marstallhof wich dagegen trotz des Protestes eines Teils der Öffentlichkeit
einem modernen Neubau; auch das sogenannte Triplexgebäude am
Universitätsplatz blieb nicht ohne heftige Kritik, so wie einst der Bau
der Neuen Universität. Für das Triplexgebäude gab die Universitätsbibliothek ihre Ausdehnungsfläche ab, ohne daß sich ihre damit verbundenen Erwartungen auf einen Neubau im Neuenheimer Feld erfüllt
hätten; nur eine Zweigstelle entstand hier. Die Raumnot im Bibliotheksgebäude wuchs daher kontinuierlich an, so daß umfangreiche
Bestände ausgelagert werden mußten und damit in ihrer Benutzbar-
keit erheblich beeinträchtigt sind. Der Bau eines unterirdischen Magazins im Innenhof der Neuen Universität soll hier Abhilfe schaffen.

Innerer Ausbau und äußere Expansion fanden kaum Entsprechung
in einer institutionellen Reform. Zwar wurden vielfältige Überlegungen angestellt, aber als einziges Anpassungsergebnis kam es 1965 zu einer Änderung der Satzung, die den außerplanmäßigen Lehrkräften einen zweiten Vertreter im Engeren Senat eintrug; Assistenten- und
Studentenvertreter waren seit 1967 zu Senats- und Fakultätssitzungen
zugelassen. 1969 erfolgte dann ein völliger Umbau der Universitätsorganisation, indem die auf den ordentlichen Professoren beruhende
und von ihnen getragene Universität durch die Gruppenuniversität mit
anteiliger Mitbestimmung von Professoren, Angehörigen des wissenschaftlichen Dienstes, Studenten und sonstigen Mitarbeitern abgelöst
wurde. Eine neue Besoldungshierarchie ersetzte die alte Rangfolge:
Ordentlicher-außerordentlicher-außerplanmäßiger Professor-Dozent.

Die Neuordnung entsprang nicht der freien Entscheidung der Universität, vielmehr waren ihre Grundzüge durch das baden-württember-
gische Hochschulgesetz von 1968 vorgegeben worden. Die nach langen Debatten 1969 zustandegekommene Grundordnung zerstörte

180

nach den Worten des letzten Rektors alten Herkommens, des Romanisten Kurt Baldinger, eine Universität, ›die zu Beginn des 19. Jahrhunderts in ihren Grundlinien konzipiert wurde‹. Die Grundordnung mußte bereits 1976 geändert und 1979 in großen Teilen neu formuliert werden, da die Kurzatmigkeit staatlicher Hochschulpolitik und der rasche Wechsel der Reformkonzeptionen, die sich in der schnellen Abfolge der Gesetze (1968 Hochschulgesetz Baden-Württemberg, 1973 Novellierung des Hochschulgesetzes, 1975 Hochschulrahmengesetz des Bundes, 1977 Universitätsgesetz des Landes) zeigten, zu umfangreichen Korrekturen zwangen. Der Bereich der autonomen akademischen Selbstverwaltung schrumpfte dabei zusehends, was rein äußerlich daran erkennbar war, daß die Grundordnung von 1969 noch 169 Paragraphen enthielt, während sie 1979 als reines Organisationsstatut auf 35 Paragraphen beschränkt blieb – alles andere hatte der Gesetzgeber geregelt. Durch die Probleme, vor die sich die moderne Massenuniversität gestellt sah und die mit den herkömmlichen Methoden nicht zu bewältigen waren, hatte die Staatsverwaltung eine bisher nie gekannte Einwirkungsmöglichkeit auf die Hochschulen erhalten; ein ›Regelungsübermaß‹ (K.-H. Hall) war die Folge. Zentrale Vergabe der Studienplätze in den vom Numerus clausus erfaßten Fächern, Kapazitätsberechnungen und Deputatsregelungen, Vorschriften für Studien- und Prüfungsordnungen wurden zum Kennzeichen immer weiterer Ausdehnung der Staatsbefugnisse gegenüber der Universität, die ihren traditionell großen Spielraum eigenverantwortlichen Handelns zunehmend einbüßte.

Die Grundordnung behielt die Rektoratsverfassung bei, der jährlich wechselnde Rektor wurde aber durch ein mehrjährig amtierendes Rektorat aus Rektor, zwei Prorektoren und einem Kanzler als Spitze der Verwaltung ersetzt. Zur Beratung des Rektorats mit Beschlußkraft in allen Haushaltsangelegenheiten wurde ein von Vertretern der verschiedenen Gruppen der Universitätsangehörigen beschickter Verwaltungsrat eingerichtet. Die Grundordnung hob auch die seit 1386 bestehende Gliederung der Universität in vier, bzw. seit 1890 fünf Fakultäten auf, nachdem die Medizinische und die Philosophische Fakultät schon 1964/65 Auflockerungen durch Einführung von Unterabteilungen erwogen hatten. 1969 wurden sechzehn, heute achtzehn Fakultäten gebildet, jeweils mit mehreren Fachgruppen als unterster Verwaltungs- und Entscheidungsebene, die 1979 allerdings wieder der Auflösung verfielen. Von den alten Fakultäten blieben nur die Theologische und die Juristische Fakultät in ihrem Bestand erhalten, während die Medizinische Fakultät seither in fünf Fakultäten aufgeteilt ist (Naturwissenschaftliche Medizin, Theoretische Medizin, Klinische Medizin I und II, Mannheim), ebenso die Philosophische Fakultät (Philosophisch-Historische Fakultät, Orientalistik und Altertumswissenschaft, Neuphilologische Fakultät, Wirtschaftswissenschaften, Sozial- und Verhaltenswissenschaften). Aus der Naturwissenschaftlich-mathematischen Fakultät entstanden sechs Nachfolgefakultäten (Mathematik, Chemie, Pharmazie, Physik und Astronomie, Biologie, Geowissenschaften). Damit waren überschaubare, wenn auch gelegentlich etwas kleine Selbstverwaltungskörperschaften gebildet worden, die zwar das Ideal der Einheit der Wissenschaft und den Gedanken der universitas magistrorum et scholarium endgültig zur Fiktion werden ließen, dem Problem der Massenuniversität aber besser gewachsen waren. Medizin und Naturwissenschaften behielten für gemeinsame Aufgaben Gesamtfakultäten bei.

Die institutionelle Umgestaltung vollzog sich vor dem Hintergrund einer in Aktionismus umschlagenden geistigen Unruhe der jungen Generation. Das Zögern bei der Reform hatte die radikale Revolte hervorgerufen, die in den Jahren 1968 bis 1970 kulminierte, vorangetrieben von Vietnamkrieg und Notstandsgesetzgebung als allgemeinen politischen Mobilisierungsfaktoren. Zunächst war der vom Sozialistischen Studentenbund beherrschte AStA mit seinem Anspruch auf ein politisches Mandat der Konflikte bewußt provozierende Träger der Bewegung; bis zu welchen Absurditäten er sich verstieg, erhellt aus seiner ›Stellungnahme‹ Ende 1968 an den Rektor, mit der gegen die Beseitigung von Wandaufschriften protestiert und ein Vergleich mit Bücherverbrennungen gezogen wurde, daß aber ›Bücherverbrennungen nur exemplarisch und nicht als Vernichtung vollständiger Auflagen vorgenommen wurden, während die Beseitigung der Wandparolen jeweils singuläre Veröffentlichungen vernichtet. Dies ist einer wissenschaftlichen Institution durchaus unwürdig.‹ Später traten von kommunistischen Organisationen beherrschte Basis- und Institutsgruppen an die Stelle des AStA, den der Rektor Margot Becke 1968 zeitweilig suspendierte. 1970 verbot das Innenministerium die Heidelberger Gruppe des Sozialistischen Studentenbundes. Radikale Minderheiten bemühten sich, mit Gewalt ›den Klassenkampf an die Universität zu tragen‹ und durch Institutsbesetzungen, Sprengung von Sitzungen akademischer Gremien, Störungen von Lehrveranstaltungen und terroristische Aktionen gegen Angehörige des Lehrkörpers die Ordnung und den Lehrbetrieb der Universität lahmzulegen. Im Februar 1969 mußte Rektor Baldinger die Neue Universität vorübergehend schließen. Größere Solidarisierung erreichten die Radikalen selten; lediglich bei den Aktionen gegen die Erhöhung der Straßenbahntarife erhielten sie zeitweise eine gewisse Breitenwirkung. Legitimiert waren sie von den Studenten nicht – die Beteiligung an den Wahlen zur Studentenvertretung lag fast immer unter 50%, im Sommersemester 1969, dem Jahr des Höhepunkts der Gewalt, bei 38,5%. Die Unruhen setzten sich auch in den Jahren nach 1970 fort, beschränkten sich dann aber vorwiegend auf einzelne Institute und Personen. Als später Reflex auf die Studentenbewegung wurde im Universitätsgesetz von 1977 die verfaßte Studentenschaft als Zwangsorganisation aufgehoben.

Zum ersten Rektor der neuen Gruppenuniversität – als Übergangsrektor hatte der Historiker Werner Conze fungiert – wurde Anfang 1970 der Theologe Rolf Rendtorff gewählt, der sich bei Unruhen und Störungen durch radikale Studentengruppen um Beschwichtigung bemühte, wobei er die angegriffenen Mitglieder des Lehrkörpers nicht immer unterstützte. Auch tagespolitisch wollte das neue Rektorat Zeichen setzen, ›ausgehend von der Erkenntnis, daß die Universität zwangsläufig politischen Charakter hat, weil jede Wissenschaft politisch ist‹ (Rechenschaftsbericht 1970/71). Mit einem großen Teil der Professorenschaft und den staatlichen Instanzen stand der Rektor nahezu in einem Dauerkonflikt, das Klima an der Universität war von permanenter feindseliger Konfrontation, die Gremienarbeit von Pressionen und Boykott bestimmt. Obwohl für eine zweite Amtszeit gewählt, trat Rektor Rendtorff nach Änderung der Mehrheitsverhältnisse im Großen Senat ›angesichts der hochschulpolitischen Entwicklung in Baden-Württemberg und an der Universität Heidelberg‹ im November 1972 zurück; der zum Nachfolger gewählte Jurist Hubert Niederländer sah es – bezeichnend für den Zustand der Universität – als seine wichtigste Aufgabe an, ›dem Terror mit Entschiedenheit entgegenzutreten und die Grenze zwischen Recht und Unrecht wieder sichtbar zu machen. Allen, die es anging, mußte notfalls mit rechtlichen Sanktionen deutlich gemacht werden, daß die Universität kein rechtsfreier Raum ist‹ (Rechenschaftsbericht 1972–74). Niederländer war der erste sieben Jahre amtierende Rektor in der Geschichte der Universität, ihm folgte für vier Jahre der Jurist Adolf Laufs, und seit 1983 steht mit dem Physiker Gisbert Frhr. zu Putlitz zum fünften Mal nach dem Kriege ein Naturwissenschaftler an der Spitze der Universität.

Die Zeit seit 1970 ist gekennzeichnet durch eine rasch zunehmende Diskrepanz zwischen den Lehr- und Forschungsaufgaben der Universität und den für diese Zwecke erforderlichen Mitteln. Finanzrestriktionen bis hin zur Auflage der ›Erwirtschaftung einer globalen Minderausgabe‹ und Stelleneinsparungen verhinderten den Ausbau der Einrichtungen und des Lehrpersonals in einem Ausmaß, wie es die anwachsenden Studentenzahlen erfordert hätten. 1960 gab es etwa 100 Lehrstuhlinhaber, bis 1970 hatte sich ihre Zahl mehr als verdoppelt; 1984/85 bestand der Lehrkörper aus insgesamt 548 Professoren, davon 235 der Besoldungsgruppe C4 (Ordinarien) und 280 der Besoldungsgruppen C3 und C2, dazu 33 C2-Professoren auf Zeit. Um die Entwicklung des letzten Halbjahrhunderts zu veranschaulichen: Im Wintersemester 1932/33 verfügte die Universität über 68 ordentliche

und planmäßige außerordentliche Professoren, 1970 über 280 H4/
H3-Professoren und 1984/85 über 438 C4/C3-Professoren; das
entspricht einer Steigerung von mehr als dem Sechsfachen gegenüber 1932/33 und um mehr als dem Anderthalbfachen gegenüber
1970.

Die Zahlen der Studenten wuchsen stärker an: 1932/33 waren 3374
Studenten eingeschrieben, 1970 über 11500 und 1984/85 mehr als
27500; das entspricht einer Steigerung um mehr als dem Achtfachen
gegenüber 1932/33 und um das 2,4fache gegenüber 1970. Damit war
alle Bildungsplanung ad absurdum geführt, die, so der baden-würt-
tembergische Hochschulgesamtplan II von 1972, für 1980 nur 14000
Studenten an der Universität Heidelberg prognostiziert hatte, für 1985
sogar nur 15200.

Der Anteil der ausländischen Studenten an der Gesamtzahl blieb
unverändert bei über 8% – ihre Zusammensetzung hat sich allerdings
insofern verändert, als sich unter ihnen heute zahlreiche Kinder von
Gastarbeitern befinden, die ein deutsches Reifezeugnis besitzen.

Angesichts der großen Zahl von Abiturienten und Studenten wurde
und wird die Universität von Politikern vielfach nur noch als Ausbil-
dungsanstalt, deren Wert sich an der Quantität der Absolventen ent-
scheidet, oder als Lieferant industriell verwertbarer Erkenntnisse angesehen. Die Heidelberger Rektoren mußten sich daher stärker als
früher bemühen, die Forschungsaufgabe hervorzuheben. Dementsprechend betonte Rektor Laufs im Rechenschaftsbericht 1979/80: ›Den
Kern der Universitätsarbeit bildet die Forschung, sie zu stärken, gilt
dem Rektorat als oberstes Gebot.‹ Zu Putlitz beschrieb als wesentli-
ches Thema seines Rektorats im Rechenschaftsbericht 1984 ›das stän-
dige Bemühen um die Verbesserung der Bedingungen für die Forschung und den Versuch, neue Gebiete der Wissenschaft an der
Universität anzusiedeln‹ – Lehrstühle für Japanologie und Gerontolo-
gie sind Zeichen des Erfolgs dieser Bemühungen. Andererseits sieht
sich die Universität gedrängt, ihre Kräfte zu konzentrieren; Überlegungen, bestimmte Disziplinen ›auszudünnen‹ oder ganz aufzugeben,
erinnern an ähnliche Erwägungen in Baden zu Beginn des 19.Jahr-
hunderts und in der Inflationszeit.

Einen neuen Forschungsschwerpunkt bildet gegenwärtig das Zentrum für Molekulare Biologie, das, wie die Universitätsbibliothek, das
Südasien-Institut, das Studienkolleg und das Rechenzentrum, zu den
Zentralen Einrichtungen der Universität gehört. Als wissenschaftliche
Einrichtung außerhalb der Universität besteht das Europäische Laboratorium für Molekularbiologie, dessen Hauptlaboratorium in Heidelberg 1978 eingeweiht wurde. Eine Bereicherung des wissenschaftlichen Kosmos bedeutete die im Wintersemester 1979/80 eröffnete
Hochschule für Jüdische Studien, die nach ihrer Satzung ›auf alle be-

ruflichen Tätigkeiten in der jüdischen Gemeinschaft vor(bereitet), die die Anwendung wissenschaftlicher Erkenntnis und Methoden erfordern, vor allem auf religiöse Aufgaben‹. In bescheidenem Rahmen hat Heidelberg damit die Nachfolge der berühmten Lehrstätten in Berlin und Breslau angetreten.

Internationale Beziehungen — Zielstrebig baute die Universität ihre internationalen Verbindungen aus; Partnerschaften bestehen heute mit den Universitäten Montpellier I-III, der Medizinischen Hochschule Wuhan, der Ersten Fremdsprachenhochschule Peking, der Hebräischen Universität Jerusalem, der Fremdsprachenhochschule Shanghai sowie der Eötvös-Lorand-Universität und der Semmelweis-Universität für Medizin in Budapest. Enge Beziehungen sind auch zu zahlreichen anderen wissenschaftlichen Institutionen im Ausland angeknüpft worden.

Gegenwärtige Probleme der Studenten — Die Gegenwart der Universität ist vor allem überschattet durch die Nöte der Studenten. Eine große Zahl von Studierenden verteilt sich auf immer weniger Studiengänge, seit der ursprünglich auf einige Disziplinen beschränkte Numerus clausus auf zahlreiche Fächer ausgedehnt worden ist. Schon 1982 konnte nicht einmal mehr die Hälfte der Studienanfänger ohne Reglementierung Studienfach und Hochschule frei wählen. Die Massenuniversität macht es dem Einzelnen schwer, aus der Anonymität hervorzutreten. Bedenklich ist auch die nicht zuletzt durch das Zuteilungsverfahren hervorgerufene zunehmende Provinzialisierung und Mobilitätslähmung; fast die Hälfte der Studenten kam 1982 aus Baden-Württemberg. Die Wohnungsnot steigt trotz des Baus von Wohnheimen; immer weniger Studenten wohnen in der Stadt Heidelberg selbst. Zudem ist das Verhalten vieler Bürger gegenüber den Studenten noch durch die unruhigen Jahre nach 1968 negativ beeinflußt. Die soziale Lage verschlechterte sich durch die laufende Erhöhung der Lebenshaltungskosten, an die die Stipendien und Steuerfreibeträge nur unzureichend angepaßt wurden. In nahezu allen geisteswissenschaftlichen und vielen naturwissenschaftlichen Fächern sind die Aussichten, einen Arbeitsplatz zu finden, der dem Studienabschluß entspricht, in den letzten Jahren rapide gesunken, insbesondere ist der Zugang zum Lehramt, das bisher eine große Zahl der Universitätsabsolventen aufnahm, fast völlig versperrt. Dunkel ist gegenwärtig auch die Lage des wissenschaftlichen Nachwuchses, verursacht durch den ungünstigen Altersaufbau des Lehrkörpers und durch Stellenstreichungen.

Perspektiven — Die vielfältigen Probleme stellen eine Herausforderung der Universität in allen ihren Gliedern dar. Dennoch hat die Universität, wenn sie sich ihre Geschichte mit Höhepunkten, Krisen und Katastrophen vergegenwärtigt, keinen Anlaß, vor den Aufgaben der Gegenwart und Zukunft zu resignieren. Der Raum für freiheitliche Entfaltung und wissenschaftliche Pluralität ist heute so groß wie nie in ihrer Geschichte – darin liegen günstige Möglichkeiten. Nutzt sie diese, so wird die Universität Heidelberg im Wissen um ihre 600jährige Tradition und in Offenheit für die Aufgaben der Zukunft auch weiterhin einen bedeutenden Platz in der wissenschaftlichen Welt einnehmen.

Anmerkungen und Nachweise

Titel, die im Quellen- und Literaturverzeichnis bibliographisch erfaßt sind, werden im Folgenden lediglich in Kurzfassung zitiert. Winkelmann, Urkundenbuch, wird mit ›UB I …‹ bzw. ›UB II …‹ zitiert, wobei die arabische Ziffer bei Band I die Seitenzahl, bei Band II die Regestennummer bezeichnet.

Verwendete Abkürzungen:

RC   Ruperto Carola, hrsg. von der Vereinigung der Freunde der Studentenschaft der Universität Heidelberg
UA   Universitätsarchiv
UB   E. Winkelmann (Hrsg.), Urkundenbuch der Universität Heidelberg. 2 Bände, Heidelberg 1886
ZGO Zeitschrift für die Geschichte des Oberrheins.

Seite 1 *Gründungsgeschichte im Kontext der mitteleuropäischen Universitätsgründungen:* A. Vetulani, Les origines et le sort des universités de l'Europe centrale et orientale fondées au cours du XIVe siècle. In: J. Pacquet-J. Ijsewijn (Hrsg.), Les universités a la fin du moyen age (Löwen 1978), S. 148 ff.; F. Seibt, Von Prag bis Rostock. In: H. Beumann (Hrsg.), Festschrift W. Schlesinger Bd. 1 (Köln-Wien 1973), S. 406 ff.; P. Moraw, Aspekte und Dimensionen älterer deutscher Universitätsgeschichte. In: Ders. - V. Press (Hrsg.), Academia Gissensis (Marburg 1982), S. 1 ff.; P. Moraw, Zur Sozialgeschichte der deutschen Universität im späten Mittelalter. In: Gießener Universitätsblätter Bd. 8/1975, S. 44 ff.; D. Willoweit, in: K. G. A. Jeserich (u. a. Hrsg.), Deutsche Verwaltungsgeschichte Bd. 1 (Stuttgart 1983), S. 369 ff.; A. Esch, Die Anfänge der Universität im Mittelalter (Bern 1985); J. Miethke, Universitätsgründung an der Wende zum 15. Jahrhundert. Heidelberg im Zeitalter des Schismas und des Konziliarismus. In: Studium generale Wintersemester 1985/86 (Heidelberg 1986).

2 *Marsilius von Inghen:* G. Ritter, M. v. I. und die okkamistische Schule in Deutschland (Heidelberg 1921); R. Berndt SJ, in: Doerr, Semper apertus Bd. 1, S. 71 ff.

3 *Heidelberg zur Zeit der Gründung:* P. Moraw, Heidelberg: Universität, Hof und Stadt im ausgehenden Mittelalter. In: B. Moeller (u. a. Hrsg.), Studien zum städtischen Bildungswesen des späten Mittelalters und der frühen Neuzeit (Göttingen 1983), S. 541 ff. - *Vollzug der Gründung und Anfänge der Universität:* Bulle Urbans VI. UB I, 3 f.; kurfürstliche Stiftungsbriefe UB I, 5 ff.; Bericht des Marsilius UB I, 1 ff.; Thorbecke, Geschichte, S. 3 ff.; Ritter, S. 36 ff.; die Erhaltung der Universität und die Fürsorge für sie wurde zum Bestandteil der Hausgesetze der Pfalzgrafen; vgl. UB I, 61 f.; Heintze, S. 24.

4 *Pariser Vorbild:* ›studium generale ad instar Parisiensis‹ (UB I, 3, 44). - *Ge-*

richtsstand: Weisert, Verfassung, S.22f. 34ff.; zur gemischten Gerichtsbarkeit vgl. UB I, 117f. – *Statuten von 1386:* UB I, 13ff.; Weisert, Verfassung, S.21ff. – *Rangordnung:* UB I, 17f.

5 *Statutenänderung 1393:* UB I, 53ff.; Weisert, Verfassung, S.30ff. – *Kanzleramt:* Weisert, Verfassung, S.28f. 39f. – *Siegel der Universität und der Fakultäten:* P.Zinsmaier, in: Hinz, Ruperto-Carola, S.62ff.

6 *Szepter:* W.Paatz, Sceptrum Universitatis (Heidelberg 1953), S.105ff.; J.M.Fritz, Goldschmiedekunst der Gotik in Mitteleuropa (München 1982), S.239f. (zu Abb. 384. 385). – *Gebäudebesitz:* UB I, 51ff.; Hirsch, S.5ff.; Ritter, S.135ff.; K.Rückbrod, Universität und Kollegium, Baugeschichte und Bautyp (Darmstadt 1977), S.111f. – *Wirtschaftliche Ausstattung:* UB I, 50f. 56ff.; Ritter, S.131ff.; erste Vermögensaufstellung des Marsilius von 1396 bei Toepke Bd.1, S.655ff. – *Schenkung des Konrad v. Gelnhausen:* UB I, 49f.

7 *Bonifatius-Pfründen und Heiliggeiststift:* H.Weisert, in: Ruperto-Carola Jg.32 H.64/1980, S.55ff.; Jg. 33 H.65–66/1981, S.72ff. Vgl. auch N.Thoemes, Das Stift der Kgl. Kapelle zum Heiligen Geist und die Universität in ihrer Verbindung von 1413 (Urkunden) (Heidelberg 1886).

8 *Besoldung:* Ritter, S.142ff.

9 *Marsilius:* G.Ritter, M.v.I. und die okkamistische Schule in Deutschland (Heidelberg 1921), S.6. – *Seelenmessen für Stifter und Gönner:* Thorbecke, Geschichte, S.60*f. Anm.139. – *Legat des Marsilius:* Toepke Bd.1, S.678ff. – *Matthäus v. Krakau:* P.Moraw, in: ZGO Bd.116/1968, S.112ff.; Heimpel Bd.1, S.220ff.; Bd.2, S.695ff. – *Konrad von Soltau:* P.Moraw, in: ZGO Bd.116/1968, S.114f.; H.J.Brandt, in: J.Pacquet-J.Ijsewijn (Hrsg.), Les universités a la fin du moyen age (= Mediaevalia Lovaniensia Ser.1/6) (Löwen 1978), S.614ff. – *Job Vener:* Heimpel Bd.1, S.160ff.

10 *Konrad von Soest:* P.Moraw, in: ZGO Bd.116/1968, S.116. – *Johannes von Frankfurt:* M.L.Bulst-Thiele, in: Doerr, Semper apertus Bd.1, S.136ff. – *Nikolaus Magni:* A.Franz, Der Magister Nikolaus Magni de Jawor (Freiburg 1898). – *Zu den Anfängen der juristischen Fakultät, zum Aufbau des Studiums und der Karriere der Promovierten:* D.Willoweit, in: Doerr, Semper apertus Bd.1, S.85ff. – *Anfänge der medizinischen Fakultät:* Stübler, S.1ff.; H.Weisert, in: RC Jg.33 H.65–66 (1981), S.57ff.; H.Schipperges, in: Doerr, Semper apertus Bd.4, S.49ff.

11 *Universität unter König Ruprecht:* P.Moraw, in: ZGO Bd.116/1968, S.59ff.; ders., in: Archiv für Diplomatik Bd.15/1969, S.428ff. – *Konzilien:* Ritter, S.256ff. – *Ketzerprozeß:* UB II, 161. 229; Ritter, S.353f. 359f.; H.Heimpel, Drei Inquisitionsverfahren aus dem Jahre 1425 (Göttingen 1969). – *Studenten:* K.H.Wolf, in: RC Jg.37 H.72–73/1985, S.68ff.

12 *Köln und Erfurt:* H.Keussen, Die alte Universität Köln (Köln 1934); E.Kleineidam, Universitas studii Erfordensis Bd.1 (Leipzig 1964). – *Rotulus 1401:* UB I, 80ff. – *Zisterzienser:* K.Obser, in: ZGO Bd.57/1903, S.435ff.

13 *Generalkapitel 1503:* UB II, 596; *1518:* K.Obser, in: ZGO Bd.57/1903, S.444ff. – *Studiengang, Lehrstoffe und -methoden:* Thorbecke, Geschichte, S.68ff. 84ff.; Ritter, S.154ff.; D.Willoweit, in: Doerr, Semper apertus Bd.1, S.88ff.

14 *Bursen:* UB I, 9, 20f. (1386); 145ff. (1442); 166ff. (Coll. Dionysianum); Ritter, S.152f. – *Disziplinarordnung:* UB I, 15f. 19. 45f. 140ff.; Thorbecke, Geschichte, S.38ff. 60ff.; Ritter, S.401ff.

15 *1447:* UB I, 157. – *Studentenkrieg 1406:* Thorbecke, Geschichte, S. 39 ff. – *Studentenkrieg 1422:* UB I, 121 f.; II, 214. 216–218; H. Heimpel, in: Georgia Augusta Bd. 31/1979, S. 20 ff.; Heimpel Bd. 3, S. 1365 ff. – *Universitätsverlegungen:* Zusammenstellung bei Toepke Bd. 1, S. XXXV ff.; Thorbecke, Geschichte, S. 32* ff.

16 *Wegestreit:* G. Ritter, Via antiqua und via moderna auf den deutschen Universitäten des XV. Jahrhunderts (Heidelberg 1922), S. 39 ff.; F. Kard. Ehrle SJ, Der Sentenzenkommentar Peters von Candia, des Pisaner Papstes Alexanders V. (Münster 1925), S. 171 ff.; P. Classen, Studium und Gesellschaft im Mittelalter (Stuttgart 1983), S. 265 ff. – *Universitätsvorschläge:* UB I, 147 ff.

17 *Statutenreform:* UB I, 161 ff.; Ritter, S. 373 ff.; Weisert, Verfassung, S. 46 ff. – *Juristische Fakultät* 1498: UB I, 201, 33 ff. 204 ff. – *Universitärer Protest und kurfürstliche Reaktion:* Weisert, Verfassung, S. 47 f.; P. Classen, Studium und Gesellschaft im Mittelalter (Stuttgart 1983), S. 268.

18 *Universität in Pforzheim:* D. Brosius, in: Freiburger Diözesan-Archiv Bd. 92/1972, S. 161 ff. – *Ordensstudien:* UB II, 470; R. Sillib, in: Neues Archiv für die Geschichte der Stadt Heidelberg Bd. 4/1901, S. 1 ff. – *Promotionszahlen:* Thorbecke, Geschichte S. 74*. – *Bursen:* Ritter, S. 393 ff.

19 *Johannes Wenck:* Ritter, S. 421 ff.; R. Haubst, Studien zu Nikolaus von Kues und Johannes Wenck (Münster 1955); Nikolaus von Kues, Opera omnia Bd. 2 (Leipzig 1932), S. 1, 20 f. – *Lob Wildenhertz':* Thorbecke, Geschichte, S. 87* Anm. 270.

20 *Medizinfreier Ort:* Thorbecke, Geschichte, S. 79* Anm. 252 (P. Luder). – *Mediziner im 15. Jahrhundert:* L. Schuba, in: Doerr, Semper apertus Bd. 1, S. 162 ff.; H. Schipperges, in: Ebd. Bd. 4, S. 49 ff. – *Laien als Mediziner:* UB II, 467. – *Zitat Ritter:* S. 418. – *Wessel Gansfort:* Ritter, S. 389 f. – *Bibliotheken:* Ritter S. 396 ff.; E. Jammers, in: Hinz, Ruperto-Carola, S. 112 ff.; E. Mittler, in: Doerr, Semper apertus Bd. 4, S. 1 ff.

21 *Lob Wildenhertz':* Ritter, S. 518. – *Lob Wencks:* G. Ritter, in: ZGO Bd. 77/1923, S. 116. – *Luder:* W. Wattenbach, in: ZGO Bd. 22/1869, S. 33 ff.; Bd. 23/1871, S. 21 ff.; Ritter, S. 457 ff.; F. E. Baron, The Beginnings of German Humanism. The Life and Work of the Wandering Humanist Peter Luder (phil. Diss. Berkeley 1966), bes. S. 41 ff.; Zitate: ZGO Bd. 22, S. 104 f.

22 *P. Antonio:* G. Ritter, in: Archiv f. Kulturgesch. Bd. 26/1936, S. 89 ff. – *Jüngere Humanistengeneration und Heidelberger Musenhof:* Ritter, S. 465 ff. – *Agricola:* Ritter, S. 467 ff. – *Celtis:* Ritter, S. 475 ff.

23 *Wimpfeling:* G. Knod, in: ZGO Bd. 40/1886, S. 317 ff. – *Frequenz:* Eulenburg, S. 287; R. Chr. Schwinges, in: Geschichte und Gesellschaft Bd. 10/1984, S. 5 ff. – *Barettstreit:* UB I, 198 ff.

24 *Konfessionspolitik der Kurfürsten und Vorreformation:* E. Sehling (Hrsg.), Die evangelischen Kirchenordnungen des XVI. Jahrhunderts Bd. 14: Kurpfalz (Tübingen 1969); Press, Calvinismus, S. 168 ff.; W. Henß, in: Bll. f. pfälz. Kirchengesch. u. rel. Volkskunde Bd. 50/1983, S. 5 ff.; A. P. Luttenberger, Glaubenseinheit und Reichsfriede (Göttingen 1982). Zur Universität der Reformationszeit vgl. G. A. Benrath, in: Archiv f. Reformationsgesch. Bd. 57/1966, S. 32 ff.; L. Petry, in: E. Iserloh (u. a. Hrsg.), Glaube und Geschichte. Festschrift J. Lortz Bd. 2 (Baden-Baden 1958), S. 317 ff. – *Reformansätze:* UB II, 653. – *Disputationsgegenstände:* UB I, 211 f.

25 *Heidelberger Disputation:* G. Seebaß, in: Heidelberger Jahrbücher Bd. 27/1983, S. 77 ff.; K.-H. zur Mühlen, in: Doerr, Semper apertus Bd. 1, S. 188 ff. – *Arti-*

stenfakultät: H. Weisert – E. Wolgast (Hrsg.), 600 Jahre Universität Heidelberg im Spiegel von 14 Dokumenten (Heidelberg 1986), S. 12 f.; H. Scheible, in: ZGO Bd. 131/1983, S. 309 ff. – *Abt von Citeaux:* K. Obser, in: ZGO Bd. 57/1903, S. 449 f. – *Frecht, Brenz, Billican:* UB II, 799; Theol. Realenzyklopädie Bd. 7, S. 171; Bd. 11, S. 482. – *Stoll:* G. A. Benrath, in: Monatshefte f. evang. Kirchengesch. des Rheinlands Bd. 16/1967, S. 273 ff. – *Schuldzuweisung:* Hautz Bd. 1, S. 390; UB II, 754. – *Heilbronner Student:* UB II, 850. 852. 892.

26 *Frequenzkrise:* Zahlen bei Eulenburg, S. 288. – *Erasmus:* UB II, 705; Martin Luther. Die Anfänge der evangelischen Bewegung in Kurpfalz (Ausstellungskatalog Univ.-Bibl. Heidelberg, Heidelberg 1983), S. 22 f. (Faksimile). – *Pflege der alten Sprachen:* UB I, 220 ff.; II, 708. 716. 755. 760. 761. 800. 802. 803. 809. 810. 838. 839.

27 *Wimpfeling, Spiegel, Sturm:* UB I, 214 ff. – *Reform 1522:* Thorbecke, Statuten, S. 353 f.; Weisert, Verfassung, S. 54 ff. – *Gerichtsbarkeit:* Weisert, Verfassung, S. 56 f. – *Universität und Stadt:* UB II, 740–742.

28 *Melanchthon 1546:* CR Bd. 6, Sp. 95; UB II, 911. – *Rektorwahl:* UB II, 918. 919. – *Friedrich II.:* H. Rott, Friedrich II. von der Pfalz und die Reformation (Heidelberg 1904); Press, Calvinismus, S. 189 ff. – *Glaubensflüchtlinge:* UB II, 920. 928. 929. 936. – *Interim:* UB I, 246; II, 945.

29 *Fagius 1546:* UB I, 234 ff. – *Ludwig V. 1522:* UB II, 747. – *Besoldung der Juristen:* UB II, 837. – *Entfernter Besitz:* UB II, 751. 789. 946. 1115; Brunn, S. 31 ff. – *Vorstoß 1549:* UB I, 244 ff.

30 *Übertragung, Leistungsfähigkeit und Ausdehnung des Besitzes:* UB I, 250 ff.; Brunn, S. 28 ff. (Karte ebd., S. 70). – *Verpachtung und Abtretung:* UB I, 261 ff. 293 ff.

31 *Kanonisierung:* UB II, 909. 1111. 1114; Brunn, S. 65 ff. – *Barzuschüsse:* UB II, 1734; Brunn, S 118 ff. – *Laien als Pfründner:* UB I, 260 f.

32 *Bursenreform:* UB I, 225; II, 796. 816. 833; Thorbecke, Statuten, S. 108 ff.; Hautz Bd. 1, 432 ff.; S. Gensichen, Das Quartier Augustinergasse/Schulgasse/Merianstraße/Seminarstraße in Heidelberg (Heidelberg 1983) (Veröff. zur Heidelberger Altstadt Heft 15), S. 7 ff. (Lageplan S. 83); Hirsch, S. 16 ff.; Brunn, S. 44 ff. – *Dionysianum und Collegium Principis:* UB II, 1169. 1517. 1518. 1520. 1521; Hautz Bd. 2, S. 425 ff.; Brunn, S. 164 ff. – *Sapienzkolleg:* UB II, 994.

33 *Umwidmung 1561:* UB II, 1106. 1107. – *Pädagogium:* UB I, 236 ff.; II, 1076. 1077. – *Gebäudebesitz:* Lagepläne bei Brunn, S. 45. 48.

34 *Reformation:* B. Kurze, Kurfürst Ott Heinrich (Gütersloh 1956), S. 67 ff.; Press, Calvinismus, S. 204 ff.; Sehling, Kirchenordnungen des XVI. Jahrhunderts Bd. 14, S. 22 ff.; Henß, in: ZGO Bd. 132/1984, S. 153 ff. – *Rektorwahl 1556:* Toepke Bd. 2, S. 9. – *Statuten 1558:* Thorbecke, Statuten, S. 1 ff. Vgl. den Bericht der vorbereitenden Kirchenvisitationskommission über die Universität 1556: C. Schmidt, Der Anteil der Straßburger an der Reformation in Churpfalz (Straßburg 1856), S. 45 f.

35 *Micyllus und Melanchthon:* UB II, 1016–1021; CR Bd. 9, Sp. 127. 144. 147; Abb. in: Hinz, Ruperto-Carola, S. 261; W. Köhler, in: Neue Heidelberger Jahrbücher Jg. 1937, S. 18 ff. – *Artistenfakultät:* Thorbecke, Statuten, S. 91 ff.

36 *Medizinische Fakultät:* Thorbecke, Statuten, S. 76 ff. – *Skelettankauf:* Hautz Bd. 2, S. 54. – *Theologische Fakultät:* Thorbecke, Statuten, S. 36 ff. – *Juristische Fakultät:* Thorbecke, Statuten, S. 57 ff.

37 *Institutionelle Änderungen:* Weisert, Verfassung, S. 58 ff. – *Theologische Fakultät:* H. Bornkamm, in: Hinz, Ruperto-Carola, S. 138 ff.

190

38 *Juristische Fakultät:* E. Wadle, in: Doerr, Semper apertus Bd. 1, S. 290 ff. – *Medizinische Fakultät:* W. Kühlmann – J. Telle, in: Doerr, Semper apertus Bd. 1, S. 255 ff. – *Olympia Fulvia Morata:* R. de Rosa, in: RC Jg. 8 H. 19/1956, S. 47 ff.; Zeugnis des Sekretärs Friedrichs II.: ›Uterque a nostro Principe in decus sui Gymnasii ascitus est, ipse (= A. Grundler) ut Medicinam profiteatur, ipsa (= O. F. M.) ut Graecas literas doceat. Quod hactenus distulit morbo comprehensa, spero tamen successu temporis iacturam resarcituram‹ (Hubert Thomas Leodius, Annalium de vita … Principis Friderici II Electoris Palatini Libri XIV, Frankfurt 1624, S. 292).

39 *Artisten:* R. Klauser, in: Hinz, Ruperto-Carola, S. 259 ff. – *Bibliotheca Palatina:* UB I, 288 ff., Thorbecke, Statuten, S. 34 f.; K. Schottenloher, Pfalzgraf Ottheinrich und das Buch (Münster 1927); Katalog zur Ausstellung der Bibliotheca Palatina Heidelberg 1986.

40 *Friedrich III.:* Press, Calvinismus, S. 221 ff.; Chr. J. Burchill, in: Doerr, Semper apertus Bd. i, S. 231 ff. – *Reuter:* Zit. nach Heidelberger Jahrbücher Bd. 8/1964, S. 99.

41 *Katechismus:* W. Henss, Der Heidelberger Katechismus im konfessionspolitischen Kräftespiel seiner Frühzeit (Zürich 1983). – *Kirchenordnung:* Sehling, Evangelische Kirchenordnungen Bd. 14, S. 333 ff. – *Selz:* N. Conrads, Ritterakademien der frühen Neuzeit (Göttingen 1982), S. 136 ff. – *Ramus-Streit:* UB I, 311 f.; II, 1154–1161; C. J. Burchill, in: Doerr, Semper apertus Bd. 1, S. 235 f. – *Erastus über Ramus:* R. Wesel-Roth, Th. E. (Lahr 1954), S. 141 Anm. 237.

42 *Lehrkörperbestand 1569:* UB I, 308 ff. – *Theologische Fakultät:* Benrath; ders., in: Heidelberger Jahrbücher Bd. 8/1964, S. 93 ff.; Chr. de Jonge, De irenische ecclesiologie van Fr. Junius (Nieuwkoop 1980); G. Menk, Die Hohe Schule Herborn in ihrer Frühzeit (Wiesbaden 1981), S. 232 ff.; Chr. J. Burchill, in: Sixteenth Century Journal Bd. 15/1984, S. 185 ff. – *Juristische Fakultät:* G. Dickel, in: Hinz, Ruperto-Carola, S. 181 ff.

43 *Medizinische Fakultät:* W. Kühlmann – J. Telle, in: Doerr, Semper apertus Bd. 1, S. 255 ff. – *Artistische Fakultät:* R. Klauser, in: Hinz, Ruperto-Carola, S. 263 ff. – *Wittekind:* ADB Bd. 43, S. 554 ff. – *Kirchenzuchtstreit:* Chr. J. Burchill, in: Doerr, Semper apertus Bd. 1, S. 240 ff.

44 *Antitrinitarierprozeß:* C. Horn, in: Neue Heidelberger Jahrbücher Bd. 17/1913, S. 219 ff.; P. Philippi, in: Doerr, Semper apertus Bd. 1, S. 213 ff. – *Testament:* A. Kluckhohn (Hrsg.), Das Testament Friedrichs des Frommen, Churfürsten von der Pfalz (München 1874), S. 72 (Art. V). – *Nachruf:* Acta universitatis, zit. bei G. Sohn, Oratio historica de fundatione et conservatione laudatissimae Academiae Heidelbergensis. In: H. K. van Byler, Libellorum rariorum … fasciculus primus (Groningen 1733), S. 293. – *Ludwig VI.:* Press, Calvinismus, S. 267 ff. – *Säuberung 1577:* UB II, 1219. 1220.

45 *Säuberung 1580:* UA Heidelberg, Acta fac. art. IV, 110r ff. – *Casimirianum:* Ursinus 1578: ›Umbra vix est scholae‹ (Heidelberger Jahrbücher Bd. 8/1964, S. 139); J. Leyser, Die Neustadter Hochschule (Neustadt a. d. H. 1886, ND Neustadt 1978); P. Moraw – Th. Karst, Die Universität Heidelberg und Neustadt an der Haardt (Speyer 1963), S. 27 ff.; M. Kuhn, Pfalzgraf Johann Casimir von Pfalz-Lautern 1576–1583 (Kaiserslautern 1961), S. 87 ff. – *Statuten 1580:* Thorbecke, Statuten, S. 157 ff.

46 *Restauration:* Press, Calvinismus, S. 322 ff. – *Mandatum:* Sehling, Kirchenordnungen Bd. 14, S. 510 ff. – *Entlassungen 1584:* UA Heidelberg, Ann. univ. XII, 163r ff.; Acta fac. art. IV, 120v ff. – *Schottischer Magister:* J. K. Cameron (ed.), Letters of John Johnston and Robert Howie (Edinburgh 1963), S.21. - *Statuten 1588:* Thorbecke, Statuten, S.217ff.

47 *Casimirianum:* UB I, 366ff.; II, 1368. 1374. 1375; Hirsch, S.8ff. - *Studenten:* Zahlen bei Eulenburg, S.289f.; zum Einzugsgebiet 1595-1600 vgl. J. Kerkhoff, Beiheft zu Karte IX/7 des Historischen Atlas von Baden-Württemberg (Stuttgart 1980), S.5. - *Studentenkrieg:* UB II, 1323; Einwohnerverzeichnis Heidelberg 1588 in: Neues Archiv f.d. Gesch. der Stadt Heidelberg Bd.1/1890, S.31ff. - *Jubiläumsfeier:* Allerdings umstritten, ob überhaupt geplant; Heinze, S.2.25; UB II, 1333. - *Anordnung 1590:* UB II, 1359. - *Gastwirtsmandat:* UB II, 1352.

48 *Reformpläne:* UB I, 333ff. - *Dekretalenprofessur:* UB II, 1426. 1430 (1597); I, 369ff. (1604). - *Theologische Fakultät:* H.Bornkamm, in: Hinz, Ruperto-Carola, S.141ff.

49 *Juristische Fakultät:* G.Dickel, in: Hinz, Ruperto-Carola, S.182ff.; B.Schwan, Das juristische Schaffen Marquard Frehers (Speyer 1984).

50 *Medizinische Fakultät:* W.Kühlmann - J.Telle, in: Doerr, Semper apertus Bd.1, S.277ff. - *Philosophische Fakultät:* G.Smend, Jan Gruter (Bonn 1939); J.-U.Fechner, in: Heidelberger Jahrbücher Bd.11/1967, S.98ff.; W.Berschin, in: Doerr, Semper apertus Bd.4, S.21ff. - *Geschichtsprofessur:* UB II, 1388.

51 *Späthumanismus:* K.Preisendanz, in: Neue Heidelberger Jahrbücher Jg. 1937, S.55ff.; E.Mittler, in: Doerr, Semper apertus Bd.4, S.7f. - *Arabistik:* F.W.Roth, in: Neues Archiv f.d. Gesch. d. Stadt Heidelberg Bd.4/1901, S.180ff.; E.Mittler, in: Doerr, Semper apertus Bd.4, S.18f. Anm.78; UA Heidelberg, Ann. univ. XXVI, 57vf.

52 *Universität nach 1618:* Press, Maximilian I., S.318ff.; UB II, 1526-28. 1532. 1534. 1535. - *Belagerung und Eroberung der Stadt:* UB I, 376ff.; L.Merz, in: RC Jg.8 H.20/1956, S.152ff. - *Versprechen Tillys:* UB II, 1546. - *Bayerische Besatzung:* Press, Maximilian I., S.323ff. - *Bibliotheca Palatina:* H.-O.Keunecke, in: H.Glaser (Hrsg.), Wittelsbach und Bayern Bd.2/I (München 1980), S.408ff.; E.Mittler, in: RC Jg.35 H.69/1983, S.68ff.

53 *Exlibris:* Hinz, Ruperto-Carola, S.126. - *Klage 1624:* Johannes Philalethes (Pseudonym?), Vorwort zu Hubert Thomas Leodius, Annalium de vita ... Principis Friderici II Electoris Palatini Libri XIV (Frankfurt 1624): ›Dum nuper Bibliotheca Palatina toto orbe Christiano celebris expugnata direptaque urbe Heidelberga cum maximo Germanicae gentis dedecore trans Alpes ad triumphum raperetur et Vaticano Deo consecraretur ...‹. - *Vorlesungsverbot:* UB I, 382f.

54 *Katholische Universität:* Press, Maximilian I., S.327ff.- *Bachof:* UB II, 1563. 1565. 1578; R.v.Stintzing, Geschichte der deutschen Rechtswissenschaft Bd.1 (München-Leipzig 1880), S.683ff. (Zitat S.684). - *Studenten:* A.Persijn, Pfälzische Studenten und ihre Ausweichuniversitäten während des Dreißigjährigen Krieges (phil. Diss. Mainz 1959). - *Lingelsheim:* Univ.-Bibl. Basel, Cod. G. I. 60, Bl.16; zu Lingelsheim vgl. U.Wagner, in: RC Jg.37 H.72-73/1985, S.75f.

55 *Liste 1635:* UB II, 1598. - *Geldsammlung:* UB II, 1590. - *Liste 1641:* Press, Maximilian I., S.349. - *Aktenrückgabe:* UB II, 1605. - *Frankfurt:* G.Mühlpfordt, in: Die Oder-Universität Frankfurt (Weimar 1983), S.48f. - *Universitäten des 17.Jh.:* N.Hammerstein, in: Studia Leibnitiana Bd.13/1981, S.242ff.; Heidelberg: G.A.Benrath, in: RC Jg.21 H.47/1969, S.42ff. - *Vorbereitungen:* UB II, 1607-09.

56 *Landesfürstliches Rektorat:* UB II, 1615. - *Verlegung Worms:* UB II, 1678. 1679; R.Sillib, in: Neue Heidelberger Jahrbücher Bd.14/1905, S.1ff. - *Kanzler-*

amt: UB II, 1625–28. 1633. 1634. 1655; Weisert, Verfassung, S. 71 f. – *Wirtschaftliche Lage:* Brunn, S. 93 (Pfründeneinkünfte im Vergleich 1618 und 1680). 194 ff. (Gehälter). – *Statuten:* Thorbecke, Statuten, S. 247 ff.

57 *Institution:* Weisert, Verfassung, S. 64 ff. – *Talare:* UB II, 1664. 1667.

58 *Lizentiateneid:* UB II, 1640; Stübler, S. 74 f. – *Sektionen:* UB II, 1650; Stübler, S. 75 ff. (Abb.). – *Lucä:* F. Lucä (Hrsg.), Der Chronist Friedrich Lucä (Frankfurt/M. 1854), S. 16.

59 *Bibliothek:* Thorbecke, Statuten, S. 275 f.; E. Mittler, in: Doerr, Semper apertus Bd. 4, S. 9. – *Vorlesungsverzeichnis:* UB I, 389 ff.; II, 1654; G. A. Benrath, in: Heidelberger Jahrbücher Bd. 5/1961, S. 85 ff. – *Erleichterungen für Studenten:* UB II, 1689. – *Jagdrecht:* UB I, 391; II, 1705. – *Froben und Collegium illustre:* UB I, 390, 41 ff.; N. Conrads, Ritterakademien der frühen Neuzeit (Göttingen 1982), S. 218 f. – ›*Exercitien statt Studien*‹: F. Lucä (Hrsg.), Der Chronist Friedrich Lucä (Frankfurt/ M. 1854), S. 18.

60 *Adelsuniversität:* R. A. Müller, in: Geschichte und Gesellschaft Bd. 10/1984, S. 31 ff. – *Frequenz:* Zahlen bei Eulenburg, S. 292. – *Mängel 1680:* UB II, 1720; Hautz Bd. 2, S. 187 ff. – *Lehrkörper:* UB I, 389 f.; Weisert, Verfassung, S. 65 f.; G. A. Benrath, in: Heidelberger Jahrbücher Bd. 5/1961, S. 85 ff.; F. Lucä (Hrsg.), Der Chronist Friedrich Lucä (Frankfurt/M. 1854), S. 16 ff. (Lehrkörper 1662).

61 *J. Israel:* Stübler, S. 84 ff. – *Spinoza:* Opera I, S. 639 f. – *Pufendorf in Heidelberg:* E. Klein, in: Doerr, Semper apertus Bd. 1, S. 414 ff.

62 *Brunner:* Stübler, S. 92 ff.; NDB Bd. 2, S. 682 f. – *Anknüpfung:* Benrath, S. 79. – *Zitat Chuno:* F. Lucä (Hrsg.), Der Chronist Friedrich Lucä (Frankfurt 1854), S. 17. – *Theologische Fakultät:* H. Bornkamm, in: Hinz, Ruperto-Carola, S. 143 f.

63 *Juristische Fakultät:* G. Dickel, in: Hinz, Ruperto-Carola, S. 187 ff. – *Medizinische Fakultät:* A. Bauer, in: Doerr, Semper apertus Bd. 1, S. 440 ff. – *Philosophische Fakultät:* R. Klauser, in: Hinz, Ruperto-Carola, S. 266 ff.; zu Freinsheim: Toepke Bd. 2, S. 322; G. A. Benrath, in: Heidelberger Jahrbücher Bd. 5/1961, S. 93 ff.

64 *Hallischer Rezeß:* UB II, 1788; Hautz Bd. 2, S. 467. – *Lehrkörperbestand:* G. A. Benrath, in: Heidelberger Jahrbücher Bd. 5/1961, S. 98 ff. (1685). – *Zerstörung:* R. Salzer, Zur Geschichte Heidelbergs in den Jahren 1688 und 1689 (Heidelberg 1878); … von den Jahren 1689–1693 (ebd. 1879). – *Situation 1689 ff.:* UB II, 1839 ff.; Einwohner 1693: H. Neu, in: RC Jg. 8 H. 20/1956, S. 163 f.; H. Weisert, in: RC Jg. 29 H. 60/1977, S. 45 ff.; Jg. 31 H. 62–63/1979, S. 31 ff.

65 *Frankfurt:* UB II, 1849 ff. – *Johann Wilhelm:* Weisert, in: RC Jg. 29 H. 60/1977, S. 52 f. 60 f. – *Erbprofessur Leuneschloß:* Weisert, in: RC Jg. 29 H. 60/1977, S. 52. – *Schadensfeststellung:* UB I, 396 ff. (Datierung nach Merkel, S. 32 Anm. 119: vor 29. 3. 1697). – *Weinheim und Heidelberg:* UB II, 1873. 1881. 1904; Weisert, in: RC Jg. 29 H. 60/1977, S. 59 f.

66 *Katholische Universität:* R. Haaß, Die geistige Haltung der kath. Universitäten Deutschlands im 18. Jh. (Freiburg 1952), S. 92 ff. Zur Umformung des Lehrkörpers vgl. Weisert, in: RC Jg. 31 H. 62–63/1979, S. 32 ff. – *Rekatholisierung:* Schaab, in: ZGO Bd. 114/1966, S. 147 ff.; H. Schmid, Die Säkularisation der Klöster in Baden 1802–1811 (Überlingen 1980), S. 246 ff. – *Religionsdeklaration:* A. Hans, Die kurpfälzische Religionsdeklaration von 1705 (Mainz 1973). – *Konflikte:* G. Pfeiffer, in: Bayern – Staat und Kirche, Land und Reich. Gedenkschrift W. Winkler (München 1961), S. 35 ff.; E. Weis, Montgelas Bd. 1 (München 1971), S. 301 ff. – *Pütter:* Systematische Darstellung der Pfälzischen Religionsbeschwerden nach der Lage, wie sie jezt (!) sind (Göttingen 1793). - *Karl Philipp:* H. Schmidt, Kurfürst Karl Philipp von der Pfalz als Reichsfürst (Mannheim 1963) (stark apologetisch).

67 *Moderne Universitätskonzeption:* N. Hammerstein, in: P. Baumgart - N. Hammerstein (Hrsg.), Beiträge zu Problemen deutscher Universitätsgründungen der frühen Neuzeit (Liechtenstein 1978), S. 263 ff.; ders., in: Zs. f. Hist. Forschung Bd. 10/1983, S. 73 ff. - *Rechtsprofessur:* H. Weisert, in: RC Jg. 29 H. 60/1977, S. 53. - *Vorschläge 1698:* UB I, 404 f. - *Theologische Fakultät:* H. Weisert, in: RC Jg. 31 H. 62-63/1979, S. 31.

68 *Jesuiten in Heidelberg:* B. Duhr SJ., Gesch. der Jesuiten in den Ländern deutscher Zunge Bd. 4/1 (München-Regensburg 1928), S. 166 ff.; Mugdan; Weisert, in: RC Jg. 31 H. 62-63/1979, S. 33 ff.

69 *Klage 1748:* UB I, 426 ff.; Hautz Bd. 2, S. 278 ff. - *Votum 1743:* UB II, 2092. - *Anordnung 1760:* Duhr, Gesch. der Jesuiten Bd. 4/1 (München-Regensburg 1928), S. 173. - *Ratio studiorum:* Zitat § 6; Hengst, S. 66 ff. - *Rektorstreit:* UB II, 1958. 1963. 1965; H. Weisert, in: RC Jg. 31 H. 62-63/1979, S. 35 ff.

70 *Usleber/Huth:* UB II, 1985-87. 2027. 2030. 2031. 2033-35; Hautz Bd. 2, S. 240 ff. 256 ff.; Toepke Bd. 4, S. 535 f. - *Wert der Gebäude:* UB I, 396 f.; Gebäudebestand vor 1700 bei G. Poensgen, in: RC Jg. 6 H. 15-16/1954, S. 39 ff. - *Wiederaufbau:* Hirsch, S. 45 ff.; H. Weisert, in: RC Jg. 31 H. 62-63/1979, S. 41 ff. - *Abtretung:* UB II, 1916; Merkel, S. 291 ff. - *Domus Wilhelmiana:* S. Juschka, in: Doerr, Semper apertus Bd. 5, S. 48 ff. - *Verkauf 1716:* S. Gensichen, Das Quartier Augustinergasse/Schulgasse/Merianstraße/Seminarstraße in Heidelberg (Heidelberg 1983), S. 21 ff.; dies., in: Doerr, Semper apertus Bd. 5, S. 115 f.

71 *Fleiß der Professoren:* A. Tholuck, Vorgeschichte des Rationalismus Bd. 1/1 (Halle 1853), S. 121 ff. - *Ablehnung 1782:* UB II, 2299. - *Oberkuratel:* Thorbecke, Statuten, S. 302; Weisert, Verfassung, S. 69 f. 75. - *Lessing:* W. Ritzel, G. E. L. (Stuttgart 1966), S. 210. - *Karl Theodor:* G. Ebersold, Rokoko, Reform und Revolution (Frankfurt/M. 1985), S. 37 ff. - *Reform katholischer Universitäten:* N. Hammerstein, Aufklärung und kath. Reich. Untersuchungen zur Universitätsreform u. Politik kath. Territorien des Hl. Röm. Reiches dt. Nation im 18. Jahrhundert (Berlin 1977); E. Pick, Aufklärung und Erneuerung des juristischen Studiums (Berlin 1983) (am Mainzer Beispiel). - *Physik:* UB II, 2132. 2135.

72 *Theologische Fakultät:* UB II, 2212. 2234. 2237. 2250. 2294. - *Lazaristen:* UB II, 2296. 2301. 2303. 2398; A. Haas, Die Lazaristen in der Kurpfalz (Speyer 1960). - *Deutschkenntnisse:* Weisert, Verfassung, S. 83. - *Statuten:* Thorbecke, Statuten, S. 299 ff.; Weisert, Verfassung, S. 80 ff.

73 *Mangel an Medizinern:* UB I, 408 f. - *Consilium medicum:* UB II, 2255; Stübler, S. 130 ff. - *Latein:* UB II, 2326. 2404.

74 *Kameralhochschule:* Webler; O. Poller, Schicksal der ersten Kaiserslauterer Hochschule und ihrer Studierenden (Ludwigshafen 1979); Weisert, Verfassung, S. 78 ff.; H. E. Lessing, in: Doerr, Semper apertus Bd. 2, S. 107 ff.; Eingliederungspatent: UB I, 431 ff.

75 *Teutsche Gesellschaft:* G. Ebersold, Rokoko, Reform und Revolution (Frankfurt 1985), S. 41 f. - *Mannheimer Akademie:* Kistner; A. Kraus, Vernunft und Geschichte (Freiburg 1963), S. 279 ff.; P. Fuchs, Palatinus illustratus (Mannheim 1963); A. Kraus, in: F. Hartmann - R. Vierhaus (Hrsg.), Der Akademiegedanke im 17. u. 18. Jh. (Wolfenbüttel 1977), S. 139 ff.; J. Voß, in: HZ Bd. 231/1980, S. 43 ff.; H. Querner, in: Heidelberger Jahrbücher Bd. 21/1977, S. 47 ff.; U. Wennemuth, in:

Doerr, Semper apertus Bd. 4, S. 274 ff. – *Vorschläge 1797:* UB II, 2465. – *Studenten:* Zahlen bei Eulenburg, S. 294 ff.; Pache, S. 28 ff. – *Studienzwang:* UB II, 1923; Thorbecke, Statuten, S. 329. – *Konfessionsverteilung:* J. G. Keyßler, Fortsetzung Neuester Reisen durch Teutschland, Böhmen, Ungarn, die Schweitz, Italien und Lothringen (Hannover 1741), S. 1298.

76 *Unruhen:* Hautz Bd. 2, S. 263; Toepke Bd. 4, S. 102 f. – *Disziplinarordnungen:* UB II, 2262. 2272; Thorbecke, Statuten, S. 329 ff. – *Zitat:* Mag. F. Ch. Laukhards Leben und Schicksale. Von ihm selbst beschrieben (Memoirenbibl. II/14) Bd. 1 (Stuttgart o. J.), S. 140 f. – *Verbindungen:* UB II, 2480. – *Abzeichen und Kleidung:* UB II, 2486. 2532. 2533. – *Bibliothek:* UB II, 1949; Thorbecke, Statuten, S. 313 ff.

77 *Laukhard:* S. 140. – *Praxis Johann Wilhelms:* H. Weisert, in: RC Jg. 29 H. 60/1977, S. 53. – *Zitat Brunner:* Weisert in: RC Jg. 31 H. 62-63/1979, S. 32. – *Erbprofessur:* Keller, S. 14 ff.; Stübler, S. 114; Merkel, S. 348 f.

78 *Gehälter:* Merkel, S. 263 ff.

79 *Professorenbestand:* Hautz Bd. 2, S. 254 ff. 283 ff. – *Theologische Fakultät:* Benrath, S. 126 ff.; Keller, S. 63 ff.; Schneider, S. 8 ff. – *Juristische Fakultät:* G. Dickel, in: Hinz, Ruperto-Carola, S. 196 ff.; Keller, S. 82 ff.; Schneider, S. 14 ff. – *Zitat Kübel:* Keller, S. 73. – *Zentner:* F. Dobmann, G. F. Frhr. v. Zentner als bayerischer Staatsmann in den Jahren 1799-1821 (Kallmünz 1961). – *Medizinische Fakultät:* Stübler, S. 109 ff.; Keller, S. 89 ff.; Schneider, S. 17 ff.; Th. Henkelmann, in: Doerr, Semper apertus Bd. 2, S. 32 ff.

80 *Mai:* E. Seidler, Lebensplan und Gesundheitsführung (Mannheim 1975); Drüll, S. 170. – *Reformdenkschriften:* UB II, 2465. 2483. – *Philosophische Fakultät:* R. Klauser, in: Hinz, Ruperto-Carola, S. 269 ff.; Keller, S. 109 ff.; Schneider, S. 22 ff.

81 *Mayer:* K. Kollnig, in: Doerr, Semper apertus Bd. 1, S. 463 ff.; A. Kistner, in: ZGO NF Bd. 50/1937, S. 111 ff. – *Staatswirtschaftsschule:* Webler, S. 65 ff.

82 *Kritik an Jung-Stilling:* Webler, S. 74 f. – *Finanzierung:* Merkel. – *Bonifatiuspfründen:* Merkel, S. 121 ff. – *Neuhausen:* Merkel, S. 127. – *Einweisung:* Merkel, S. 348 ff.

83 *Ökonomiekommission:* Merkel, S. 317 ff.; Weisert, Verfassung, S. 75 f.; Thorbecke, Statuten, S. 312. – *Schankungsgelder:* UB I, 430 f.; Merkel, S. 146 ff. – *Verlust der Besitzungen:* UB II, 2499. – *Besoldungsstatus:* Pache, S. 24 ff. – *Schulden:* UB II, 2481. 2504. 2527. 2556; E. Winkelmann, in: ZGO 36/1883, S. 63 ff.; Pache, S. 19 ff.

84 *Almosenempfänger:* UB II, 2561; Pache, S. 27 f. – *Rechnung 1802:* UB II, 2561. – *Kirchenschatz:* UB II, 2563; Pache, S. 23; Merkel, S. 377. – *Rechtsrheinisches Kirchengut:* UB II, 2568. 2577. 2579. 2581. 2585; Pache, S. 56 (Erlaß Max Josephs 7. 1. 1803: Einnahmen aus Speyerer Kirchengut). – *Jubiläum:* J. Schwab, Acta sacrorum secularium ... (Heidelberg 1787); Heinze, S. 5 ff.; E. Staehelin, in: ZGO Bd. 101/ 1953, S. 542 ff.; W. Müller, in: Doerr, Semper apertus Bd. 1, S. 521 ff. – *Lehrkörperbestand:* Schwab, Acta, S. 551 ff. – *Gedike:* R. Fester (Hrsg.), ›Der Universitäts-Bereiser‹ Friedrich Gedike und sein Bericht an Friedrich Wilhelm II. (Berlin 1905), S. 49 ff. Resümee: Heidelberg ist ›itzt fast ganz katholisch‹. – *Mai 1798:* E. Seidler, Lebensplan und Gesundheitsführung (Mannheim 1975), S. 51.

85 *Religionsdeklaration:* G. K. Mayr, Sammlung der Churpfalz-Bayrischen Landesverordnungen Bd. 1 (München 1800), S. 256 ff.

87 *Weiterexistenz:* Keller, S. 39 f.; Schneider, S. 52 ff. – *Name:* H. Weisert, in: RC Jg. 32 H. 64/1980, S. 53 f. – *Reform:* Keller; Schneider; W. Leiser, in: Doerr, Semper apertus, Bd. 2, S. 84 ff.; E. Wolgast, in: F. Strack (Hrsg.), Heidelberg im säkularen Umbruch (Stuttgart 1986). Neues Quellenmaterial: Polley; H. Dahlmann (Hrsg.), Briefe Friedrich Creuzers an Savigny (Berlin 1972). - *Schenkungsverweigerung:* UB II, 2571. 2577–2579. 2583. - *Bankrott:* Keller, S. 31 f.; Pache, S. 55 f.

88 *Kontinuität:* UB II, 2652. - *Staatsübernahme:* Pache, S. 56 f. - *Rückgabebitte:* UB II, 2695. - *Brauer:* Andreas, S. 38 ff. - *Reitzenstein:* Schnabel, S. 81 ff.; Keller, S. 126 ff. - *Unterrichtsanstalt:* Schneider, S. 266 ff. - *Organisationsedikt:* Keller, S. 40 ff.; Schneider, S. 43 ff.; Weisert, Verfassung, S. 84 ff.

89 *Universitätszwang:* UB I, 448, 40 ff.; II, 2629. 2672; Erman-Horn Bd. 1, S. 231 ff. - *Würden:* UB II, 2650. - *Statuten:* Keller, S. 58 f.; Schneider, S. 183 f.; Jellinek, S. 17 ff.; Weisert, Verfassung, S. 88 f. - *Ökonomiekommission:* H. Weisert, in: RC Jg. 25 H. 51/1973, S. 34 ff.; Merkel, S. 317 ff.; Weisert, Verfassung, S. 93 f. - *Ephorat und Gerichtsbarkeit:* Gerber Bd. 2, S. 102 ff. (akad. Gesetze von 1810); H. Weisert, in: RC Jg. 25 H. 51/1973, S. 31 ff.; Weisert, Verfassung, S. 92 f. - *Besoldungen:* Pache, S. 52 ff. - *Witwenversorgung:* UB II, 2522 (1799); I, 451, 40 ff.

90 *Verlegungsgerüchte:* UB I, 439 ff.; R. Sillib, in: Neue Heidelberger Jahrbücher Bd. 14/1906, S. 10 ff. - *Katholische Theologie:* F. Schneider, in: Freiburger Diözesan-Archiv Bd. 41/1913, S. 134 ff.; Keller, S. 77 f.; Schneider, S. 204 f. - *Fächerkonzentration:* Keller, S. 198 f. - *Aufhebungsfurcht:* UB II, 2679. 2715; GLA Karlsruhe 235/3467; C. S. Zachariae, Für die Erhaltung der Universität Heidelberg (Heidelberg 1817); C. v. Rotteck, Schriften Bd. 6 (Stuttgart 1848), S. 280 ff. (1817); K. Andermann (u. a. Hrsg.), Baden. Land - Staat - Volk 1806–1871 (Karlsruhe 1980), S. 160 ff.

91 *Buß:* Gerber Bd. 1, S. 43 ff. - *Alter Personalbestand:* Keller, S. 61 ff.; Schneider, S. 8 ff. - *Savigny:* ZGO Bd. 67/1913, S. 619 f.

92 *Reitzensteins Personalpolitik:* Schneider, S. 201 ff.; E. Wolgast, in: F. Strack (Hrsg.), Heidelberg im säkularen Umbruch (Stuttgart 1986); Franken, S. 183 ff. (Berufungsrecht und -praxis). - *Professoren:* Drüll; Heidelberger Professoren 2 Bde. - *Theologische Fakultät:* K. A. Frhr. von Reichlin-Meldegg, H. E. G. Paulus und seine Zeit 2 Bde. (Stuttgart 1853); H. Bornkamm, in: Hinz, Ruperto-Carola, S. 144 ff.; Keller, S. 169 ff.; Schneider, S. 232 ff.; H. Weisert, in: RC Jg. 27 H. 54/1975, S. 17 ff. - *Zulassung von Frauen:* H. Dahlmann (Hrsg.), Briefe Friedrich Creuzers an Savigny (Berlin 1972), S. 146. - *Juristische Fakultät:* Heidelberger Professoren Bd. 1, S. 133 ff. (Bekker); 203 ff. (v. Lilienthal); 253 ff. (Jellinek); G. Dickel, in: Hinz, Ruperto-Carola, S. 205 ff.; G. Landwehr, in: Doerr, Semper apertus Bd. 2, S. 61 ff.; W. Leiser, in: Ebd., S. 84 ff.; W. Küper (Hrsg.), Heidelberger Strafrechtslehrer im 19. und 20. Jh. (Heidelberg 1986).

93 *Thibauts Aufruf:* H. Hattenhauer (Hrsg.), Thibaut und Savigny (München 1973), S. 73. - *Medizinische Fakultät:* Keller, S. 190 ff.; Schneider, S. 238 ff.; Th. Henkelmann, in: Doerr, Semper apertus Bd. 2, S. 34 ff.; E. Seidler, in: Ebd., S. 132 ff.; H. Hoepke, in: Ebd., S. 145 ff. - *Klinikum:* Schneider, S. 149 ff.; Stübler, S. 196 ff. 289 ff. - *Anatomie:* B. Albrecht, in: Doerr, Semper apertus Bd. 5, S. 338 ff. - *Philosophische Fakultät:* Keller, S. 199 ff.; Schneider, S. 242 ff.; R. Klauser, in: Hinz, Ruperto-Carola, S. 275 ff.; H. E. Lessing, in: Doerr, Semper apertus Bd. 2, S. 123 ff.

94 *Romantik:* H. Levin, Die Heidelberger Romantik (München 1922); R. Benz, Heidelberg, Schicksal und Geist, 2. Aufl. (Sigmaringen 1975), S. 316 ff. - *Görres:* L. Just, in: Hist. Jahrbuch Bd. 74/1955, S. 416 ff. - *Heidelbergische Jahrbücher:* Schneider, S. 290 ff.; L. Gall, in: ZGO Bd. 111/1963, S. 307 ff. - *Chirurgie:* Krebs-Schipperges; F. Linder - M. Amberger, in: Doerr, Semper apertus Bd. 4, S. 182 ff.

95 *Frequenz:* Keller, S. 246 ff.; Eulenburg, S. 298 f.; Weisert, Verfassung, S. 152 f. – *Studierfreiheit:* Gerber Bd. 2, S. 101 ff. 148 ff.; Franken, S. 146 ff.

96 *Adelsuniversität:* Keller, S. 247. – *Miete:* Pache, S. 75. – *Stadt-Universität:* D. Höroldt, in: E. Maschke – J. Sydow (Hrsg.), Stadt und Hochschule im 19. und 20. Jh. (Sigmaringen 1979), S. 25 ff.; Pache, S. 36 ff.; UB I, 439 ff.; II, 2679 (Bitten um Aufrechterhaltung der Universität). – *Chemisches Institut:* Pache, S. 116 f. – *Städtische Leistungen:* Pache, S. 107 ff. – *Wahlbeeinflussung:* Derwein, S. 17 f.

97 *Akad. Krankenverein:* Hintzelmann, S. 185 ff. – *Studentische Organisationen:* UB II, 2630 (Revers von 1805). 2634. 2651. 2668; Keller, S. 275 ff.; Das Corpsleben; Dietz; ders., Neue Beiträge zur Geschichte des Heidelberger Studentenlebens (Heidelberg 1903); Sperling, S. 7 ff.; Wentzcke-Heer; B.-R. Kern, in: F. Strack (Hrsg.), Heidelberg im säkularen Umbruch (Stuttgart 1986). – *Zitat:* Dietz, Neue Beiträge, S. 68. – *Auszug 1804:* Keller, S. 286 ff.

98 *Auszug 1828 und Verruf:* Corpsleben, S. 44 ff.; E. Dietz, Neue Beiträge zur Geschichte des Heidelberger Studentenlebens (Heidelberg 1903), S. 91 ff.; B.-R. Kern, in: Heidelberger Jahrbücher Bd. 27/1983, S. 21 ff. – *Petition:* F. Lautenschlager, in: ZGO Bd. 85/1933, S. 636 ff.; Polley Bd. 2, S. 300 ff.; M. Maiwald, in: Doerr, Semper apertus Bd. 2, 215 ff. – *Wartburgfest:* G. Steiger, in: Darstellungen u. Quellen zur Gesch. der deutschen Einheitsbewegung im 19. und 20. Jh. Bd. 4/1963, S. 65 ff.; Dietz, Neue Beiträge, S. 33 ff. (Rede Carovés). – *Hambacher Fest und Frankfurter Wachensturm:* R. Sillib, in: Kurpfälzer Jahrbuch 1925, S. 44 ff.; B.-R. Kern, in: Heidelberger Jahrbücher Bd. 27/1983, S. 28 ff. – *Plakate/Regierungsforderung:* R. Sillib, S. 48.

99 *Preußisches Verbot:* V. Valentin, Das Hambacher Nationalfest (Frankfurt/M. 1982), S. 164 f. (Verbotsvorschlag 8. 6. 1832); Franken, S. 158 ff.; Polley Bd. 2, S. 517; O. Dammann, in: Neue Heidelberger Jahrbücher NF Jg. 1936, S. 29 ff. – *Freiburg:* Gerber Bd. 2, S. 160 f.; Franken, S. 114 ff. – *Theologische Fakultät:* A. Hausrath, Richard Rothe und seine Freunde Bd. 2 (Berlin 1906) (Zitat Fischer: S. 564); H. Weisert, in: RC Jg. 27 H. 54/1975, S. 17 ff. (Lehrstühle und Besetzung); L. Lemme, in: Heidelberger Professoren Bd. 1, S. 75 ff. – *Zitat Henle:* F. Merkel, Jacob Henle. Ein deutsches Gelehrtenleben (Braunschweig 1891), S. 214.

100 *Revolution:* Haag; H. Thielbeer, Universität und Politik in der Deutschen Revolution von 1848 (Bonn 1983), S. 45 ff. – *Hagen:* E. Wolgast, in: ZGO Bd. 133/1985, S. 279 ff. – *Neckarbund:* Wentzcke-Heer, Bd. 3, S. 46 ff.; Franken, S. 141 ff. – *Kurator:* An Senat, 16. 4. 1848; UA Heidelberg. – *Auszug:* Thielbeer, S. 50 ff.; Bürgerschaft: UA Heidelberg (18. 7. 1848).

101 *Feuerbach:* Heidelberger Jahrbücher Bd. 15/1971, S. 89; G. Keller, Briefe u. Tagebücher 1830–61, hrsg. E. Ermatinger, S. 184. – *Relegationen:* Haag, S. 43 f. 46 ff. – *Gervinus:* W. Boehlich (Hrsg.), Der Hochverratsprozeß gegen Gervinus (Frankfurt 1967). – *Fischer:* A. Hausrath, R. Rothe und seine Freunde Bd. 2 (Berlin 1906), S. 260 ff.; K. Tiemann, in: Deutsche Rundschau Bd. 194/1923, S. 32 ff. (S. 43: Empfehlung Fischers durch Schlosser an Karl Alexander von Sachsen-Weimar für Jena).

102 *Häussers politisches Wirken:* A. Kaltenbach, L. H. Historien et patriote (Paris 1965); E. Wolgast, in: Doerr, Semper apertus Bd. 2, S. 173 ff. – *Überbleibsel:* H. Ritter v. Srbik, in: ZGO Bd. 82/1929, S. 202 ff. (Zitat S. 224). – *Verfassungsreform:* H. Weisert, in: RC Jg. 25 H. 51/1973, S. 43 ff. (1848); ders., Verfassung, S. 95 ff. (1862); Riese, S. 66 ff. – *Gerichtsbarkeit:* Weisert, S. 97.

103 *Chemie:* K. Freudenberg, in: Heidelberger Jahrbücher Bd. 8/1964, S. 87 ff.;

Borscheid, S. 60 ff.; M. Becke-Goehring (u. a.), in: Doerr, Semper apertus Bd. 2, S. 332 ff. - *Investitionen:* Borscheid, S. 79 f. - *Gehalt:* Ebd., S. 63. - *Chemisches Institut:* Borscheid, S. 63 ff.; B. Albrecht, in: Doerr, Semper apertus Bd. 5, S. 350 ff.

104 *Friedrichsbau:* Ebd., S. 345 ff. - *Vereine:* Hintzelmann, S. 243 ff.; W. Trautwein, in: RC Jg. 8 H. 20/1956, S. 120 ff.; W. Doerr, in: RC Jg. 36 H. 70/1984, S. 68 ff. - *Professoren:* Drüll; - *Neuere Philologie:* J. Lehmann, in: RC Jg. 19 H. 42/1967, S. 205 ff. - *Philosophie:* H. Rickert, Die Heidelberger Tradition in der deutschen Philosophie (Tübingen 1931) (Zitat S. 8).

105 *Treitschkes Berufung:* C. Neumann, in: HZ Bd. 139/1929, S. 534 ff. - *Fall Schenkel:* J. Becker, Liberaler Staat und Kirche in der Ära von Reichsgründung und Kulturkampf (Mainz 1973), S. 182 ff. - *Theologen-Oberkirchenrat:* UA Heidelberg, Theol. Fak. 1875-78, Bl. 121 ff.; H. Weisert, in: RC Jg. 27 H. 54/1975, S. 23 f. - *Frequenzkrise:* Weisert, Verfassung, S. 155 f.

106 *Goldschmidt:* L. Goldschmidt, Ein Lebensbild in Briefen (Berlin 1898), S. 288. - *Streit über die Ökonomiekommission:* Riese, S. 74 ff.; Weisert, Verfassung, S. 100 f. - *Parteiungen:* A. Hausrath, Zur Erinnerung an Julius Jolly (Leipzig 1899), S. 279 ff.; L. Koenigsberger, Mein Leben (Heidelberg 1919), S. 128 ff.; Zitat Treitschke: M. Cornicelius (Hrsg.), H. v. T.s Briefe Bd. 3 (Leipzig 1920), S. 312; W. Andreas, Briefe H. v. T.s an Historiker und Politiker am Oberrhein (Berlin 1934), S. 36: ›Die elenden kollegialischen Verhältnisse, die allmählich zu einem deutschen Skandal werden und Frequenz und Ruf der Universität zu schädigen drohen.‹

107 *Großbetrieb der Wissenschaft:* A. Harnack, Aus Wissenschaft und Leben Bd. 1 (Gießen 1911), S. 10 (zuerst 1905). - *Staatliche Aufwendungen:* F. R. Pfetsch, Zur Entwicklung der Wissenschaftspolitik in Deutschland 1750-1914 (Berlin 1974), S. 52. 58 f.; Riese, S. 289 ff.

108 *Dotation:* Ministerium, Schulstatistik, S. 5 ff. 81 ff. - *Lehrstuhlvermehrung:* Riese, S. 97 ff. - *Spezialisierung:* Riese, S. 104 ff. (Zitat: S. 107).

109 *Medizinische Fakultät:* H. H. Eulner, Die Entwicklung der medizin. Spezialfächer an den Universitäten des deutschen Sprachgebiets (Stuttgart 1970); Th. Henkelmann, in: Doerr, Semper apertus Bd. 2 Tabelle (hinter S. 40); H. Schipperges, in: Ebd. Bd. 4, S. 74 ff.; Riese, S. 112 ff. - *Extraordinarien:* Weisert, Verfassung, S. 102 ff.; Riese, S. 153 ff.

110 *Ophthalmologie:* Th. Leber, in: Heidelberger Professoren Bd. 2, S. 191 ff.; H. Honegger, in: RC Jg. 21 H. 47/1969, S. 189 ff.; W. Jaeger, in: Doerr Bd. 2, S. 321 ff. - *Oktroi Duschs:* Riese, S. 119 ff. - *Naturwissenschaften:* Riese, S. 134 ff.

111 *Landwirtschaft:* Borscheid, S. 97 f.; Riese, S. 134 Anm. 110. - *Bluntschli:* Über die Eintheilung in Fakultäten (Prorektoratsrede 1877) (Heidelberg 1877), S. 20. - *Fakultätsteilung:* UA Heidelberg, Akten der Phil. Fak. WS 1889/90-SS 1890 (Motive Bl. 66 f.); H. Weisert - E. Wolgast, 600 Jahre Universität Heidelberg im Spiegel von 14 Dokumenten (Heidelberg 1986), S. 28 f.; Riese, S. 80 ff.

112 *Lehrkörpervergrößerung:* Ministerium, Schulstatistik, S. 1 ff. 80; Riese, S. 356 (Tab. 17). - *Assistenten:* Riese, S. 170 ff. - *Nichtordinarienbewegung:* Riese, S. 172 ff. - *Reform 1911:* Weisert, Verfassung, S. 104 ff. - *Talare:* Gerber Bd. 2, S. 220 f. - *Seminarreform:* Riese, S. 195 ff.; W. Eisinger, in: Semper apertus Bd. 4, S. 29 ff.

113 *Statut 1867:* Hintzelmann, S. 224 f. - *Assistent:* Samuel Brandt; Riese, S. 199; Drüll, S. 27. - *Seminarstatuten:* Hintzelmann, S. 235 ff. 226. - *Neue Seminare:* Riese, S. 202 ff.; Hinz, Die Ruprecht-Karl-Universität, S. 42 ff. - *Gebäudesituation:* Ministerium, Schulstatistik, S. 11 f. 84 f. - *Wunsch nach Neubau und Renovierung der*

Alten Universität: Verhandlungen des Landtags 1883/84 Beilagenheft 5, S. 313 f.; Ruperto-Carola. Illustrirte Fest-Chronik der V. Säcularfeier der Univ. Heidelberg (Heidelberg 1886), S. 97; S. Juschka, in: Doerr, Semper apertus Bd. 5, S. 54.

114 *Museumsgebäude:* Kaufpreis 375 000 M; D. Griesbach u. a., in: Doerr, Semper apertus Bd. 5, S. 79. - *Universitätsbibliothek:* H. Grammbitter-Ostermann, in: Doerr, Semper apertus Bd. 5, S. 184 ff. (Bauaufwand 1 993 000 M). - *Seminarienhaus:* S. Gensichen, in: Doerr, Semper apertus Bd. 5, S. 118 ff. - *Vorschlag Duhns:* Riese, S. 211 f. - *Physikalisches Institut:* B. Auer, in: Doerr, Semper apertus Bd. 5, S. 446 ff. - *Klinikviertel:* O. Becker, in: Ruperto-Carola. Illustrirte Fest-Chronik der V. Säcularfeier d. Univ. Heidelberg (Heidelberg 1886), S. 180 f. 185 ff.; F. Knauff, Das neue academische Krankenhaus in Heidelberg (München 1879); J. Schneider, in: Doerr, Semper apertus Bd. 5, S. 382 ff.

115 *Frequenz und Vergleich mit Freiburg:* Weisert, Verfassung, S. 153 ff.; Riese, S. 342 ff. (Tab. 3/4); eine Aufschlüsselung des Einzugsgebiets und der sozialen Herkunft der Studenten des WS 1845/46 vgl. im Historischen Atlas für Baden-Württemberg Karte IX/7 (mit Beiheft von J. Kerkhoff, Stuttgart 1980).

116 *Russische Studenten:* Sperling, S. 59 f.; H. Neubauer, in: Heidelberger Jahrbücher Bd. 24/1980, S. 81 ff. - *Frauenstudium:* H. Krabusch, in: RC Jg. 8 H. 19/1956, S. 135 ff.; W. Schönfeld, in: RC Jg. 13 H. 29/1961, S. 198 ff.; Weisert, Verfassung, S. 108 ff.; Riese, S. 38 f.

117 *Verbindungen:* Wentzcke-Heer Bd. 3, S. 43 ff. 169 ff.; Zahlen bei Hintzelmann, S. 250 ff.; Sperling, S. 21 ff. Zitat: Das Corpsleben, S. 78 f. - *Studentenvertretungen:* Hintzelmann, S. 246 ff. (Statut von 1885); Sperling, S. 17 ff.; Weisert, Verfassung, S. 106 ff.

118 *Professoren:* Drüll. - *Zitat Troeltsch:* Heidelberger Jahrbücher Bd. 20/1976, S. 25. - *Landtagsdebatte:* Verhandlungen der 1. Kammer 1909/10, S. 149 f. 162 ff.

119 *Professoren:* Drüll. - *Philosophie:* Wiehl.

120 *Professoren:* Drüll.

121 *Heidelberger Geist:* M. Weber, Max Weber, S. 463 ff.; E. Salin, Um Stefan George, 2. Aufl. (München-Düsseldorf 1954), S. 11 ff.; G. Radbruch, Der innere Weg (Stuttgart 1951), S. 87 ff.; A. Weber, in: E. Kern (Hrsg.), Wegweiser in der Zeitwende (München-Basel 1955), S. 62 ff.; Tompert, S. 41 ff.; R. Sühnel, in: Doerr, Semper apertus Bd. 3, S. 259 ff. - *Eranos-Kreis:* Gothein, S. 148 ff.; Tompert, S. 43 f. - *Zitat:* H. Driesch, Lebenserinnerungen (München-Basel 1951), S. 149. - *Sternwarte:* Riese, S. 251 ff. - *Institut Czernys:* G. Wagner, in: Doerr, Semper apertus, Bd. 4, S. 229 ff. - *Akademie:* U. Wennemuth, in: Doerr, Semper apertus Bd. 4, S. 290 ff.; Zitat Koenigsberger: Die Eröffnungsfeier der Heidelberger Akademie der Wissenschaften (Stiftung Heinrich Lanz) vom 3. Juli 1909 (Heidelberg 1909), S. 20.

122 *Frankfurt und M. Webers Stellungnahme:* P. Kluke, Die Stiftungsuniversität Frankfurt am Main 1914–1932 (Frankfurt/M. 1972), S. 80 f. - *Mannheim:* B. Kirchgässner, in: Die Stadt- und die Landkreise Heidelberg und Mannheim (Amtliche Kreisbeschreibung) Bd. 3 (Karlsruhe 1970), S. 357 ff.; Riese, S. 308 ff.; E. Gaugler (Hrsg.), Die Universität Mannheim in Vergangenheit und Gegenwart (Mannheim 1976). - *Studenten:* Weisert, Verfassung, S. 158. - *Troeltsch:* Verhandlungen der 1. Kammer 1909/10, S. 148 ff.; 1912, S. 78 ff. - *Botanischer Garten:* E.-M. Schroeter, in: Doerr, Semper apertus Bd. 5, S. 478 ff.

123 *Studentenzahlen:* Weisert, Verfassung, S. 158. - *Zahl der Toten:* Die Universität Heidelberg ihren Toten des großen Kriegs zum Gedächtnis. 16. Juli 1919 (Heidelberg 1919). - *Aufruf an die Kulturwelt:* K. Böhme (Hrsg.), Aufrufe und Reden deutscher Professoren im Ersten Weltkrieg (Stuttgart 1975), S. 47 f. - *Delbrück-Erklärung:* K. Böhme (Hrsg.), Aufrufe und Reden, S. 135 ff. - *Aufruf gegen Vaterlandspartei:* Böhme, S. 185 f.; Unterschriftenliste: Frankfurter Zeitung vom 24. 10. 1917 (Nr. 294, erste Morgenausgabe), S. 2.

124 *Oncken:* Die Universität Heidelberg ihren Toten des großen Kriegs zum Gedächtnis. 16. Juli 1919 (Heidelberg 1919), S. 8.

125 *Rektoramt:* Weisert, Verfassung, S. 113; UA Heidelberg, Senatsprotokolle (Mai 1932).

126 *Verfassung 1919:* Gerber Bd. 2, S. 225 f.; Weisert, Verfassung, S. 114 ff. - *Emeritierung:* O. Fischer, in: Handwörterbuch der Rechtswiss. Bd. 2 (Berlin-Leipzig 1926), S. 271 f.; das seit 1881 geltende Recht bei Jellinek, S. 53 f. - *Staatswiss. Kommission:* Weisert, Verfassung, S. 115 f.

127 *Zitate:* C. Zuckmayer: Als wär's ein Stück von mir (Frankfurt 1966), S. 286; J. Kuczynski, Memoiren (Berlin-Weimar 1973), S. 60. Kritisch: H. Marx, Werdegang eines jüdischen Staatsanwaltes und Richters in Baden (Villingen 1965), S. 152 f. - *Politischer Club:* Döring, S. 125 f.; schon im Febr. 1919 wurde die ›Arbeitsgemeinschaft für Politik des Rechts (Heidelberger Vereinigung)‹ unter maßgeblicher Beteiligung von M. Weber begründet; an ihr beteiligten sich Oncken, Thoma und A. Weber; vgl. Preuß. Jahrbücher Jg. 1919, S. 319 f.; Döring, S. 63. - *Andreas' Stellungnahme:* Döring, S. 125. - *Aufruf 1924:* Heidelberger Tageblatt 5. 12. 1924.

128 *Lenard:* R. Neumann - G. Frhr. zu Putlitz, in: Doerr, Semper apertus Bd. 3, S. 376 ff. - *Dibelius:* Heidelberger Tageblatt 22. 4. 1925; K. Nowak, Evangelische Kirche und Weimarer Republik (Weimar 1981), S. 166. 285. - *Anschütz:* Döring, S. 161 ff. (Zitat S. 195 aus mss. Lebenserinnerungen Anschütz'). - *Thoma:* Döring, S. 158 ff. (Zitat: Zs f. die gesamte Staatswissenschaft Bd. 80/1926, S. 360). - *Anschütz 1922:* G. Anschütz, Drei Leitgedanken der Weimarer Reichsverfassung (Tübingen 1923), S. 26.

129 *Hindenburgwahl:* Heidelberger Tageblatt 12. 3. 1932. - *Weimarer Kreis:* Döring. - *Stresemann:* Reden bei dem Akt der Ehrenpromotionen des Reichsministers Dr. Stresemann und des Botschafters ... Dr. Schurman (Heidelberg 1928), S. 21. - *Anschütz 1922:* G. Anschütz, Drei Leitgedanken der Weimarer Reichsverfassung (Tübingen 1923), S. 34. - *Andreas:* W. Andreas, Kämpfe um Volk und Reich (Stuttgart-Berlin 1934), S. 199 ff. - *Universität Padua:* E. Wende, C. H. Becker (Stuttgart 1959), S. 249 (in UA Heidelberg kein Beleg).

130 *Orientierung der Studenten:* Zorn; A. Faust, Der Nationalsoz. Dt. Studentenbund. Studenten und Nationalsoz. in der Weimarer Republik, 2 Bde. (Düsseldorf 1973); Kreutzberger; M. H. Kater, Studentenschaft und Rechtsradikalismus in Deutschland 1918-1933 (Hamburg 1975); M. H. Steinberg, Sabers and Brown Shirts. The German Students' Path to National Socialism, 1918-1935 (Chicago-London 1973). - *Burschenschaftertag 1920:* Zitat Zorn, S. 267. - *Zitat Gumbel:* Mitteilungen des Sozialdemokrat. Intellektuellenbundes 1930 (zit. bei Chr. Peters - A. Weckbecker, Auf dem Weg zur Macht. Zur Geschichte der NS-Bewegung in Heidelberg 1920-1934, Heidelberg 1983, S. 137). - *Wahlergebnisse:* Heidelberger Tageszeitungen bzw. ›Der Heidelberger Student‹ (ab 1929). - *Studentische Verfassung:* Mitgau; Weisert, Verfassung, S. 116 ff.

131 *Satzungsänderungen und Konflikte:* E. R. Huber, Deutsche Verfassungsgeschichte Bd. 6 (Stuttgart usw. 1981), S. 1009 ff. 1019 f. - *Ermächtigung 1930:* UA

Heidelberg, Protokolle Engerer Senat (17.2. 1930); das Verbot wurde erst im SS 1933 aufgehoben (›Heidelberger Student‹ SS 1933 Nr. 1).

132 ›*Arbeitsamt‹:* E. W. Wreden – G. Bundesmann, 125 Jahre Heidelberger Allemannen (Heidelberg 1981), S. 166 f. – *Konflikt Regierung-Studenten:* Huber Bd. 6, S. 1019 f.; Studenten um 1931 vgl. G. Mann, in: Merkur Jg. 36/1982, S. 1198 ff.; Weisert, Verfassung, S. 119 ff. – *Fall Ruge:* Huber Bd. 6, S. 990 f.; Chr. Peters – A. Weckbecker, Auf dem Weg zur Macht (Heidelberg 1983), S. 46 ff. – *Fall Lenard:* H. Marx, Werdegang eines jüdischen Staatsanwalts und Richters in Baden (Villingen 1965), S. 167 ff.; Peters-Weckbecker, S. 60 ff.

133 *Fall Gumbel:* Huber Bd. 6, S. 994 ff.; Drüll, S. 95; Chr. Jansen, Der ›Fall Gumbel‹ und die Heidelberger Universität 1925–1932 (mss. Staatsexamensarbeit Heidelberg 1981; vorh. UA Heidelberg); F. J. Lersch, in: K. Holl – W. Wette, Pazifismus in der Weimarer Republik (Paderborn 1981), S. 113 ff.; W. Benz, in: U. Walberer (Hrsg.), 10. Mai 1933. Bücherverbrennung und die Folgen (Frankfurt 1983), S. 160 ff.; Peters-Weckbecker, S. 147 ff.; P. A. Schilpp (Hrsg.), Philosophen des 20. Jh.s: Karl Jaspers (Stuttgart 1957), S. 38 ff.; J.-F. Leonhard (Hrsg.), Karl Jaspers in seiner Heidelberger Zeit (Heidelberg 1983), S. 91 ff.; UA Heidelberg, PA Gumbel.

134 *Fall Dehn:* Huber Bd. 6, S. 999 f.; G. Dehn, Kirche und Völkerversöhnung. Dokumente zum Hallischen Universitätskonflikt (Berlin 1931).

135 *Stellungnahme Dibelius':* Dehn, S. 42 f. – *Professorenerklärung:* Dehn, S. 45. – *Studentenzahlen:* Weisert, Verfassung, S. 158 f. – *Urteil Webers:* E. Kern (Hrsg.), Wegweiser in der Zeitwende (München-Basel 1955), S. 69.

136 *Zitat Mannheim:* K. Mannheim, Mensch und Gesellschaft im Zeitalter des Umbaus (Darmstadt 1958), S. 124 Anm. – *Ferienkurse:* D. Raff, in: RC Jg. 30 H. 61/1978, S. 32 ff. – *Lebenshaltungskosten:* Angaben in den Heidelberger Universitätskalendern (in jedem Semester erschienen).

137 *Sozialfürsorge:* Jahresberichte der Rektoren; ergänzendes Material in UA Heidelberg. – *Universitätssport:* U. Jost, Die Entwicklung des Sports an der Universität Heidelberg nach dem Ersten Weltkrieg bis ins Jahr 1965 (mss. Zulassungsarbeit Heidelberg 1983) (vorhanden: Fränkisch-Pfälzisches Institut der Univ. Heidelberg). – *Neue Institute:* Hinz, Die Ruprecht-Karl-Universität, S. 42 ff.

138 *Schwoerer:* J. Schwoerer, in: RC Jg. 17 H. 37/1965, S. 225 ff.; H. Heiber, Walter Frank und sein Reichsinstitut für die Geschichte des neuen Deutschlands (Stuttgart 1966), S. 1271 s. v. – *Fächerkonzentration:* H. Köhler, Lebenserinnerungen des Politikers und Staatsmanns (Stuttgart 1964), S. 119 ff. – *Neubauten:* Th. Hoffmann, in: Doerr, Semper apertus Bd. 5, S. 432 ff.; S. Kreutz, in: ebd., S. 576 ff. – *Denkschrift:* Als Manuskript gedruckt Heidelberg 1925 (Zitate S. 7. 13. 19). 1929 erschien eine weitere ›Denkschrift über den Zustand der math.-naturwiss. Institute an der Universität Heidelberg‹ (Heidelberg 1929): Forderung neuer Gebäude und Vermehrung der Betriebsmittel.

139 *Marstallgebäude:* U. Fahrbach, in: Doerr, Semper apertus Bd. 5, S. 247 ff. – *Neue Universität:* Jahresberichte der Rektoren seit 1928; D. Griesbach – A. Krämer – M. Maisant, Die Neue Universität in Heidelberg (Heidelberg 1984); dies., in: Doerr, Semper apertus Bd. 5, S. 79 ff. – *Schurmanspende:* D. Junker, in: Doerr, Semper apertus Bd. 3, S. 328 ff.

140 *Heidelberger Geist:* L. Curtius, Deutsche und antike Welt (Stuttgart 1952), S. 360 ff.; R. Sühnel, in: Doerr, Semper apertus Bd. 3, S. 259 ff. – *Zitat Gutzwiller:*

M. Gutzwiller, Siebzig Jahre Jurisprudenz (Basel 1978), S. 100. – *Zitat Weber:*
E. Kern (Hrsg.), Wegweiser in der Zeitwende (München-Basel 1955), S. 64; kritisch
auch B. v. Wiese, Ich erzähle mein Leben (Frankfurt 1982), S. 68: ›In der Hingabe
an den lebendigen Geist, die in Heidelberg auch exaltiert getrieben wurde, lag die
Gefahr, daß hier allzu bindungslose Intellektuelle nicht mehr die soziale und politische Welt mit ihren Schranken und Härten zu sehen vermochten.‹ Gegenbild zur
Spätblüte Heidelberger Geistigkeit: H. Glockner, Heidelberger Bilderbuch (Bonn
1969). – *Lehrkörperbestand:* Weisert, Verfassung, S. 151.

141 *Zitat Regenbogen:* RC Jg. 5 H. 11–12/1953, S. 89. – *Professoren:* Drüll.

142 *Universität unter dem Nationalsozialismus:* Vezina; Mußgnug; E. Wolgast,
Die Universität Heidelberg im Dritten Reich. In: Studium Generale WS 1985/86
(Heidelberg 1986; erweitert in: ZGO Bd. 135/1987); ders., in: Heidelberger Jahrbücher Bd. 28/1984, S. 41 ff.; L. Siegele-Wenschkewitz, Die Theologische Fakultät
im Dritten Reich, in: Doerr, Semper apertus Bd. 3, S. 504 ff. – *Zitat Curtius:* L. Curtius, Deutsche und antike Welt (Stuttgart 1952), S. 377.

143 *Machtergreifung:* H. Rehberger, Die Gleichschaltung des Landes Baden
1932/33 (Heidelberg 1966); ders., in: Oberrheinische Studien Bd. 2/1973, S. 202 ff.;
Th. Schnabel (Hrsg.), Die Machtergreifung in Südwestdeutschland (Stuttgart usw.
1982).

144 *Reichsgründungsfeier:* W. Salomon-Calvi, Die Bedeutung der Bodenschätze
und Bodenformen für Deutschlands politische, kulturelle und wirtschaftliche Entwicklung (Heidelberg 1933). – *Säuberung:* Vezina; UA Heidelberg, B-3026/4; Personalakten der Betroffenen.

145 *Zahlen:* Die Angaben in der Literatur über das Ausmaß der Säuberungen
sind widersprüchlich, weil den Berechnungen unterschiedliche Kategorien zugrun-
degelegt werden. Die oft übernommenen Zahlen von E. J. Gumbel, in: ders.,
(Hrsg.), Freie Wissenschaft. Ein Sammelband aus der deutschen Emigration
(Straßburg 1938), S. 15 ff. beruhen auf unzureichenden Informationen. Bei anderen
Autoren, so zuletzt A. Weckbecker, Die Judenverfolgung in Heidelberg 1933–1945
(Heidelberg 1985), S. 156, sind alle Professoren zusammengefaßt und den Dozenten gegenübergestellt, ohne zu bemerken, daß sinnvoll nur zwischen beamteten
(Ordinarien und Extraordinarien) und unbeamteten (außerplanmäßigen) Professo-
ren, verbunden mit den Privatdozenten, unterschieden werden kann. Grundlage
der eigenen Berechnungen sind die Angaben im Personal- und Vorlesungsverzeichnis WS 1932/33, wobei bei den planm. a. o. Prof. der bereits pensionierte Jurist
Weidenreich ebenso wenig mitzurechnen ist wie bei den Honorarprofessoren die
nicht mehr lehrenden Professoren Seng, Walz, Grupe, Brandt, Hülsen, Altmann,
Sillib, Curtius, Steinhausen, Koch, Goldschmidt, Rasch und Strecker. Der Ordinarius f. Geographie Sölch kann nicht zu den Vertriebenen gerechnet werden, da er
nach seiner Berufung nach Wien 1934 dort bis zum Ende des Dritten Reiches un-
angefochten im Amt blieb. – *Blessing:* Volksgemeinschaft 3. 5. 1933; K. Heidel –
Chr. Peters, in: J. Schadt – M. Caroli (Hrsg.), Heidelberg unter dem Nationalsozialismus (Heidelberg 1985), S. 85 f.

146 *Boykott:* UA Heidelberg, PA Jellinek, Levy, Liebmann, Rosenthal; Vezina,
S. 108 f. – *Prüfungsverbot:* Vezina, S. 105. – *Täubler:* UA Heidelberg, PA Täubler. –
Perels–Ulmer: Bollmus, S. 119. – *Salomon-Calvi:* UA Heidelberg, PA Salomon-
Calvi. – *Lemberg:* UA Heidelberg, PA Lemberg. – *Protest der Mediziner:* P. Sauer
(Hrsg.), Dokumente über die Verfolgung der jüdischen Bürger in Baden-Württem-
berg durch das nationalsoz. Regime 1933–1945 Bd. 1 (Stuttgart 1966), S. 117 ff.

147 *Naturw.-math. Fakultät:* UA Heidelberg, Nat.-math. Fak. 1932/33, Bl. 46; B-3026/4, Bl. 61 f. – *Jost:* UA Heidelberg, B-3026/4, Bl. 92 f. – *Salis:* UA Heidelberg, Phil. Fak. 1933 (17. 5. 1933). – *Juristische Fakultät:* Mußgnug, S. 471 f. – *Radbruch:* UA Heidelberg, PA Radbruch. – *Senatsprotest:* Sauer Bd. 1, S. 120 f. – *Liste:* UA Heidelberg, B-3026/4, Bl. 72 ff. – *Gumbel:* Erschienen Straßburg 1938.

148 *Studentische Säuberung:* UA Heidelberg, B-1818/3; 8057/2.3 – *Schmitthenner 1938:* GLA Karlsruhe, 235/29790; Akten Kriegsgeschichtl. Seminar im Hist. Seminar (Rundschreiben 10. 11. 1938). Die Aktion wurde durch das Ministerium unterbunden; vgl. K. Pätzold (Hrsg.), Verfolgung – Vertreibung – Vernichtung (Leipzig 1984), S. 222. – *Fahnenhissung:* E. Demm, in: Heidelberger Jahrbücher Bd. 26/1982, S. 69 ff. – *Universitätskalender:* SS 1933, S. 5 ff. – *Schirmherrschaftsbitte:* UA Heidelberg, B-1015/4, Bl. 67 f.

149 *1. Mai:* UA Heidelberg, B-1837/8; Mußgnug, S. 480 f.; J.-F. Leonhard (Hrsg.), Bücherverbrennung (Heidelberg 1983), S. 34 f. – *Reichsgründungsfeier:* UA Heidelberg, B-1837/4. – *Bücherverbrennung:* Cl. Zimmermann, in: J.-F. Leonhard (Hrsg.), Bücherverbrennung (Heidelberg 1983), S. 55 ff. – *Telegramm an Hitler Okt. 1933:* 7/Volksgemeinschaft 19. 10. 1933. – *Hitlergruß:* UA Heidelberg, B-3027/1; B-1015/4. – *Fassadenschmuck:* M. Lurz, Der plastische Schmuck der Neuen Universität (Heidelberg 1975; Veröff. zur Heidelberger Altstadt Heft 12); D. Griesbach u. a., Die Neue Universität (Heidelberg 1984), S. 71 ff. – *Bildersturm:* UA Heidelberg, B-1015/4.

150 *Führerverfassung:* Gerber Bd. 2, S. 228 ff.; Weisert, Verfassung, S. 127 ff. – *Reichseinheitliche Regelung:* Gerber Bd. 2, S. 231 f.; Weisert, Verfassung, S. 129 ff. – *Gremiengleichschaltung:* Vezina, S. 58 ff.

151 *Andreas' Denkschrift:* UA Heidelberg, B-1011/4; 1015/3; Weisert, Verfassung, S. 128. – *Grohs Distanzierung:* Mußgnug, S. 477. – *Führerstab:* Vezina, S. 79 ff.

152 *Kriecks Führervorstellung:* E. Krieck, in: Volk im Werden Bd. 5/1937, S. 57 ff.

153 *Schneider 1935:* UA Heidelberg. – *Lehraufträge:* Vorlesungsverzeichnisse; UA Heidelberg, PA; Vezina, S. 169 f.

154 *Lehrauftrag Völkische Weltanschauung:* UA Heidelberg, PA Lacroix. – *Lehrkörperbestand:* Weisert, Verfassung, S. 151. – *Professoren:* Drüll; Vezina.

155 *Groh:* UA Heidelberg, PA Groh; Vezina, S. 128 Anm. 520. – *Schneider:* UA Heidelberg, PA Schneider; Vezina, S. 156 f.; E. Klee, ›Euthanasie‹ im NS-Staat (Frankfurt/M. 1983), S. 397 ff.; B. Laufs, in: K. Buselmeier (Hrsg.), Auch eine Geschichte der Universität Heidelberg (Mannheim 1985), S. 324 ff. – *Krieck:* UA Heidelberg, PA Krieck; zur Berufung: Vezina, S. 132 f. – *Lob Schmitthenners:* Volk im Werden Bd. 10/1942, S. 147 f.

156 *Lenards Einfluß:* Vezina, S. 146 ff.

157 *Handelshochschule:* Bollmus. – *Institute:* UA Heidelberg; Hinz, Die Ruprecht-Karl-Universität, S. 42 ff. – *Archäologische Sammlung:* UA Heidelberg, PA Fehrle; Hinz, Die Ruprecht-Karl-Universität, S. 46. – *Kriegsgeschichtliches Seminar:* GLA Karlsruhe, 235/29988; Universität Heidelberg. Wegweiser, S. 44 f.; W. H. Ganser, in: Hochschulführer Heidelberg Trimester 1941, S. 37 ff.

158 *Fränkisch-Pfälzisches Institut:* GLA Karlsruhe 235/29965; W. Panzer, in: Hochschulführer Heidelberg WS 1939/40, S. 45 f.; W. Conze, in: Heidelberger Jahrbücher Bd. 23/1979, S. 143 f. – *Volks- und Kulturpolitisches Institut:* UA Heidelberg, B-6675; E.Krieck, in: Volk im Werden Bd.5/1937, S.8ff.; W.Classen, in: Hochschulführer WS 1939/40, S.44f.

159 *Studentenzahlen:* Weisert, Verfassung, S.159f.; H.W.Prahl, Sozialgeschichte des Hochschulwesens (München 1978), S.382. - *Arbeitsdienst:* UA Heidelberg, B-0817/3; H.Weisert, in: RC Jg.27 H.55-56/1975, S.165f. - *Zitat Rust:* G.Rühle (Hrsg.), Das Dritte Reich Bd.1 (Berlin 1934), S.155. - *NSDStB und Deutsche Studentenschaft:* UA Heidelberg, B-8301; Weisert, Verfassung, S.133ff.

160 *SA-Dienst und Pflichtsport:* UA Heidelberg, B-8315; Angaben im Studenten-/Hochschulführer ab WS 1933/34 sowie ›Der Heidelberger Student‹ ab WS 1933/34. - *Arbeitsdienst:* UA Heidelberg, B-0817/3.4; H.Weisert, in: RC Jg.27 H.55-56/1957, S.165f. - *Pflichtvorlesungen:* Vezina, S.167; 1935 wieder abgeschafft. - *Fachschaften:* Studenten-/Hochschulführer ab WS 1933/34; F.Kubach, in: Der Deutsche Student Heft Juli 1936, S.315ff.; Berichte über die Arbeiten in den Fachschaften laufend in ›Der Heidelberger Student‹ ab SS 1934.

161 *Kameradschaften:* UA Heidelberg, B-8409; Hochschulführer WS 1939/40, S.11. - *Mensurerlaubnis:* Volksgemeinschaft 18.4. 1933. - *Anwendung des Arierparagraphen:* E.W.Wreden – G.Bundesmann, 125 Jahre Heidelberger Allemannen (Heidelberg 1981), S.191. - *Corps Vandalia:* ›Der Heidelberger Student‹ SS 1934, Nr.2 S.9; Teilabdruck Chr. Peters – A.Weckbecker (Hrsg.), Auf dem Weg zur Macht (Heidelberg 1983), S.158. - *Corps Saxo-Borussia:* G.J.Giles, in: Darstellungen und Quellen zur Geschichte der deutschen Einheitsbewegung im 19. und 20.Jh. Bd.11/1981, S.134f.

162 *Universitätsjubiläum:* UA Heidelberg, B-1812/1-4; GLA Karlsruhe, 235/ 2396; M.Lurz, in: RC Jg.28 H.57/1976, S.35ff.; lt. Heidelberger Tageblatt 10.7. 1936 betrugen die Kosten der Veranstaltungen 83000 RM. - *Times:* 4.2. 1936.

163 *B.Rust – E.Krieck:* Das nationalsoz. Deutschland und die Wissenschaft (Hamburg 1936) (Zitate S.13f. 18. 23. 28. 31). - *Schließung und Wiedereröffnung:* UA Heidelberg, B-1018/1. 2; Rundschreiben des Rektors und seines Vertreters (in: Akten des Kriegsgeschichtl. Seminars; vorh. Historisches Sem.). - *Ernennung Thoms':* Rundschreiben 17.1. 1940.

164 *Studentenzahlen:* Weisert, Verfassung, S.160. - *Frauen im Universitätsdienst:* UA Heidelberg, B-0726/2; B-0862/3. - *Beurlaubung von Lehrpersonal:* UA Heidelberg, B-0862/1.2; B-1018/1. - *Dienstpflicht:* Hochschulführer 1941, S.21; zivile Reichsverteidigung, Schanzeinsatz und Volkssturm: B-0862/1-7; B-3028.

165 *Beurlaubungen:* UA Heidelberg, B-0815; B-0861/2 - *Zulassungsbeschränkungen:* UA Heidelberg, B-1018/2; Vorlesungsverzeichnisse SS 1944 und WS 1944/45. - *Goebbels in Heidelberg:* UA Heidelberg, B-0704/2; H.Heiber (Hrsg.), Goebbels-Reden Bd.2 (Düsseldorf 1972), S.240ff. (Zitat S.254). - *Goebbels' Rede 1944:* Ebd., S.360ff. (Zitat: S.392).

166 *Kriegswichtige Forschung:* UA Heidelberg, B-0862/3. - *Neue Institute:* UA Heidelberg, B-6693/1; B-0726/2; PA Wesch. - *Umfrage 1943:* UA Heidelberg, B-0862/4. - *Verlegungsanordnung:* UA Heidelberg, B-0862/5.

167 *Universität nach 1945:* Quellengrundlage: Senats- und Fakultätsprotokolle; Jahresberichte der Rektoren, veröffentlicht in oder als Beilage zu RC; ›Unispiegel‹ ab 1968; V.Sellin, Die Universität Heidelberg in der Geschichte der Gegenwart 1945-1985. In: Studium Generale WS 1985/86 (Heidelberg 1986). - *Bemühungen um Wiedereröffnung und Erneuerung:* F.Ernst, in: Heidelberger Jahrbücher

Bd. 4/1960, S. 1 ff.; R. de Rosa (Hrsg.), Karl Jaspers – K. H. Bauer, Briefwechsel 1945–1968 (Berlin-Heidelberg-New York-Tokyo 1983); ders., in: Doerr, Semper apertus Bd. 3, S. 544 ff. – *Teilnehmer der ersten Sitzung:* de Rosa (Hrsg.), Jaspers – Bauer, S. 75 (so auch de Rosa, in: Semper apertus, S. 546); K. Jaspers, in: Heidelberger Jahrbücher Bd. 5/1961, S. 10. – *Dreizehnerausschuß:* Bauer, Vom neuen Geist, S. 1 f. 268 f.; Ernst, in: Heidelberger Jahrbücher Bd. 4 (1960), S. 5 f. – *Hoops als Übergangsrektor:* Kritik an seiner Amtsführung im Senatsprotokoll 11. 7. 1945 (UA Heidelberg, Prot. 1945–47); Bauer, Vom neuen Geist, S. 12 ff.; F. Ernst, in: Heidelberger Jahrbücher Bd. 4/1960, S. 3 ff.

168 *Jaspers über Bauer:* Jaspers, Schicksal und Wille, S. 168. – *Fakultäteneröffnung:* UA Heidelberg, Senats- und Fakultätsprotokolle 1945–1947; Bauer, Vom neuen Geist, S. 42 ff.

169 *Jellinek:* Vielfach in UA Heidelberg, Senats- und Fakultätsprotokolle sowie Personalakten.

170 *Ehrensenator:* UA Heidelberg, PA Jaspers; de Rosa, Jaspers-Bauer, Briefwechsel, S. 43. – *Enttäuschung:* Schon Sept. 1946 an Hannah Arendt: ›Ich habe niemals bis 1937 so wenig mir zugeneigte Stimmung im Auditorium gehabt wie jetzt. … Unter der Hand werde ich beschimpft. Von Kommunisten als Schrittmacher des Nationalsoz., von Trotzigen als Landesverräter (L. Köhler – H. Saner, Hrsg., Hannah Arendt/Karl Jaspers, Briefwechsel 1926–1969, München 1985, S. 95). – *Satzung:* Druck Heidelberg 1946; Weisert, Verfassung, S. 140 ff.

171 *Jaspers' konservative Revolution:* Jaspers, Schicksal und Wille, S. 168 ff.; ders., Die Idee der Universität (Berlin 1946), S. 75 ff.; R. de Rosa, in: Doerr, Semper apertus Bd. 3, S. 547 f. – *Rückverlagerung Mannheim:* UA Heidelberg, Senatsprotokolle 1945–1947; K. Borchardt, in: Die Stadt- und die Landkreise Heidelberg und Mannheim Bd. 3 (Karlsruhe 1970), S. 365 ff. – *Institutionelle Regelungen:* Weisert, Verfassung, S. 146 ff. – *Zulassungsbeschränkungen und Vorsemesterkurse:* UA Heidelberg; Vorlesungsverzeichnisse; Bauer, Vom neuen Geist, S. 273; W. Schmitthenner, in: Doerr, Semper apertus Bd. 3, S. 576 ff.

172 *Studentenzahlen:* Weisert, Verfassung, S. 161 f. – *Ausländische Studenten:* RC Bd. 1/1949, S. 19. – *Ferienkurse:* D. Raff, in: RC Jg. 30 H. 61/1978, S. 39 ff.

173 *Wohnungsnot:* UA Heidelberg, Senats- und Fakultätsprotokolle; Bauer, Vom neuen Geist, S. 274; Vorlesungsverzeichnisse. – *Sozialfürsorge:* Jahresberichte der Rektoren; Milchkühe: Jahresbericht Geiler, in: RC Jg. 2 Febr. 1950, S. 11; Lebensmittelzuwendungen an Professoren: UA Heidelberg, Sitzungsprotokolle des Senats (13. 4. 1948; 11. 5. 1948). – *Collegium Academicum:* Bauer, Vom neuen Geist, S. 272; ders., in: H. v. Campenhausen (Hrsg.), Aus der Arbeit der Universität 1946/47 Heft 3 (Berlin-Heidelberg 1948), S. 3 f.; H. U. Störzer, in: RC Jg. 27 H. 55–56 /1975, S. 121 ff.; G. Steffens, in: K. Buselmeier (u. a. Hrsg.), Auch eine Geschichte der Universität Heidelberg (Mannheim 1985), S. 381 ff.; W. Schmitthenner, in: Doerr, Semper apertus Bd. 3, S. 586 ff.

174 *Neue Studentenvereinigungen:* W. Schmitthenner, in: Doerr, Semper apertus Bd. 3, S. 589 ff. RC Bd. 1/1949, S. 22 f. sind 25 zugelassene studentische Vereinigungen aufgeführt. – *Verbindungen:* RC Bd. 2/1950, S. 16 f.; H. Amberger, in: Burschenschaftliche Bücherei NF Bd. 7/1953, S. 17 ff.; W. Schmitthenner, in: Doerr, Semper apertus Bd. 3, S. 601. 607 ff. – *Zitat Schlink:* RC Jg. 6 H. 15–16/1954, S. 10. – *Entlassungen:* UA Heidelberg, Personalakten; Vorlesungsverzeichnisse; Kürschner, Gelehrtenlexikon. Zur Staats- und Wirtschaftswiss. Fak. sind nur die zwei Ordinarien gerechnet, die nicht zugleich einer anderen Fakultät angehörten. – *Bauer*

1946: H. v. Campenhausen (Hrsg.), Aus der Arbeit der Universität Heft 3 (Berlin-Heidelberg 1948), S. 3 ff.

175 *Jaspers:* UA Heidelberg, Prot. der Philosoph. Fakultät 1945–1947 (Sitzung 16. 2. 1946); Jaspers in derselben Sitzung: ›Alle Handlungen der nationalsoz. Regierung haben geringeren Rechtscharakter.‹ Nur Hellpach stimmte Jaspers zu, daß ›im Kollisionsfall‹ der frühere Amtsinhaber den Vorrang verdiene.

176 *Senatsbeschluß:* Heidelberg, Senatsprotokolle 1945–1947; zur Rehabilitierung vgl. auch den Beschluß der Konferenz der Rektoren der brit. Besatzungszone, 26. 9. 1945, in: R. Neuhaus (Hrsg.), Dokumente zur Hochschulreform 1945–1959 (Wiesbaden 1961), S. 15 f. Eine ähnliche Erklärung hatte Jaspers auch im Heidelberger Senat angeregt, sie war an die Rektorenkonferenz verwiesen worden (3. 1. 1947). – *Sultan:* UA Heidelberg, PA Sultan; Prot. der Fak.-Sitzung 16. 2. 1946: ›Fall des einfachen Wiederauflebens der Venia‹. – *Wiedergutmachung:* Schon 1946 wurde im Senat als Standpunkt der Regierung wiedergegeben, ›daß die zu Rehabilitierenden nur Anspruch auf Pension bzw. Emeritierung haben‹, nicht aber auf Rückkehr in ihr altes Amt (UA Heidelberg, Senatsprotokolle 1945–1947; 12. 3. 1946). – *Lehrkörperbestand:* Jahresberichte der Rektoren.

177 *Fall Schnabel:* UA Heidelberg, Lehrstuhl Geschichte; GLA Karlsruhe, Nachlaß Köhler; Fak.- und Senatsprotokolle 1947; Verhandlungen Württemberg-Badischer Landtag 1946–1950 Bd. 2, S. 1078 ff. (Zitat Köhler: S. 1078. 1189; Zitat Heuss: S. 1176). – *Studentenzahlen:* Weisert, Verfassung, S. 161 f.; Jahresberichte der Rektoren; eine Aufschlüsselung des Einzugsbereichs und der sozialen Herkunft der Studenten des WS 1960/61 vgl. im Historischen Atlas von Baden-Württemberg Karte IX/7 (mit Beiheft von J. Kerkhoff, Stuttgart 1980).

178 *Wissenschaftsrat:* Empfehlungen des Wissenschaftsrates zum Ausbau der wissenschaftlichen Einrichtungen Bd. 1 (Tübingen 1960), S. 238 ff. – *Chemisches Institut:* H. A. Staab, in: Anlage zu RC Jg. 21 H. 46/1969, S. 16 f. Vgl. auch die Graphik zur Differenzierung der Chirurgie in: Heidelberger Jahrbücher Bd. 27/1983, S. 67. – *Neue Institute:* Vorlesungsverzeichnisse; Jahresberichte der Rektoren; Hinz, Ruprecht-Karl-Universität, S. 42 ff.

179 *Klinikum Mannheim:* Jahresberichte der Rektoren seit 1964. – *Krebsforschungszentrum:* G. Wagner, in: Doerr, Semper apertus Bd. 4, S. 238 ff. – *Äußere Expansion:* Vgl. Generalbebauungsplan in: RC Jg. 4 H. 7–8/1952, S. 142 ff.; Faltpläne in: Doerr, Semper apertus Bd. 6. – *Neubauten Neuenheimer Feld:* A. Schmitt, in: Doerr, Semper apertus Bd. 5, S. 514 ff.

180 *Neu- und Umbauten Altstadt:* Doerr, Semper apertus Bd. 5, passim. – *Institutionelle Reformen:* Jahresberichte der Rektoren in: RC. – *Zitat Baldinger:* Jahresbericht 1968/69, in: Anlage zu RC Jg. 21 H. 47/1969, S. 58.

181 *Zitat Hall:* K.-H. Hall, in: Kulturverwaltungsrecht im Wandel. Festschrift Th. Oppermann (Stuttgart usw. 1981), S. 23.

182 *Studentenbewegung:* Jahresberichte der Rektoren ab 1968/69; Unispiegel ab 1969; Dokumentationen; Flugblattsammlungen; B. Braunbehrens u. a., in: K. Buselmeier (u. a. Hrsg.), Auch eine Geschichte der Universität Heidelberg (Mannheim 1985), S. 411 ff. V. Sellin, in: Studium Generale WS 1985/86 (Heidelberg 1986).

183 *Zitate und Zahlenangaben:* Rektoratsberichte mit Anlagen.

184 *Hochschulgesamtplan:* Kultusministerium Baden-Württemberg (Hrsg.), Hochschulgesamtplan II für Baden-Württemberg (Villingen-Schwenningen 1972), S. 70.

Quellen- und Literaturverzeichnis

(Auswahlbibliographie)

1. Bibliographien

Erman, W.; Horn, E. (1904/1905) Bibliographie der deutschen Universitäten.
3 Bde. Leipzig (Nachdruck 1965; über Heidelberg: Bd. 2, S. 404 ff.)
Stark, E.; Hassinger, E. (1974) Bibliographie zur Universitätsgeschichte 1945–1971.
Freiburg, München

2. Quellen

a) Ungedruckte Quellen

Universitätsarchiv Heidelberg
Universitätsbibliothek Heidelberg
Badisches Generallandesarchiv Karlsruhe

b) Gedruckte Quellen

Eulenburg, F. (1904) Die Frequenz der deutschen Universitäten von ihrer Grün-
dung bis zur Gegenwart. Leipzig (Abh. der Phil.-Hist. Kl. der Sächs. Ges. der
Wissenschaften Bd. 24,2)
Hintzelmann, P. (Hrsg.) (1886) Almanach der Universität Heidelberg für das Jubi-
läumsjahr 1886. Heidelberg
Hinz, G. (Hrsg.) (1953) Studienführer der Ruprecht-Karl-Universität, 1. Aufl. Hei-
delberg (7. Aufl. ebd. 1967)
Jellinek, G. (Hrsg.) (1908) Gesetze und Verordnungen für die Universität Heidel-
berg, Heidelberg
Kasper, G.; Huber, H.; Kaebsch, K.; Senger, F. (Hrsg.) (1942/1943) Die deutsche
Hochschulverwaltung. Sammlung der das Hochschulwesen betreffenden Geset-
ze, Verordnungen und Erlasse. 2 Bde. Berlin
Ministerium des Kultus und Unterrichts (Hrsg.) (1912) Badische Schulstatistik. Die
Hochschulen. Die Ergebnisse der statistischen Ermittlungen aus dem 19. Jahr-
hundert sowie für die Zeit vom Wintersemester 1900/01 bis mit Sommersemester
1910. Karlsruhe
Toepke, G. (Hrsg.) (1884–1916) Die Matrikel der Universität Heidelberg. 7 Bde.
Heidelberg
Thorbecke, A. (Hrsg.) (1891) Statuten und Reformationen der Universität Heidel-
berg vom 16. bis 18. Jahrhundert. Leipzig
Weisert, H. (1985) Die Rektoren und die Dekane der Ruperto Carola zu Heidel-
berg 1386–1985. In: W. Doerr (u. a. Hrsg.) Semper apertus. Sechshundert Jahre
Ruprecht-Karls-Universität Heidelberg 1386–1986. Bd. 4. Berlin, Heidelberg,
New York, Tokyo, S. 299 ff.
Winkelmann, E. (Hrsg.) (1886) Urkundenbuch der Universität Heidelberg. 2 Bde.
Heidelberg

3. Zeitschriften

Heidelberger Jahrbücher (1957 ff.), Bd. 1 ff. Berlin, Göttingen, Heidelberg
Ruperto Carola (1949 ff.) Mitteilungsblatt (Zeitschrift) der Vereinigung der Freunde der Studentenschaft der Universität Heidelberg. Heft 1 ff. Heidelberg

4. Darstellungen

Acta Saecularia (1904) Zur Erinnerung an die Zentenarfeier der Erneuerung der Universität durch Seine Königliche Hoheit den Großherzog Carl Friedrich. Heidelberg
Adam, U.D. (1977) Hochschule und Nationalsozialismus. Die Universität Tübingen im Dritten Reich. Tübingen
Andreas, W. (1913) Geschichte der badischen Verwaltungsorganisation und Verfassung in den Jahren 1802-1818. Leipzig
Bauer, K.H. (Hrsg.) (1947) Vom neuen Geist der Universität. Dokumente, Reden und Vorträge 1945/46. Berlin, Heidelberg
Beiträge zur Geschichte der Universität Heidelberg (1936) Der Ruperto-Carola zur Feier ihres 550jährigen Bestehens gewidmet von der Badischen Historischen Kommission. Zeitschrift für die Geschichte des Oberrheins 89
Benrath, G.A. (1963) Reformierte Kirchengeschichtsschreibung an der Universität Heidelberg im 16. und 17. Jahrhundert. Speyer
Benz, R. (1975) Heidelberg – Schicksal und Geist. 2. Aufl. Sigmaringen
Bollmus, R. (1973) Handelshochschule und Nationalsozialismus. Das Ende der Handelshochschule Mannheim und die Vorgeschichte der Errichtung einer Staats- und Wirtschaftswissenschaftlichen Fakultät an der Universität Heidelberg 1933/34. Meisenheim
Borscheid, P. (1976) Naturwissenschaft, Staat und Industrie in Baden (1848-1914). Stuttgart
Brunn, H. (1950) Wirtschaftsgeschichte der Universität Heidelberg von 1558 bis zum Ende des 17. Jahrhunderts. MS phil. Diss. Heidelberg
Carmon, A. (1974) The University of Heidelberg and national socialism 1930-1935. Phil. Diss. Wisconsin
Classen, P.; Wolgast, E. (1983) Kleine Geschichte der Universität Heidelberg. Berlin, Heidelberg, New York
Das Corpsleben in Heidelberg während des neunzehnten Jahrhunderts. Festschrift zum fünfhundertjährigen Jubiläum der Universität (1886). Heidelberg
Derwein, H. (1958) Heidelberg im Vormärz und in der Revolution 1848/49. Heidelberg
Dietz, E. (1895) Die Deutsche Burschenschaft in Heidelberg. Ein Beitrag zur Kulturgeschichte deutscher Universitäten. Heidelberg
Doerr, W. (u.a. Hrsg.) (1985) Semper apertus. Sechshundert Jahre Ruprecht-Karls-Universität Heidelberg 1386-1986. 6 Bde. Berlin, Heidelberg, New York, Tokyo
Doerr, W. (1985) Der anatomische Gedanke und die Heidelberger Medizin. In: Doerr, Semper apertus, Bd. 4, S. 92 ff.
Döring, H. (1975) Der Weimarer Kreis. Studien zum politischen Bewußtsein verfassungstreuer Hochschullehrer in der Weimarer Republik. Meisenheim am Glan
Drüll, D. (1986) Heidelberger Gelehrtenlexikon 1803-1932. Berlin, Heidelberg, New York, Tokyo
Fischer, K. (1903) Die Schicksale der Universität Heidelberg (Festrede von 1886). Heidelberg

Franken, K. (1975) Hochschulpolitik in Baden zwischen 1819 und 1848. Jur. Diss. Göttingen

Glockner, H. (1969) Heidelberger Bilderbogen. Erinnerungen. Bonn

Gothein, M. L. (1931) Eberhard Gothein. Ein Lebensbild seinen Briefen nacherzählt. Stuttgart

Haag, F. (1934) Die Universität Heidelberg in der Bewegung von 1848/49. Phil. Diss. Heidelberg

Hartshorne, E. Y. jr. (1937) The german universities and national socialism. London

Häusser, L. (1845) Geschichte der Rheinischen Pfalz nach ihren politischen, kirchlichen und literarischen Verhältnissen. 2 Bde. Heidelberg (letzter Nachdruck Speyer 1978)

Hautz, J. F. (1862–1864) Geschichte der Universität Heidelberg. 2 Bde. Mannheim

Heidelberger Professoren aus dem 19. Jahrhundert (1903) Festschrift der Universität zur Zentenarfeier ihrer Erneuerung durch Karl Friedrich. 2 Bde. Heidelberg

Heimpel, H. (1982) Die Vener von Gmünd und Straßburg. 3 Bde. Göttingen

Heinze, R. (1884) Heidelberger Universitätsjubiläen. Rede bei der Jahresfeier 1883. Heidelberg

Hengst, K. (1981) Jesuiten an Universitäten und Jesuitenuniversitäten. Zur Geschichte der Universitäten in der Oberdeutschen und Rheinischen Provinz der Gesellschaft Jesu im Zeitalter der konfessionellen Auseinandersetzung. Paderborn, München, Wien, Zürich

Henkelmann, T. (1985) Die medizinische Klinik im 19. Jahrhundert. In: Doerr, Semper apertus, Bd. 2, S. 32 ff.

Hinz, G. (Hrsg.) (1961) Ruperto-Carola. Sonderband: Aus der Geschichte der Universität Heidelberg und ihrer Fakultäten (darin u. a. Bornkamm, H.: Die Heidelberger Theologische Fakultät; Dickel, G.: Die Heidelberger Juristische Fakultät; Klauser, R.: Aus der Geschichte der Heidelberger Philosophischen Fakultät; Krabusch, H.: Zeittafel). Heidelberg

Hinz, G. (Hrsg.) (1965) Die Ruprecht-Karl-Universität Heidelberg. Berlin, Basel

Hirsch, F. (1903) Von den Universitätsgebäuden in Heidelberg. Ein Beitrag zur Baugeschichte der Stadt. Heidelberg

Jaspers, K. (1967) Schicksal und Wille. Autobiographische Schriften. München

Keller, R. A. (1913) Geschichte der Universität Heidelberg im ersten Jahrzehnt nach der Reorganisation durch Karl Friedrich (1803–1813). Heidelberg

Kirchheimer, F. (1985) Die Jubiläumsmedaillen der Universität Heidelberg 1686 und 1786. In: Doerr, Semper apertus, Bd. 1, S. 479 ff.

Kistner, A. (1930) Die Pflege der Naturwissenschaften in Mannheim zur Zeit Karl Theodors. Mannheim

König, R.; Winckelmann, J. (Hrsg.) (1963) Max Weber zum Gedächtnis. Kölner Zeitschrift für Soziologie und Sozialpsychologie (Sonderheft) 7

Kühlmann, W.; Telle, J. (1985) Humanismus und Medizin an der Universität Heidelberg im 16. Jahrhundert. In: Doerr, Semper apertus, Bd. 1, S. 255 ff.

Krabusch, H. (1968) Die Universität. In: Die Stadt- und die Landkreise Heidelberg und Mannheim. Amtliche Kreisbeschreibung. Bd. 2. Karlsruhe, S. 288 ff.

Krebs, H.; Schipperges, H. (1968) Heidelberger Chirurgie 1818–1968. Berlin, Heidelberg, New York

Kreutzberger, W. (1972) Studenten und Politik 1918–1933. Der Fall Freiburg im Breisgau. Göttingen

Leonhard, J. F. (Hrsg.) (1983) Karl Jaspers in seiner Heidelberger Zeit. Heidelberg

Linder, F.; Amberger, M. (1985) Chirurgie in Heidelberg. In: Doerr, Semper apertus, Bd. 4, S. 182 ff.

Merkel, G. (1973) Wirtschaftsgeschichte der Universität Heidelberg im 18. Jahrhundert. Stuttgart

Mitgau, J. H. (1927) Studentische Demokratie. Beiträge zur neueren Geschichte der Heidelberger Studentenschaft. 2. Aufl. Heidelberg

Moraw, P.; Karst, T. (1963) Die Universität Heidelberg und Neustadt an der Haardt. Speyer

Moraw, P. (1983) Heidelberg: Universität, Hof und Stadt im ausgehenden Mittelalter. In: Moeller, B. (u. a. Hrsg.), Studien zum städtischen Bildungswesen des späten Mittelalters und der frühen Neuzeit. Göttingen, S. 524 ff.

Mugdan, L. (1964) Jesuiten im Lehrerkollegium der Universität Heidelberg während des 18. Jahrhunderts. Zeitschrift für die Geschichte des Oberrheins 112, S. 184 ff.

Mußgnug, D. (1985) Die Universität Heidelberg zu Beginn der nationalsozialistischen Herrschaft. In: Doerr, Semper apertus, Bd. 3, S. 464 ff.

Ottnad, B. (Hrsg.) (1982) Badische Biographien. Neue Folge Bd. 1. Stuttgart

Pache, H. (1949) Wirtschaftsbeziehungen zwischen Universität und Stadt Heidelberg in der ersten Hälfte des 19. Jahrhunderts. MS phil. Diss. Heidelberg

Polley, R. (1982) Anton Friedrich Justus Thibaut in seinen Lebenszeugnissen und Briefen. 3 Bde. Frankfurt

Press, V. (1970) Calvinismus und Territorialstaat. Regierung und Zentralbehörden der Kurpfalz 1559–1619. Stuttgart

Press, V. (1985) Kurfürst Maximilian I. von Bayern, die Jesuiten und die Universität Heidelberg im Dreißigjährigen Krieg 1622–1649. In: Doerr, Semper apertus, Bd. 1, S. 314 ff.

Radbruch, G. (1951) Der innere Weg. Aufriß meines Lebens. Stuttgart

Raff, D. (1983) Die Ruprecht-Karls-Universität in Vergangenheit und Gegenwart. Heidelberg

Riedl, P. A. (Hrsg.) (1985) Die Gebäude der Universität Heidelberg. In: Doerr, Semper apertus, Bd. 5 und 6

Riese, R. (1977) Die Hochschule auf dem Wege zum wissenschaftlichen Großbetrieb. Die Universität Heidelberg und das badische Hochschulwesen 1860–1911. Stuttgart

Ritter, G. (1936) Die Heidelberger Universität. Ein Stück deutscher Geschichte. Bd. 1: Das Mittelalter (1386–1508). Heidelberg

Schettler, G. (Hrsg) (1986) Das Klinikum der Universität Heidelberg und seine Institute. Berlin, Heidelberg, New York, Tokyo.

Schipperges, H. (1985) Ursprung und Schicksal der Medizinischen Fakultät. In: Doerr, Semper apertus, Bd. 4, S. 49 ff.

Schmitthenner, W. (1985) Studentenschaft und Studentenvereinigungen nach 1945. In: Doerr, Semper apertus, Bd. 3, 569 ff.

Schnabel, F. (1927) Sigismund von Reitzenstein, der Begründer des badischen Staates. Heidelberg

Schneider, F. (1913) Geschichte der Universität Heidelberg im ersten Jahrzehnt nach der Reorganisation durch Karl Friedrich (1803–1813). Heidelberg

Schulze, F.; Ssymank, P. (1932) Das deutsche Studententum von den ältesten Zeiten bis zur Gegenwart. 4. Aufl. München

Schwab, J. (1786–1790) Quatuor seculorum syllabus rectorum ... ab anno 1386 ad annum 1786 ... notis historico-literariis ac biographicis illustratus. Heidelberg

Sperling, R. (1911) Der Ausschuß der Heidelberger Studentenschaft. Heidelberg

Stübler, E. (1926) Geschichte der medizinischen Fakultät der Universität Heidelberg 1386–1925. Heidelberg

Studium Generale. Universität Heidelberg (1986) 600 Jahre Universität Heidelberg. Heidelberg

Thorbecke, A. (1886) Geschichte der Universität Heidelberg. Abt. 1: Die älteste Zeit der Universität Heidelberg 1386–1449. Heidelberg

210

Tompert, H. (1969) Lebensformen und Denkweisen der akademischen Welt Heidelbergs im Wilhelminischen Zeitalter. Lübeck, Hamburg

Trunz, E. (1931) Der deutsche Späthumanismus um 1600 als Standeskultur. Zeitschrift für Geschichte der Erziehung und des Unterrichts 21, S. 17 ff.

Universität Heidelberg - Geschichte und Gegenwart 1386-1961. Katalog der Ausstellung im Ottheinrichsbau des Heidelberger Schlosses - Juni bis Oktober 1961

Die Universität Heidelberg (1936) Ein Wegweiser durch ihre wissenschaftlichen Anstalten, Institute und Kliniken. Heidelberg

Vezina, B. (1982) ›Die Gleichschaltung‹ der Universität Heidelberg im Zuge der nationalsozialistischen Machtergreifung. Heidelberg

Weber, G. (1886) Heidelberger Erinnerungen. Stuttgart

Weber, M. (1926) Max Weber. Ein Lebensbild. Tübingen

Webler, H. (1927) Die Kameral-Hohe-Schule zu Lautern (1774-1784). Speyer

Weech, F. v.; Krieger, A.; Obser, K. (Hrsg.) (1875-1935) Badische Biographien. 6 Bde. Karlsruhe

Weisert, H. (1974) Die Verfassung der Universität Heidelberg. Überblick 1386-1952. Heidelberg (Abh. der Heidelberger Akademie der Wissenschaften Phil.-hist. Kl. Jg. 1974, Abh. 2)

Weisert, H. (1983), Geschichte der Universität Heidelberg. Kurzer Überblick 1386-1980. Heidelberg

Wentzcke, P.; Heer, G. (1919-1939) Geschichte der Deutschen Burschenschaft. 4 Bde. Heidelberg (Quellen und Darstellungen zur Geschichte der Burschenschaft und der deutschen Einheitsbewegung, Bd. 6, 10, 11, 16)

Wiehl, R. (1985) Die Heidelberger Tradition der Philosophie zwischen Kantianismus und Hegelianismus. Kuno Fischer, Wilhelm Windelband, Heinrich Rickert. In: Doerr, Semper apertus, Bd. 2, S. 413 ff.

Willoweit, D. (1985) Das juristische Studium in Heidelberg und die Lizentiaten der Juristenfakultät von 1386-1436. In Doerr, Semper apertus, Bd. 1, S. 85 ff.

Wolgast, E. (1985) Politische Geschichtsschreibung in Heidelberg. Schlosser, Gervinus, Häusser, Treitschke. In: Doerr, Semper apertus, Bd. 2, S. 158 ff.

Zorn, W. (1965) Die politische Entwicklung des deutschen Studententums 1918-1931. Darstellungen und Quellen zur Geschichte der deutschen Einheitsbewegung im 19. und 20. Jahrhundert 5, S. 223 ff.

Personenregister

Für die alphabetische Namenfolge sind bis ins 15. Jahrhundert im allgemeinen die
›Vornamen‹ maßgeblich. Ebenso sind geistliche und weltliche Fürsten unter ihren
Vornamen eingeordnet. Namen in den Anmerkungen wurden nicht berücksichtigt.

Gmelin, Leopold 94, 103
Goebbels, Joseph 162, 165 f.
Goethe, Johann Wolfgang von 94
Goetz, Walther 129
Goldschmidt, Levin 106
Goldschmidt, Victor 145
Göltgens, Ricquinus 54
Görres, Joseph von 94
Gothein, Eberhard 111, 120 ff., 127 f.,
    138
Gothofredus, Dionysius 49, 51
Gradenwitz, Otto 118, 141
Graevius, Johann Georg 77
Gregor XV., Papst 52
Grisebach, August 141, 145, 175
Groh, Wilhelm 141, 147, 151 f., 155
Gruber, Karl 139
Grundler, Andreas 38
Gruterus, Jan 47, 50 f.
Grynaeus, Johann Jakob 48
Grynaeus, Simon 26
Gumbel, Emil 128, 130, 133 f., 147
Gundolf, Friedrich 120 f., 140 f., 149
Gustav Adolf, König von Schweden
    54
Gutzwiller, Max 12, 140 f., 145, 176
György, Paul 144

Haan, Arnold 54
Hagen, Karl 100 f., 105
Hampe, Karl 119, 127 f., 137 ff.
Hartmanni, Hartmann 28
Hatzfeld, Helmut 145
Hausrath, Adolf 118
Häusser, Ludwig 99 ff., 105
Heddaeus, Dominicus Theophil 79
Hegel, Georg Wilhelm Friedrich 92,
    95, 104
Heidegger, Martin 150
Heilmann Wunnenberg 3
Heinsheimer, Karl 127 f., 141
Heise, Georg Arnold 92
Hellpach, Willy 127 f., 131, 141
Helmholtz, Hermann (von) 102, 104,
    107
Henk, Emil 167
Henle, Jakob 99, 101
Herbart, Johann Friedrich 94
Herbig, Reinhard 157, 175
Herbst, Curt 126, 127, 142
Hermenia, Jakob 10
Herrmann, Emil 107
Hertling, Johann Friedrich 78

Hertling, Johann Philipp 78
Hess, Gerhard 176
Heßhus, Tilemann 38, 41 f.
Hettner, Alfred 120
Hettner, Hermann 120
Heuss, Theodor 177
Hieronymus von Prag 11
Himmel, Hans 151, 155
Hippolythus a Collibus 49
Hoepke, Hermann 145
Hoffmann, Ernst 127, 141, 145, 155,
    175
Hofmeister, Wilhelm 104, 107
Hölderlin, Friedrich 94
Holland, Johannes 54
Hölscher, Gustav 156, 168
Holtzmann, Heinrich 107
Hoops, Johannes 120, 134, 167
Hottinger, Johann Heinrich 62, 79
Humboldt, Wilhelm von 91
Hundeshagen, Karl Bernhard 99, 105
Hupfeld, Renatus 153, 167
Huth, Anton 70

Israel, Jakob 57, 61, 63

Jaspers, Karl 119, 127 f., 134, 141 f.,
    145, 154 f., 167 ff., 175
Jelke, Robert 153
Jellinek, Georg 118, 121
Jellinek, Walter 128, 141, 145, 151, 167,
    169 f., 175
Jodocus von Gengen 20
Johann Casimir von der Pfalz 24, 38,
    40, 45 ff., 50, 56 f.
Johann van der Noet 10
Johann von Drändorf 11
Johann von Schwenden 20
Johann Wilhelm von der Pfalz 65 ff.,
    70, 77
Johannes von Frankfurt 10 f., 15
Jolly, Philipp 99, 101, 103 f.
Jost, Ludwig 126 f., 142, 147
Julius III., Papst 30, 33
Jung(-Stilling), Johann Heinrich 74, 82
Jungnitz, Christoph 53 f.
Jungnitz, Johann 43, 45
Junius, Franz 42, 48

Kallius, Erich 142
Karl Friedrich von Baden 87
Karl Ludwig von der Pfalz 55 ff., 59 ff.
Karl Philipp von der Pfalz 66

216

SEMPER APERTUS

Sechshundert Jahre
Ruprecht-Karls-Universität Heidelberg
1386–1986
Festschrift in sechs Bänden

Im Auftrag des Rector magnificus Prof. Dr. Gisbert Frh. zu Putlitz
herausgegeben von Wilhelm Doerr

In Zusammenarbeit mit Otto Haxel, Karlheinz Misera, Hans Querner,
Heinrich Schipperges, Gottfried Seebaß, Eike Wolgast (Band I–IV) sowie
Peter Anselm Riedl (Band V und VI)

Gesamtwerk: Bände I–VI im Schuber. Nicht einzeln erhältlich.
Mit 3143 Textseiten, 131 Textabbildungen, 598 Abbildungen auf Tafeln,
1 Ausklapptafel sowie 4 Faltplänen. Leinen DM 680,–.
Format 17 × 26 cm. ISBN 3-540-15425-6

Zum 600jährigen Jubiläum der Universität Heidelberg erschien eine
Sammlung von Studien zur Geschichte und Gegenwart der Universität
unter deren Devise „Semper apertus". In vier Bänden werden das Wirken
der Universität im Rahmen der europäischen Geschichte und die Entwicklung wissenschaftlicher Fragestellungen anhand neuen Materials
dargestellt und hervorragende Persönlichkeiten der Ruperto Carola
charakterisiert. Der fünfte Band umfaßt die Baugeschichte der Universität, der sechste die zugehörigen Pläne, Bauzeichnungen und An-
sichten. Die Ausgabe soll alte und neue Freunde der Universität Heidelberg in aller Welt erreichen.

Springer-Verlag
Berlin Heidelberg New York
London Paris Tokyo

Dagmar Drüll

Heidelberger Gelehrtenlexikon 1803–1932

Herausgegeben im Auftrag des Rektors der Ruprecht-Karls-Universität Heidelberg

1986. XXV, 324 Seiten. Leinen DM 48,–. ISBN 3-540-15856-1

Das Heidelberger Gelehrtenlexikon ist die erste systematische Zusammenstellung der Biographien aller Professoren, die im Zeitraum von 1803 bis 1932 an der ältesten Universität Deutschlands gelehrt haben. Mit den ca. 800 alphabetisch geordneten, ausführlichen Biographien ist das Gelehrtenlexikon ein wichtiges Nachschlagewerk für Forschungen zur Wissenschafts-, Universitäts-, Zeit- und Kulturgeschichte des 19. und beginnenden 20. Jahrhunderts.

Karl Jaspers und Karl Heinrich Bauer

Briefwechsel 1945–1968

Herausgegeben und erläutert von Renato de Rosa

1983. IX, 119 Seiten. Broschiert DM 28,–. ISBN 3-540-12102-1

Dieser Briefwechsel ist ein wichtiges Dokument zur Erneuerung der Heidelberger Universität nach dem Zweiten Weltkrieg. Im Mittelpunkt des Dialogs mit dem Mediziner (und später berühmten Krebsforscher) K. H. Bauer – dem ersten Rektor der Heidelberger Universität nach dem Krieg – stehen die Notwendigkeit und die möglichen Wege einer geistigen Erneuerung Deutschlands, für die beide der Universität als freier Korporation einen besonderen Rang zuerkannten.

Springer-Verlag
Berlin Heidelberg New York
London Paris Tokyo